MICHAEL GRABNER, ANDREA WEBER, SEBASTIAN NEMESTOTHY, HANS RESCHREITER

Holzverwendung – Altes Wissen für eine nachhaltige Zukunft

Michael Grabner, Andrea Weber,
Sebastian Nemestothy, Hans Reschreiter

Holzverwendung

Altes Wissen für eine nachhaltige Zukunft

Leopold Stocker Verlag
Graz – Stuttgart

Umschlaggestaltung und Repro: Werbeagentur Rypka GmbH | A-8143 Dobl/Graz | www.rypka.at

Umschlagbilder: Vorderseite, kleines Bild Mitte, Rückseite, Bild ganz links: Andrea Weber; alle anderen Abbildungen: Universität für Bodenkultur Wien, Institut für Holztechnologie und Nachwachsende Rohstoffe.

Bildnachweis: siehe direkt bei den einzelnen Abbildungen.

Bibliografische Information der Deutschen Nationalbibliothek
Die Deutsche Nationalbibliothek verzeichnet diese Publikation in der Deutschen Nationalbibliografie; detaillierte bibliografische Daten sind im Internet unter http://dnb.d-nb.de abrufbar.

Hinweis: Dieses Buch wurde auf chlorfrei gebleichtem Papier gedruckt. Die zum Schutz vor Verschmutzung verwendete Einschweißfolie ist aus Polyethylen chlor- und schwefelfrei hergestellt. Diese umweltfreundliche Folie verhält sich grundwasserneutral, ist voll recyclingfähig und verbrennt in Müllverbrennungsanlagen völlig ungiftig.

Auf Wunsch senden wir Ihnen gerne kostenlos unser Verlagsverzeichnis zu:

Leopold Stocker Verlag GmbH
Hofgasse 5/Postfach 438
A-8011 Graz
Tel.: +43 (0)316/82 16 36
Fax: +43 (0)316/83 56 12
E-Mail: stocker-verlag@stocker-verlag.com
www.stocker-verlag.com

ISBN 978-3-7020-1952-5

Layout: Ecotext-Verlag, Mag. G. Schneeweiß-Arnoldstein, 1010 Wien

Inhalt

Danksagung

Wir wollen uns an dieser Stelle bei allen Förderern der unterschiedlichsten Projekte, die zur Erstellung des Buches beitrugen, bedanken:

Hochschuljubiläumsstiftung der Stadt Wien 1002/2004 „Prähistorische Holz- und Waldnutzung in Hallstatt“ (2004–2006); Hochschuljubiläumsstiftung der Stadt Wien 1595/2006 „Prähistorische Holz- und Waldnutzung in Hallstatt: Fortsetzung – Hallstattzeitliche Datierung von Holzobjekten“ (2006–2007); Oberösterreichische Landesregierung, Landeskulturdirektion „Dendrochronologische Untersuchungen der Ältesten Stieg der Welt“ (2006–2007); FWF TRP 21-B16: „Historical Wood Utilization in Austria“ (2010–2013); Volkskultur Niederösterreich: Wald- und Holznutzung in NÖ (2010–2011); Sparkling Science SPA04-188 „Wald-Holz-Rohstoff“ (2012–2014); Sparkling Science SPA05-123 „Wald-Holz- Viertel“ (2014–2017); Sparkling Science SPA05-013 „Wert-Holz“ (2014–2017); Sparkling Science SPA06-021 „Holzhandwerk revisited“ (2017–2019); World Wood Day Grant 2020 – „Reconstruction of Forest management activities in prehistoric Hallstatt, Austria“ (2020–2021).

Die Forschungen im prähistorischen Bergwerk Hallstatt werden getragen von der Kooperation des Naturhistorischen Museums Wien mit der Salinen Austria AG und der Salzwelten GmbH. In den Projekten Sparkling Science SPA04-182 „Holz für Salz“ und den von der Förderschiene ESS der Österreichischen Akademie der Wissenschaften geförderten Projekten FaceAlps und Hallimpact konnten wesentliche Informationen zur prähistorischen Holznutzung erlangt werden.

Vorwort

Die moderne Holzforschung hat es ermöglicht, hochleistungsstarke, preisgünstige, berechenbare und leichte Holzwerkstoffe zu entwickeln. Diese erweitern den Anwendungsbereich von Massivholz deutlich. Das ist ein wichtiger Beitrag zur nachhaltigeren Gestaltung unserer Wirtschaft und Gesellschaft.

Jedoch existiert neben der modernen Technologie auch noch wertvolles Wissen um Holznutzung und Holzeigenschaften, das viele Jahrhunderte, sogar Jahrtausende erprobt und von einer Generation zur nächsten weitergegeben wurde. Ein beachtlicher Teil dieses Wissens und der Fertigkeiten sind jedoch schon in Vergessenheit geraten. Ein Volkskundler in Böhmen hat bereits 1917 darauf hingewiesen.

Holz war in der Vergangenheit wichtiger Bestandteil des täglichen Lebens. Es begleitete die Menschen als Brennholz, Bauholz oder Werkholz. Menschen verstanden es, Holz gewinnbringend einzusetzen. Auch andere Industriezweige, wie die Glasbläserei, die Salzgewinnung und der Bergbau, wären ohne Holz nicht denkbar gewesen.

In Zeiten, in denen Holz knapp wurde, war die Notwendigkeit groß, Holz optimal zu nutzen. Dazu wurde der Verlust bei der Verarbeitung so gering wie möglich gehalten, die Holzarten entsprechend ihrer Eigenschaften eingesetzt und alle Teile des Stammes genutzt.

All dieses Wissen ist auch für einen modernen Einsatz von großer Bedeutung. Daher gibt es viel Bedarf der Wiederentdeckung von Wissen und Fertigkeiten.

Mithilfe der Analyse von Museumsobjekten und archäologischen Fundstücken sowie des Studiums alter Literatur können (prä-)historische Handwerksregeln betreffend Schlägerungszeitpunkt, Holzartenwahl und Holzverwendung wiederentdeckt werden.

Wir präsentieren in diesem Buch in erster Linie eigene Forschungsergebnisse der letzten 25 Jahre. Diese Arbeiten fanden alle innerhalb von Österreich statt. Daher stellen wir die Ergebnisse für „Mitteleuropa" dar. Die eigenen Ergebnisse werden durch Berichte anderer Autorinnen und Autoren ergänzt. Das Ziel war, die Erkenntnisse wissenschaftlich, aber doch für alle Interessierten verständlich vorzustellen. Es wurden daher alle weiterführenden Quellen zitiert (siehe im Literaturverzeichnis). Begriffe, die möglicherweise nicht allgemein bekannt sind, wurden in einem Glossar kurz beschrieben. Im Text haben wir auf die Nennung der wissenschaftlichen Namen der Holzarten verzichtet. Diese wurden jedoch – um alle Unklarheiten auszuräumen – im Glossar vermerkt.

Um den Inhalt besser vermitteln zu können, wurden zahlreiche Bilder und Grafiken zur besseren Darstellung ergänzt. Die Bildunterschriften liefern zusätzliche Informationen zum Haupttext. Wir wollen uns an dieser Stelle für die Unterstützung vieler Institutionen und Einzelpersonen – vor allem auch für das Bereitstellen von Bildern – bedanken.

Das Buch soll den Blick in die Vergangenheit ermöglichen und so Interessierten, Holzhandwerkern und Bastlern das Wissen um einen großen Blickwinkel erweitern; aber auch zu modernen, neuen Anwendungen inspirieren. Nutzen wir das Wissen für eine nachhaltige Zukunft mit unserem Lieblingswerkstoff – Holz!

Die Autoren
Michael Grabner,
Andrea Weber,
Sebastian Nemestothy,
Hans Reschreiter

Ein Schieferschindeldach mit versetzt angeordneten Schindeln. Durch den hinterlüfteten Zwischenraum ist es möglich, Fichtenholz zu verwenden. (Bild: BOKU)

Einleitung

Bild: BOKU, Katzensteiner

Der Wald – Ursprung des Holzes, Lebensraum, Erholungsraum

Ohne Bäume und deren Holz wäre Leben nicht in der uns bekannten Form möglich. Durch die Fotosynthese wird der Atmosphäre Kohlenstoffdioxid (CO_2) entzogen und in organische Substanz, wie Blätter, Früchte oder Holz, umgewandelt. Dabei wird die Luft mit Sauerstoff angereichert und ermöglicht somit die Atmung von Menschen und Tieren. Gerade in Zeiten der sich verstärkenden Klimakrise wird die Fähigkeit der Pflanzen, CO_2 zu binden, stärker in den Mittelpunkt gestellt und somit der Werkstoff Holz hervorgehoben.

Unter Holz versteht man den vom Kambium (die Wachstumsschicht unter der Rinde) des Stammes, der Wurzeln und der Äste eingeschlossenen Körper der Bäume und Sträucher (Schafflützel 1974). Mit Hilfe der Photosynthese wird das Holz gebildet. Dafür ist Sonnenlicht nötig. Damit die Bäume an mehr Sonnenlicht gelangen, wachsen sie in die Höhe – die höchsten Bäume der Welt, die in Kalifornien und Oregon wachsen, werden über 100 m hoch (der Küstenmammutbaum „Hyperion" ist 115,6 m hoch – Sillet et al. 2010). Andere Arten in Nordamerika wiederum werden fast 5.000 Jahre alt (Grannenkiefer: 4.850 Jahre, in den 1950er-Jahren bestimmt; Brown

Bild: BOKU

Die Grannenkiefern in Nevada und Kalifornien sind mit rund 5.000 Jahren die ältesten Bäume der Welt.

Bild: Österreichisches Freilichtmuseum Stübing/UMJ; Foto: BOKU

Eine Brandegge zur Bodenbearbeitung nach der Brandrodung (im Hintergrund zu sehen). Dieses Werkzeug wurde nur aus Holz hergestellt.

1996). In unseren Breiten sieht es etwas anders aus: Die Bäume erreichen keine 50 m Höhe und werden kaum mehr als 1.000 Jahre alt.

Holz begleitet uns seit der Urzeit (Heinzinger 1988). Die Entwicklung des Menschen wäre ohne die Möglichkeit des Feuermachens anders verlaufen. Durch die Verbrennung von Ästen oder kleineren Stämmen konnte die Dauer des Feuers gesteuert werden. Das Feuer gab Licht und Wärme, Schutz vor wilden Tieren und ermöglichte die Zubereitung von leicht verdaubarem Essen. Zusätzlich wurde die Herstellung von ersten Keramiken durch das Verbrennen von Holz möglich. Holz als anhaltende Feuerquelle war jedoch nicht die einzige Errungenschaft in Bezug auf Holz, die es uns Menschen ermöglichte, uns weiterzuentwickeln.

Die Entwicklung erster Werkzeuge, begonnen mit Wurfspeeren, Steinbeilen, über Bronzebeile bis zu Eisenbeilen, hat uns erste Hochkulturen beschafft. Des Weiteren wäre Landwirtschaft in ihrem Beginn und weit darüber hinaus ohne hölzerne Gerätschaften sehr schwer umsetzbar gewesen (Gieser 1992).

Seit Urzeiten hat sich die Geschicklichkeit der Menschheit durch die Arbeit mit dem Holz entwickelt. „Ötzi", die Mumie, die 1991 auf dem Hauslabjoch in einer Höhe von über 3.200 m gefunden wurde, hatte bei seinen Gerätschaften, die er bei sich trug, 17 Holzarten verwendet (Spindler 2000).

Genauso wichtig war Holz für den Bau von ersten Behausungen. Die ersten Pfahlbauten (Holzbauten auf Pfählen in Flüssen, Seen oder Sümpfen) entstanden bereits etwa 5.000 Jahre vor Christus (Hafner et al. 2016). Blockbauten, wie sie seit vielen hundert Jahren im Alpenraum zu finden sind, zeugen heute noch von der langen Holzbautradition (Klöckner 1982) und die Weiterentwicklung des Holzbaus in Österreich kennt seitdem keine Grenzen.

Das Getriebe einer Getreidemühle (Feistritz bei Birkfeld) mit dem Kammrad auf dem Grindel. Hiermit wird die Drehrichtung von einer liegenden in eine stehende geändert, um den Mühlstein antreiben zu können.

Bild: Österreichisches Freilichtmuseum Stübing/UMJ; Foto: BOKU

Die Entwicklung vieler Gewerbe wäre anders verlaufen, wenn nicht bis vor etwa 100 Jahren jeder Handwerker, egal welcher Zunft, verstand, seine Gebrauchsgegenstände aus Holz selbst zu bearbeiten und zu reparieren (Radkau 2007, Grießmair 2012). Kaum ein Werkzeug kam ohne Holzstiel aus, jede

Bild: BOKU

Ein Beispiel modernen Holzbaus – ein Seminargebäude der Universität für Bodenkultur Wien

Spindel an den wasserbetriebenen Mühlen, die die ersten Maschinen antrieben, jede Welle, jede Achse an den Wägen, jeder Kleinteil an den landwirtschaftlichen Geräten war aus Holz gefertigt (Werneck 1956). Das bäuerliche Leben war immer stark an die Holzverwendung gebunden und ohne Bauern hätten wohl auch der Adel und die Grundherren nicht überlebt.

„Die alte Wirtschafts- und Arbeitsweise, die lang her vererbten Fertigkeiten, Kenntnisse, Erfahrungen und Zustände und mit ihnen viel nötiges Sprach- und Kulturgut ziehen sich immer höher die Wälder und Berge hinauf." schrieb der böhmische Volkskundler Josef Blau im Jahr 1917 (Blau 1917).

Manchmal scheint es, als befänden wir uns heute in einer rücklaufenden Entwicklung in Bezug auf Holzverwendung. Viel Wissen um die historische Holzverwendung ist bereits verloren gegangen, viele Holzarten, die früher wie selbstverständlich verwendet wurden, finden heute keine Anwendung mehr. Ein Grund dafür liegt in der industriellen Holzverarbeitung – trachtet man hier doch nach einer Vereinheitlichung und Berechenbarkeit des Rohstoffes und damit der Homogenisierung des in seinem Ursprung heterogenen Holzes. Erst durch einheitliche Normen, Sortimente und Eigenschaften wurde der weitflächige Einsatz durch Bauingenieure und Architekten möglich. Die Entwicklung von modernen Holzwerkstoffen hat es ermöglicht, die Dimension im Holzbau zu vervielfachen und Werkstoffe leichter und mit besseren Dämmungseigenschaften und gutem Schallschutz auszustatten. Heute sind viele Holzwerkstoffe deutlich günstiger als Vollholz und lassen billige Möbel oder Baumaterialien entstehen.

Warum soll man Holz verwenden?

Die Gründe, warum Holz in der Vergangenheit genutzt wurde, waren vor allem die gute Verfügbarkeit und die einfache Bearbeitbarkeit. Doch kannte man auch schon bald die Vorteile des Baustoffes Holz – z. B. die Isolationswirkung. So war es in Holzgebäuden im Winter wesentlich wärmer als in Steingebäuden.

Doch warum soll man heutzutage Holz verwenden?

Nachhaltigkeit

Die Erwartungen und Ansprüche an den österreichischen Wald sind immens und oft auch divergierend. Als nachwachsender Rohstoff und Energieträger für expandierende Märkte soll er genügend Holz liefern. Der Wald soll unsere Täler vor Lawinen, Steinschlag, Muren und anderen Naturgefahren schützen. Er ist ein Hort der biologischen Vielfalt, die sich möglichst frei entwickeln können soll. Er soll Kohlenstoff speichern, um zum Klimaschutz beizutragen. Er soll sauberes Trinkwasser be-

Bild: BOKU, Katzensteiner

Ein Beispiel nachhaltiger Forstwirtschaft in Österreich (ganz links)

Bild: Gemeinfrei, https://commons.wikimedia.org/w/index.php?curid=108562

Auch in der Vergangenheit war es wichtig, Holz nachhaltig zu nutzen (in diesem Fall Brennholz, im Hintergrund im Wald und am Esel). Das Februarblatt eines Kalenders: 1412 Brüder von Limburg

reitstellen und er soll als beliebter Erholungsraum und Kernelement jener Landschaft dienen, deren Schönheit alljährlich Millionen Touristen nach Österreich lockt (Anonymus 2018). All das soll der Wald „nachhaltig" erbringen, d. h. gleichzeitig, überall und auf ewige Zeiten. Die Generalversammlung der Vereinten Nationen mit ihren 193 Mitgliedstaaten bekennt

Bild: HTL Mödling, Foto: Weber

Zwischen der Rinde und dem Holz liegt das Kambium. Hier werden das Holz und die Rinde gebildet.

sich zu folgendem Ansatz: *„Die nachhaltige Waldbewirtschaftung als dynamisches und sich entwickelndes Konzept verfolgt das Ziel, die wirtschaftlichen, sozialen und ökologischen Werte aller Arten von Wäldern zum Wohle gegenwärtiger und künftiger Generationen zu erhalten und zu verbessern."* (Anonymus 2018).

Der Zuwachs im Österreichischen Wald ist seit Jahrzehnten annähernd konstant – rund 30 Millionen Kubikmeter pro Jahr. Auch wenn die Holzeinschläge im langjährigen Vergleich gestiegen sind (rund 26 Millionen Kubikmeter pro Jahr), wird jährlich noch immer weniger genutzt als nachwächst – mit anderen Worten: der nachwachsende Rohstoff Holz wird in Österreich quantitativ nachhaltig genutzt. Knapp die Hälfte von Österreich ist mit Wald bedeckt. Mit über 4 Millionen Hektar Waldfläche hat Österreich einen Waldanteil von 47,9 %. Unser Land zählt somit zu den waldreichsten Ländern Europas. In Vorratsfestmetern ausgedrückt, sind das rund 1.135 Millionen Festmeter Holz oder circa 3,4 Milliarden Bäume. Zusätzlich nimmt die Waldfläche jährlich um rund 3.400 Hektar zu – zum Vergleich, das sind mehr als 4.500 Fußballfelder (Anonymus 2018, Jörg 2015).

Die Auswertung des Blütenstaubes der letzten Jahrtausende, welcher in einem Moor in der Nähe der prähistorischen Bergwerke von Hallstatt erhalten geblieben ist, legt nahe, dass die Bergleute und Forstleute schon vor über 3.000 Jahren ihre Wälder nachhaltig genutzt und keinen Raubbau betrieben haben (Festi et al. 2021).

CO_2-Speicherung

Bei der Photosynthese wird der Atmosphäre CO_2 entnommen und in Zucker umgebaut, aus dem wiederum Holz aufgebaut wird. In 1 m^3 Holz wird Kohlenstoff aus ca. 1 Tonne CO_2 gespeichert. Holz besteht zu 50 % aus Kohlenstoff (C). Geht man von einem Mittelwert von 500 kg (Darrgewicht) pro Kubikmeter Holz aus, bedeutet das, dass 1 m^3 Holz 250 kg Kohlenstoff enthält. Wenn dieser Kohlenstoff des Holzes dann wieder durch Verbrennen oder Verrotten in CO_2 umgewandelt wird, also oxidiert, entstehen aus 0,9 kg Kohlenstoff ca. 3,6 kg Kohlenstoffdioxid. D. h.: 250 kg C/m^3 Holz x 3,667 kg CO_2 ergeben 916 kg CO_2 je 1 m^3 Holz (Jörg 2015).

In Österreichs Wäldern sind rund 985 Millionen Tonnen Kohlenstoff gebunden. Davon 41 % in der Biomasse und 59 %

Bild: BOKU

Ein Einfamilienhaus in Holzbauweise

im Boden (Schreck und Lackner 2016). Wie trägt der Wald nun zu einer positiven CO_2-Bilanz bei? Nachhaltige Bewirtschaftung ist ein maßgeblicher Faktor. Durch die Verwendung von langlebigen Holzprodukten gelangt der darin gespeicherte

Kohlenstoff für diese Zeit nicht wieder in die Atmosphäre, gleichzeitig wird durch die Holznutzung Platz für junge Bäume geschaffen, die wieder CO_2 absorbieren können (Schreck und Lackner 2016). Geht man von einem Holzbedarf von ca. 40 m^3 für ein Einfamilienhaus aus, wächst in Österreich alle 40 Sekunden ein Haus nach (Jörg 2015).

Über Jahrzehnte bleibt der Kohlenstoff, als CO_2-Senke, in Gebäuden und anderen Holzkonstruktionen gebunden. Pro Kubikmeter Holz wird rund eine Tonne CO_2 gebunden und in Österreich wurden im Jahr 2018 rund 7,5 Millionen m^3 Holz und Holzwerkstoffe im Bauwesen eingesetzt (Stingl und Teischinger 2019). Daraus resultiert, dass in diesem Jahr, nach Abzug aller Emissionen durch den Herstellungsprozess, netto rund 5 Millionen Tonnen CO_2 in Holz gespeichert wurden. Im selben Jahr wurden ca. 79 Millionen Tonnen CO_2-Äquivalent in Österreich ausgestoßen (Anonymus 2020a). Im gleichen Zeitraum wurden mehr als 6 % dieses Treibhausgases für Jahrzehnte, eventuell sogar Jahrhunderte wieder gebunden.

Der größte Beitrag liegt jedoch darin, dass Holz andere Baustoffe ersetzen kann. Da die Emissionen, die bei der Herstellung, der Nutzung und der Entsorgung von Holzmaterialien entstehen, niedriger sind als jene CO_2-Emissionen, die beim Einsatz und bei der Herstellung beispielsweise von Beton und Stahl anfallen, können dadurch beträchtliche Emissionsmengen vermieden werden. Eine Wand aus Ziegeln emittiert 5 Tonnen CO_2 pro 50 m^2 Wand, eine Holzrahmenkonstruktion mit einer Schalung aus Weichholz hingegen emittiert nur 1,5 Tonnen CO_2 bei gleich großer Fläche. 3,45 Tonnen CO_2 können somit bei nur 50 m^2 Fläche eingespart werden (Jörg 2015).

Eine nachhaltige Waldwirtschaft und Holznutzung sind wichtige Faktoren, um CO_2 zu senken.

Ein weiterer wichtiger Aspekt in Sachen CO_2 und vor allem in Verbindung mit dem Themenbereich Transport ist das Gewicht der „Dinge" (Auto und andere Vehikel, aber auch generell der Transport von Gütern). Neueste Berechnungen zeigen die hohe Bedeutung der Gewichtsreduktion, um Treibstoff und somit CO_2 einzusparen. Und hierbei kann Holz eine wesentliche Rolle spielen. Holz oder Holzwerkstoffe sind wesentlich leichter bei zum Teil ähnlicher Festigkeit als andere Werkstoffe, wie Stahl oder Aluminium (Mair-Bauernfeind et al. 2020).

Kreislaufwirtschaft

Anders als andere Werk- und Baustoffe ist Holz eine nachwachsende Ressource. Und sie kann auch nach ihrer ersten Nutzungsdauer weiterverwendet werden – d. h., Holzbaustoffe sind ressourcenschonende Kreislaufprodukte. Im Gegensatz zu anderen Baustoffen, die bei ihrer Entsorgung nach der Nutzung fossile Energie verbrauchen, geben Holzbaustoffe die in ihnen gespeicherte Sonnenenergie CO_2-neutral wieder ab. Wird Holz geerntet und z. B. zu Schnittholz verarbeitet, werden alle Teile genutzt, ohne Abfall zu erzeugen. Die Sägespäne bzw. Hackschnitzel werden zu Papier oder Span- bzw. Faserplatten verarbeitet, das Schnittholz z. B. als Baustoff oder Werkstoff für Möbel und Gebrauchsgegenstände verwertet. Und auch die Rinde wird z. B. im Gartenbau als Rindenmulch eingesetzt. Ist dieser primäre Einsatzzyklus abgeschlossen, kann aus dem rückgebauten Baustoff wiederum der Rohstoff für z. B. Span- oder Faserplatten oder für Papier entstehen. Die Energiegewinnung aus Biomasse ist grundsätzlich CO_2-neutral, da im nachwachsenden Wald ja wieder Kohlenstoff gebunden

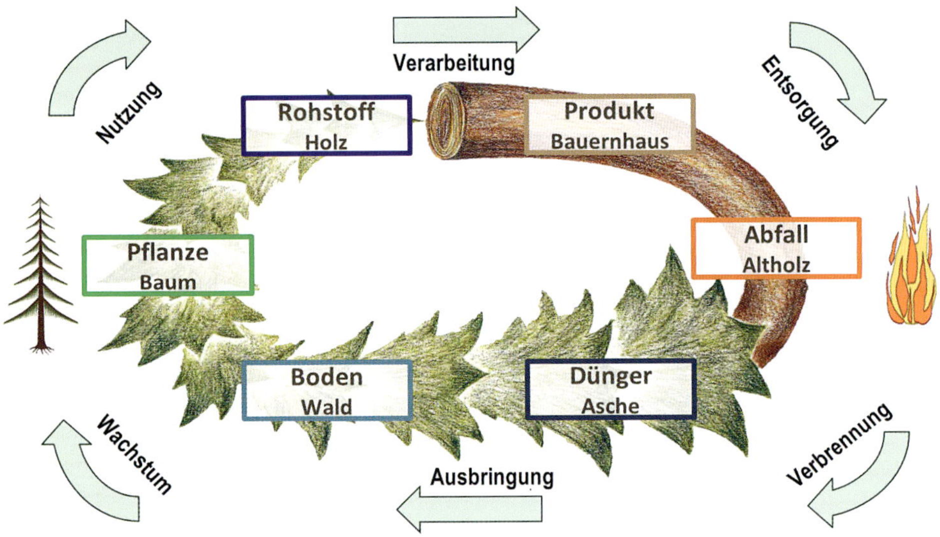

Holz ist eine natürliche Ressource, die in einem Kreislauf eingebracht werden kann: Der Baum wächst, das Holz wird genutzt, das alte Holz wird wiederverwendet, das wiederverwendete Holz wird verbrannt und die Asche als Dünger für die neu wachsenden Bäume genutzt.
Grafik: Weber

wird. Aber sie spart den Import von fossilen Brennstoffen: Sie ist schadstoffarm, die Luftqualität bleibt deutlich besser als bei der thermischen Verwertung fossiler Brennstoffe. Denn am Ende des Kreislaufs wird nur so viel CO_2 abgegeben, wie bei der Photosynthese zersetzt wurde.

Holz ist in Österreich ein wichtiger Wirtschaftsfaktor.
Bild: BOKU

Ein wichtiger Wirtschaftsfaktor

Die Forst- und Holzwirtschaft ist ein wichtiger Wirtschaftsfaktor in Österreich. 172.000 Betriebe und Unternehmen entlang der Wertschöpfungskette Forst–Holz–Papier sichern Arbeitsplätze für rund 300.000 Menschen (Anonymus 2020b). Die österreichische Holzindustrie ist eine stark außenhandelsorientierte Branche. Der Handelsbilanzüberschuss beträgt 1,12 Milliarden Euro. Der Großteil der Exporte entfiel auf Nadelschnittholz, Brettschichtholz bzw. Brettsperrholz, Holzwerkstoffe (wie Span oder Faserplatten) oder Ski. Im Jahr 2019 umfassten die Exporte ein Gesamtvolumen von mehr als 5,9 Milliarden Euro. 15 Millionen Festmeter Holz verarbeiteten die heimischen Sägewerke im Jahr 2013 zu hochwertigem Schnittholz weiter. In Österreich werden zu 98 % Nadelholz, aber nur 2 % Laubholz in Sägewerken eingeschnitten (Jörg 2015). Dies ist auf die

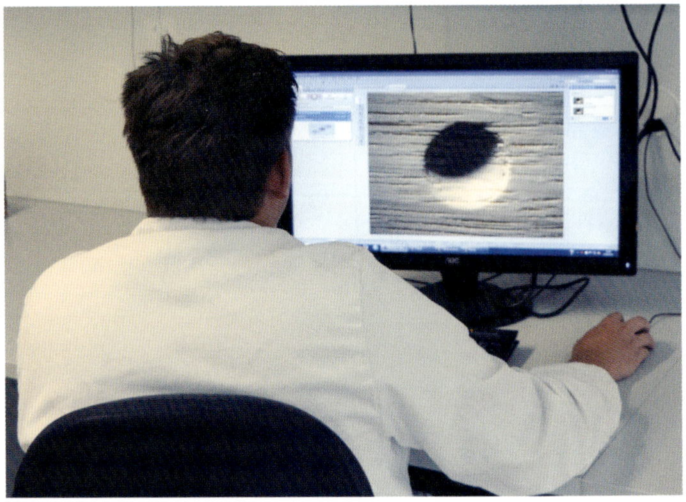
Bild: BOKU

Die Eigenschaften von Holz werden mit verschiedenen Versuchen ermittelt. Hier ist der runde Abdruck einer Stahlkugel zur Bestimmung der Härte zu sehen.

Holzartenzusammensetzung in den österreichischen Wäldern zurückzuführen, etwa 80 % der Waldfläche sind mit Nadelholz bestockt. Die Papier- und Plattenindustrie verarbeitet rund 8 Millionen Festmeter Holz.

Die Eigenschaften von Holz

Holz besitzt eine hohe Leistungsfähigkeit: Im Verhältnis zu seinem Gewicht hat Holz eine sehr hohe Festigkeit (Knuchel 1947, Ramage et al. 2017). Das bedeutet, dass Holz bei gleicher Tragfähigkeit deutlich leichter ist als Stahl und fast die

Bild: Österreichisches Freilichtmuseum Stübing/UMJ; Foto: BOKU

gleiche Druckfestigkeit aufweist wie Beton. Allerdings ist Holz im Gegensatz zu Beton in der Lage, auch enorme Zugkräfte aufzunehmen. Holz trägt in Bezug auf sein Eigengewicht 14-mal mehr als Stahl. Entsprechend dem gewachsenen Holzgefüge sind die Festigkeitseigenschaften von Holz richtungsabhängig. Längs zur Faser ist Holz am höchsten belastbar. Es hält in dieser Richtung hundertmal höhere Zugkräfte und viermal höhere Druckkräfte aus als quer zur Faser (Schmid 2016). Die Reißlänge (das ist die Länge eines Stabes, bei der der Stab aufgrund des Eigengewichtes, d. h. ohne Belastung, reißt) verdeutlicht das schön. Diese ist z. B. für Aluminium rund 13 km; bei Holz jedoch rund 30 km (Wegst und Ashby 2004). Aufgrund der geringen Produktionskosten kann Holz somit mit anderen „modernen Werkstoffen" durchaus konkurrieren – vor allem wenn es um auf Zug belastete Bauteile geht. Das geringe Gewicht von Holz bei gleichzeitig hoher Festigkeit ermöglicht weit spannende und schlanke Konstruktionen. Aber auch im Bereich der Mobilität reduziert das geringere Gewicht des Holzes den Treibstoffverbrauch und die damit verbundene Umweltbelastung und Transportkosten (Baker und Rials 2013).

- Holz regelt das Raumklima: Holz schafft ein angenehmes, gesundes Raumklima aufgrund seiner feuchtigkeitsregulierenden Eigenschaften und seiner Adsorptionsfähigkeit, d. h., Holz besitzt einerseits die Fähigkeit, Feuchteunterschiede auszugleichen, und andererseits, übelriechende und gesundheitsschädigende Inhaltsstoffe der Luft zu binden. Holz bewirkt als ein Produkt der Natur Wohlbefinden, welches Stressgefühle vermindert und gleichzeitig die seelischen Kräfte reaktiviert.
- Holz ist dauerhaft: Wenn es trocken verwendet bzw. am Bau trocken gehalten wird, hält Holz über Generationen. In Bereichen mit erhöhter Feuchtigkeit kann das Holz meist mit konstruktiven Maßnahmen ausreichend geschützt werden, nur in Ausnahmefällen sind weitere Behandlungsmethoden notwendig.

Holz schafft neben einem guten Raumklima auch eine angenehme Atmosphäre.

Bild: Waldbauernmuseum Gutenstein; Foto: BOKU

In der Milchwirtschaft wurden ausschließlich hölzerne Gefäße und Behälter benutzt.

Bild: BOKU

Zwetschkenholz hat eine ansprechende Farbe und Holztextur.

Holz ist brennbar. Doch das ist kein Widerspruch für die Nutzung von Holz als Baustoff. Denn es brennt kalkulierbar ab.

- Holz und Hygiene: Holz wurde manchmal zu Unrecht als unhygienischer Werk- und Rohstoff verurteilt (Gehrig et al. 2000). Durch bewusste Holzauswahl und bei sachgemäßer Handhabung können Holzprodukte durchaus zur Verbesserung der hygienischen Situation in vielen Bereichen beitragen. Vor allem Kiefernkernholz und Eichenkernholz sind hier besonders gut geeignet. Dann folgen Kiefernsplintholz und Tannenholz. Schlecht geeignet sind Buche und Robinie (Fürst 2007, Milling et al. 2005).
- Holz ist formenreich und farbenfroh: Durch den Einsatz unterschiedlicher Holzarten und der Möglichkeit unterschiedlichster Ausführungsvarianten bezüglich Form und Farbe wirkt Holz ästhetisch sehr ansprechend und äußerst positiv auf unser optisches Reizempfinden, wie dies von Baubiologen immer wieder bestätigt wird. Holz kommt in verschiedenen Dimensionen, aber auch in unterschiedlichen Arten, die wiederum verschiedene Eigenschaften haben, vor (Knuchel 1947).
- Holz ist einfach zu bearbeiten: Holz war der Werkstoff, der sich durch seine große Verbreitung und seine verhältnismäßig einfachen Gewinnungs- und Bearbeitungsmöglichkeiten immer schon gegenüber anderen Werkstoffen auszeichnete (Gayer 1928). Dadurch, dass das Holz annähernd zylindrisch wächst, kann es direkt für Stangen, Piloten etc. verwendet werden.
- Holz besitzt ein berechenbares Brandverhalten: Das Brandverhalten von Holz ist aufgrund der berechenbaren Abbrandgeschwindigkeit (je nach Holzart zwischen 0,5–0,65 mm/min) gut kalkulierbar. Außerdem entstehen beim Abbrand von Holz keine hochgiftigen Abgase, es qualmt wenig und tropft nicht.
- Holzbau ist flexibel und schnell: Die verschiedenen Holzbauweisen stellen sehr flexible Systeme dar, die sich sehr

Bild: Österreichisches Freilichtmuseum Stübing/UMJ; Foto: BOKU

Bild: commons.wikimedia.org/wiki/File:Johann_Wilhelm,Bezau1595.jpg#/media/Datei: Johann_Wilhelm,Bezau1595.jpg

Johann Wilhelm zeigt in seinem Werk *Architectura civilis* aus 1668 die Zimmerleute bei der Arbeit. Viele Holzbauwerke aus dieser Zeit sind noch immer vorhanden.

Bild: Bürogebäude Unterrainer in Ainet; Foto: Holzbau Unterrainer

Ein Beispiel modernen Holzbaus, verknüpft mit Tradition (der Schindeldeckung).

gut an die Nutzungsbedingungen und Wünsche anpassen lassen. Durch den hohen Vorfertigungsgrad lässt sich zudem die Bauzeit verkürzen. Die großen Formate der Holzwerkstoffe haben den modernen Holzbau erst möglich gemacht. Die Herstellung der Holzwerkstoffe beruht auf einem einfachen Prinzip: Das Holz wird in Bretter, Späne oder Fasern zerlegt und in einer neuen Form, meist mit Leim, zusammengefügt. Es entstehen Produkte mit einheitlichen Eigenschaften in definierter Dicke und Abmessung. Holzwerkstoffe schaffen somit Mehrwert und öffnen zusätzliche Möglichkeiten der Gestaltung mit Holz. Als preiswertes Baumaterial für den täglichen Bedarf sind Holzwerkstoffe nicht mehr wegzudenken und in einer sehr breiten Palette bei Holzhändlern und in Hobbymärkten verfügbar (Schmid 2016).

- Holz ist wärmedämmend: Solange ein Baum wächst, wird in seinen Leitungsbahnen Wasser von der Wurzel bis zu den Blättern transportiert. Nach dem Fällen des Baumes beginnt das Holz zu trocknen und die Leitungsbahnen führen dann Luft.
Dadurch besitzt trockenes Holz gute natürliche Wärmedämmeigenschaft bzw. eine geringe Wärmeleitung. In diesem Bereich ist Holz vielen anderen Materialien überlegen. Gegenstände aus Holz sind daher warm anzufassen (Knuchel 1947). Andererseits bringt die Wärme unserer Hände das Eis am Holzstiel nicht zum Schmelzen.
- Sicher bei Erdbeben: Holz hat ein geringes Eigengewicht und die Konstruktionen sind nicht steif, sondern flexibel. Somit kann ein Holzbau die Kräfte und Schwingungen, die bei einem Erdbeben auf das Gebäude einwirken, aufnehmen und durch die Dehnbarkeit und Flexibilität des Holzes ausgleichen. Aus diesem Grund wird in Erdbebengebieten vorwiegend mit Holz gebaut.

Die Geschichte der Holzverwendung

Ein Ausschnitt aus einem hölzernen Uhrwerk – eine Präzisionsmaschine, aus Holz gebaut (rechts)

Der Begriff „Holzzeit", der oft als Überbegriff für den Zeitraum von der Steinzeit bis zur Zeit der Industrialisierung verwendet wird, soll die Bedeutung von Holz und die eng mit dem Wald verbundene Lebensweise der Bevölkerung Mitteleuropas unterstreichen.

Im ländlichen Raum war die Verwendung und Bearbeitung von Holz bis in die jüngste Vergangenheit so selbstverständlich, dass diese Tätigkeit und die zugrundeliegende Technik in manchen kulturgeschichtlichen Literaturwerken gar nicht erwähnt werden (Fuchs 2012). Auch in der heutigen Technikgeschichte wird Holz oft nicht seiner Bedeutung entsprechend behandelt (Fuchs 2012). Hannes Fuchs (2012) erwähnt hier das

Bild: BOKU

Ein Bild aus dem Mischwald – Rose, Liguster im Hintergrund und Weißdorn. Alle diese Holzarten sind heute nicht mehr in Verwendung, können aber bei historischen Objekten gefunden werden.

Bild: Muzeul De Istorie Sighisoara, Rumänien; Foto: BOKU

Beispiel der 1990 in New York erschienenen *Encyclopedia of the History of Technology* von Ian McNeil. In der Aufarbeitung der Technikgeschichte bis 1900 n. Chr. wird Holz kaum erwähnt (McNeil 1990).

Die Geschichte der Holzverwendung ist so umfangreich, dass sie schwer zu beschreiben ist. Einerseits wurden Bücher darüber verfasst, wie z. B. Joachim Radkau *Holz – wie ein Naturstoff Geschichte schreibt* (Radkau 2007). Auch die Forstgeschichte und die Volkskunde beschäftigen sich, meist nur exemplarisch, mit der Nutzung und Verarbeitung von Holz (z. B. Mantel 1980, Mantel 1990, Johann 1994, Johann et al. 2014, Blau 1917). Die historische Holzverwendung wurde in diversen Fachbüchern der Wissenschaftsbereiche Botanik, Forstwirtschaft, Holzwirtschaft, darunter auch Xylotheken und Hausökonomien, beschrieben (z. B. Fischer 1690, Duhamel du Monceau 1763, Huber 1793, Krünitz 1773–1858, Bechstein 1812, Nördlinger 1860). Eine umfangreiche Analyse historischer Fachliteratur (122 Werke) und volkskundlicher Erwähnungen (88 Werke) ist im Buch *WerkHolz* (Grabner 2017) zu finden (siehe auch: Bockhorn 2013, Grabner et al. 2017).

Bild: digitalisiert von der Universität Kassel, https://orka.bibliothek.uni-kassel.de/viewer/image/1339406460269/5/

Das Deckblatt eines historischen, handschriftlich verfassten Buches: Bellermann, Johann Bartholomäus 1788: *Abbildungen zum Kabinett der vorzüglichsten in- und ausländischen Holzarten nebst deren Beschreibung.* Erfurth.

Leider bleibt Holz nur in komplett trockener Umgebung, im Eis, im Permafrostboden oder unter Wasser, in Mooren oder im Salz über sehr lange Zeiträume erhalten (Dempp 1842, Van der Sanden und Capelle 2002, Reschreiter 2017). So sind frühe Zeugen der Holzverwendung relativ selten zu finden (Grabner 2011a). Gelegentlich kommt es jedoch zu archäologischen Holzfunden. Diese werden üblicherweise detailliert in archäologischen Publikationen beschrieben (z. B. Eberschweiler 2004, Thieme 1997, Barth und Reschreiter 2019). Eine internationale Initiative versucht, einen Überblick über die frühesten, regionalen Nachweise von Holzverwendungen, die naturwissenschaftlich datiert sind, zu gewinnen – siehe http://www.oldestwoodenobjects.net (2020).

Link zur Webseite „Oldest Wooden Objects"

Im folgenden Abschnitt wird ein Überblick über die zeitliche Entwicklung der Holzverwendung in den Bereichen „Energie und Licht", „Baustoff Holz", „Geräte und Werkzeuge" und „Mobilität, Kunstgegenstände und Möbel aus Holz" gegeben.

Bild: NHM Wien, Brandner

Die Natur sieht vor, dass Holz verrottet und somit im Kreislauf wieder dem Waldboden zu Gute kommt – wie hier der vermoderte Baumstamm.

Holz zur Energie- und Lichtbereitstellung

Bis vor der Nutzung mineralischer Energiequellen, wie Steinkohle, Braunkohle und Erdöl, vor ca. 200 Jahren war Holz beinahe der einzige Wärme- und Energielieferant der Menschheit. Der älteste bisher bekannte Nachweis wurde in der Swartkrans Höhle in Südafrika gefunden. Die Reste einer Feuerstelle wurden auf ein Alter von mehr als 1,5 Millionen Jahre datiert (Brain und Sillen 1988). Brennholz war die bedeutendste Energiequelle für das Kochen und das Heizen. Mit Hilfe von Holz wurden auch alle anderen Rohstoffe gewonnen, wie Metalle und Salz. Mittels Holzfeuer wurden Stollen in den Berg getrieben, um Erz zu gewinnen. Die Stollen und Abbauhallen wurden mit Holz gesichert, das Erz mit Hilfe von Holz geröstet und verhüttet und die Salzpfannen befeuert. Holz wurde auch zu Holzkohle verarbeitet, welche eine höhere Energiedichte als Brennholz besitzt (Ast et al. 1970; siehe Kapitel Köhlerei,

Bild: Weber

Wohl eine der ersten Nutzungsformen von Holz war für die Energiebereitstellung.

S. 80 ff.). Damit konnten Metalle geschmolzen und Eisen geschmiedet werden. Die ältesten Nachweise von untertägigem Bergbau stammen von Thasos in Griechenland, sie sind fast 20.000 Jahre alt (Koukouli-Chrysanthaki und Weisgerber 1999). In Hallstatt, Österreich, kann schon vor mehr als 3.000 Jahren intensiver Bergbau auf Salz in über 100 m Tiefe nachgewiesen werden (Reschreiter und Kowarik 2019).

Holz ist auch heute noch ein wichtiger Energieträger, in vielen Teilen der Welt wird hauptsächlich mit Holz geheizt und gekocht. In Afrika wurden 2005 88 % der Holzernte als Brennstoff verwendet, im Gegensatz dazu beträgt dieser Anteil in Europa immerhin noch 20 % und in Nordamerika lediglich 13 % (FAO 2005). Bis ins 19. Jahrhundert hinein wurden nach Schätzungen 90 bis 95 % der Holzernte als Brennholz verbraucht (Radkau 2007), also ein Anteil, der mit den aktuellen Werten aus Afrika vergleichbar ist.

Bis in die jüngere Gegenwart waren brennbare feste und flüssige Stoffe die Rohmaterialien für Lichtquellen. Die ersten ortsveränderlichen Lichtquellen waren vermutlich brennende Äste bzw. Holzscheite, die direkt aus dem Feuer genommen wurden. In den meisten Fällen dienten Späne harzreicher Hölzer, so genannte Kienspäne, als Leuchtmaterial (Moser 1985, Ast 1999, 2001, Ast und Winner 2011a). Sie wurden vorrangig aus Kiefernholz hergestellt – zum Teil sogar aus den harzigen Wurzelstöcken (Pfeil 1831b). Enigl (1987) berichtet aus früheren Zeiten im Waldviertel, wo auch astfreies Fichtenholz für Leuchtspäne genutzt wurde. Im Wohnbereich gab es auch Ständer für die Leuchtspäne. Diese mussten jedoch wegen der Brandgefahr beaufsichtigt werden.

Auch für die Arbeit unter Tage war eine ausreichende Beleuchtung Voraussetzung. Über 4.000 Jahre alte Leuchtspäne

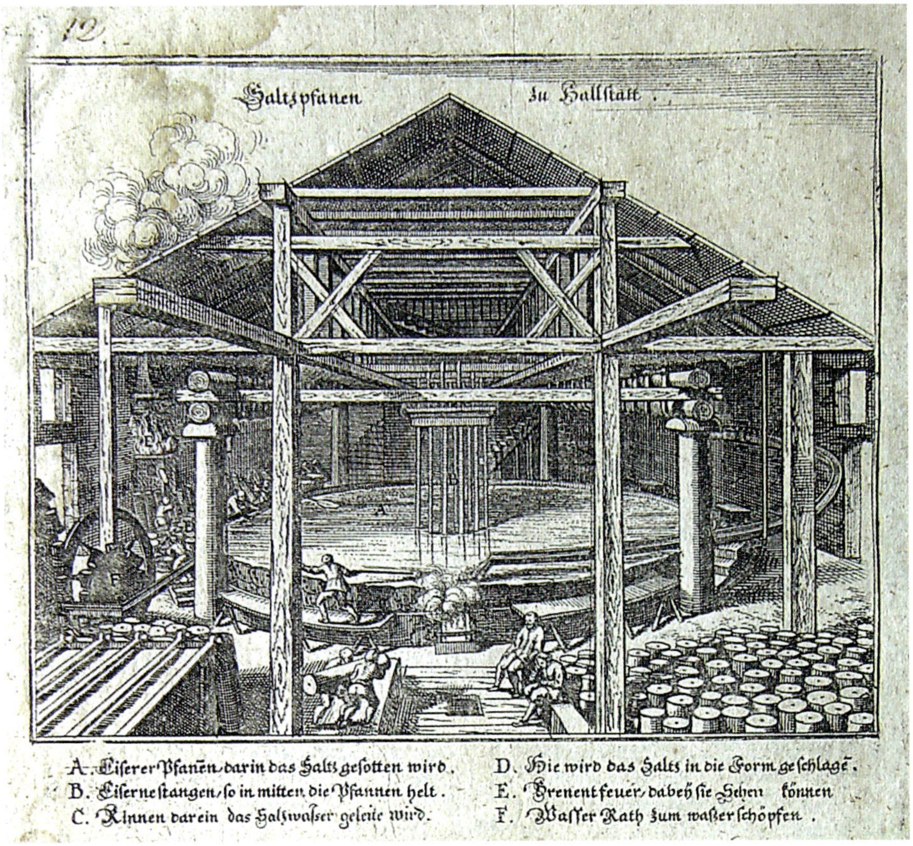

Bild: Museum Hallstatt, Bearbeitung: NHM Wien

Bild: NHM Wien

Historisches Bild der Hallstätter Sudpfanne (oben)
Experimente mit Leuchtspänen aus Tannenholz (rechts)

Bild: Österreichisches Freilichtmuseum Stübing/UMJ; Foto: BOKU

Bild: Waldbauernmuseum Gutenstein; Foto: BOKU

Bild: NHM Wien

Einzelne, zu einem Bündel zusammengefasste Leuchtspäne aus Tannenholz brennen so stark, dass sie als Lichtquelle im untertägigen Bergbau genutzt wurden. (oben)

Mit Hilfe des im Leuchtspanhalters eingeklemmten Leuchtspans wurden die Stuben beleuchtet. (ganz links)

Hier liegen Keanbreckerl (verkientes, bereits abgebautes Föhrenholz) am Gestell. Diese wurden angezündet und als Lichtquelle genutzt. (links)

sind aus Fenan in Jordanien bekannt (Yalcin et al. 2015). Dort wurden sie, so wie die mehr als 3.000 Jahre alten Exemplare aus Hallstatt, in prähistorischen Bergwerken entdeckt. In Hallstatt waren die Leuchtspäne seit dem 13. Jahrhundert v. Chr. immer Begleiter der Bergleute (Grabner et al. 2014). Diese waren dünne gespaltene Späne aus astfreiem Tannenholz, entweder mit quadratischem Querschnitt von 5 bis 10 mm Seitenlänge oder flache, rechteckige Querschnitte (in etwa 2 mm dick und bis zu 50 mm breit). Die Leuchtspäne waren vor dem Anzünden etwa 1 m lang und wurden in Bündeln zu etwa 40 Stück zusammengehalten (Morton 1927). Unzählige abgebrannte Späne dieser Art wurden im Heidengebirge gefunden (Morton 1984, 1995; Reschreiter und Kowarik 2019). Um die Hände frei zu halten, wurden die Leuchtspäne in Felsspalten oder Lehmklumpen gesteckt. Seltene Abdrücke auf den Spänen weisen darauf hin, dass die Späne während der Arbeit fallweise mit den Zähnen gehalten wurden (Barth 1989). Später wurden sie in hölzerne oder metallene Traghalterungen eingespannt. Im prähistorischen Bergwerk in Hallstatt wurden interessanterweise nahezu alle Leuchtspäne aus Tannenholz gefertigt (Grabner et al. 2019). Warum für diesen Zweck die Tanne der Fichte vorgezogen wurde, wird durch die gute Spaltbarkeit und die guten Wuchseigenschaften der Tanne erklärt, kann jedoch noch nicht restlos nachgewiesen werden.

Vor allem im Wohnbereich wurden neben brennenden Spänen auch harzreiche Strunke als Feuerquelle genutzt. Aufgelegt auf ein hängendes Trägergestell hatten diese so genannten „Keanbreckerl" die Funktion heutiger Deckenbeleuchtungen. Häufig ließ man Baumstrünke bis zu 50 Jahre verwittern, um das Gewicht des Holzes auf etwa 20 % zu vermindern und den Harzanteil zu erhöhen (Ast 2001). In den meisten Fällen war das Harz der Hölzer für die Brennbarkeit der Späne verantwortlich. Mitunter wurden die Späne auch in harzreiche oder ölige Substanzen eingelegt, um das Holz brennbar zu machen (Ast 2001).

Die Kienspäne wurden aus Kostengründen erst sehr spät von Kerzen, Petroleumlampen, Karbidlampen und dann von elektrischem Licht abgelöst (Enigl 1987). Die Verwendung von Kienspanfackeln zur Besteigung des Dachsteins ist bis zum Ende des 19. Jahrhunderts beschrieben (Simony 1891).

Bild: Joachim Kohler – HB – Eigenes Werk, CC BY-SA 4.0, https://commons.wikimedia.org/w/index.php?curid=88091083

Rekonstruierte Bauten im Pfahlbaumuseum Unteruhldingen am Bodensee.

Holz als Baustoff

Wie bereits erwähnt, hält sich Holz über lange Zeiträume nur im trockenen, gefrorenen, komplett wassergesättigten Milieu oder in Salzbergwerken. Daher sind Nachweise sehr alter Holzbauwerke häufig unter Wasser oder in Mooren zu finden. Doch begleitete das Bauen mit Holz die Menschheit nachweislich bereits seit der Urgeschichte, in Zeiten, als Menschen nicht nur in Höhlen, sondern auch in Unterschlupfen aus Zweigen und Ästen Schutz fanden (Anonymus 1761, Swoboda 1975, 1978). So gibt es Belege aus Bilzingsleben in Deutschland schon vor 370.000 Jahren. Es handelt sich hierbei um die ältesten bekannten Hütten aus Holz, in denen Vorläufer des modernen Menschen Unterschlupf suchten (Mania et al. 1994).

Besonders eindrucksvolle Zeugnisse prähistorischer Holzbauwerke sind die vielen Pfahlbauten an den Ufern der Seen und in Mooren des Voralpenlandes – z. B. am Zürichsee, Federsee, Bodensee, Mondsee, Attersee, Keutschachersee. 111 prähistorische Pfahlbauten rund um die Alpen wurden im Jahr 2011 in die UNESCO Weltkulturerbe-Liste aufgenommen (https://palafittes.org/startseite.html). Diese Pfahlbauten datieren in eine Zeit von 4.300 bis 800 vor Chr. (siehe z. B. Hafner et al. 2016, Köninger 2016, Eberschweiler 2004, Billamboz und Martinelli 2015). Von diesen zum Teil sehr großen Siedlungen sind heute nur noch Pfahlreste unter Wasser, in der Seekreide oder in Verlandungsbereichen (Mooren) zu finden. Aus dieser Zeit ist jedoch auch schon bekannt, dass die Gebäude auf Schwellbalken aufgebaut wurden (Lobisser 2005). Es wurden üblicherweise verschiedenste Holzarten (zumeist nahe dem Seeufer wachsend) verwendet. Der Zustand dieser Pfahlreste ist dort, wo sie immer unter Wasser waren, trotz des hohen Alters erstaunlich gut.

Aus dieser Zeit sind an Land Pfostenbauten mit zum Teil sehr großen Ausdehnungen bekannt. Da sich in diesem Milieu Holz leider nicht erhalten hat, werden von den Archäologen heute nur noch Verfärbungen der Pfostengruben gefunden (siehe: https://www.youtube.com/watch?v=nz5Zrqur9WA). Diese Funde zeugen jedoch von der sehr hoch stehenden Fertigkeit im Umgang mit dem Rohstoff Holz. Aufgrund der archäologischen Funde wurden einige dieser Gebäude in Museen wiedererrichtet – sodass sie in ihrer vollen

Eine Aufnahme während der Ausgrabung Mooswinkel am Mondsee. Es sind hierbei bereits beprobte (angeschnittene) als auch liegende Pfähle zu sehen.

Bild: Kuratorium Pfahlbauten / Land Oberösterreich; Foto: Henrik Pohl

Link zur Webseite der Pfahlbauten

Link zum Video über die Rekonstruktion eines Holzgebäudes, wie es 4.000 v. Chr. gebaut wurde

Größe besichtigt werden können (z. B. das Pfahlbaumuseum Unteruhldingen am Bodensee, Deutschland, oder das Urzeitmuseum Asparn/Zaya – MAMUZ, Österreich).

In der Jungsteinzeit entwickelte sich die Technik des Blockbaus. Speziell aus Deutschland, aber auch aus Österreich sind über 6.000 Jahre alte Blockbauten in Form von Brunnenkästen bekannt (Koschik 1998). In Hallstatt errichtete man in der Bronzezeit gewaltige Becken in Blockwandkonstruktion, um darin auf beinahe industriellem Niveau Schweinefleisch zu pökeln (Pucher et al. 2013).

In der Nähe von Hallstatt (vor allem am Dachsteinplateau) können bereits vor über 3.000 Jahren Holzbauten nachgewiesen werden, welche auf Steinfundamenten errichtet wurden (Mandl 2007). Diese Technik ist bis heute erhalten geblieben und somit wohl die älteste Methode des Holzschutzes (Grabner 2011a).

Bild: Wolfgang Glock, gemeinfrei, https://commons.wikimedia.org/w/index.php?curid=1987382

Rekonstruktion eines Hauses der Jungsteinzeit, Museum für Urgeschichte, Asparn an der Zaya, Niederösterreich

Neue archäologische Funde in Österreich belegen nun auch die Holzverwendung in der römisch-germanischen Zeit (Grabner et al. 2006a, Grabner 2011b). Es konnten Brunnenkästen aus Eichenholz und Bauholz aus Tanne und Kiefer nachgewiesen werden.

Ein Höhepunkt der Holzbaukunst in Europa liegt in der Wikingerzeit (800 bis 1100 n. Chr.) zu finden – einerseits in Form der Wikingerschiffe, aber auch der Stabbauwerke. Hierzu gehören prominente Funde, wie das Oseberg- oder Gokstad-Schiff (beide

Bild: Österreichisches Freilichtmuseum Stübing/UMJ; Foto: BOKU

Bild: Norsk Folkemuseum Oslo, Norwegen; Foto: BOKU

Die Stützelscheune aus St. Anton im Jaufental zeigt einerseits den baulichen Holzschutz in Form der Steinfundamente (links vorne) und andererseits den ausgeklügelten Schutz vor Mäusen durch die Ausformung der Stützen. (oben)
Die Stabkirche aus Gol, Norwegen, die heute im Norwegischen Freilichtmuseum in Oslo zu besichtigen ist. Sie wurde Anfang des 13. Jh. n. Chr. erbaut. (rechts)

aus dem 9. Jh. n. Chr.; Sjøvold 1952). Ein sehr eindrucksvolles Bild der Holzbaukunst des 12. und 13. Jahrhunderts n. Chr. liefern die Stabkirchen Norwegens (Havran und Linnemann 2005), von denen heute noch 29 erhalten sind (z. B. in Borgund oder Heddal; Norwegen).

Das älteste Holzgebäude Japans, welches noch intakt ist, wurde 607 n. Chr. errichtet – der Horyu-ji Tempel (Anonymus 1999a). Dies ist somit wahrscheinlich das älteste Holzgebäude der Welt. Neben diesem sind mehrere Holzgebäude aus dem 7. und 8. Jahrhundert n. Chr. erhalten – zumeist Tempelanlagen und Schreine. Diese Gebäude wurden in ganz eigenen Techniken errichtet – nicht vergleichbar mit der europäischen Holzbaukultur (Zwerger 2015). Die ausgeklügelte Konstruktion und ständige Wartung machen es möglich, dass Holzgebäude 1.400 Jahre alt werden. Diese zum Teil sehr hohen Objekte wurden zumeist durch Feuer, nicht aber durch Erdbeben zerstört.

Der Shôsô-in Shôsô innerhalb des Tôdai Tempels in Nara, Japan, der 756 n. Chr. errichtet wurde, ist eines der ältesten existierenden Holzgebäude. Es dient immer noch dem Tempel als Schatzkammer. Der bauliche Holzschutz wird durch die Steinplatten als Fundament und das auskragende Dach gewährleistet

Bild: Shôsô-in Shôsô, Tôdai-ji, Nara, Japan; Foto: BOKU

Bild: BOKU

Eine Riemenbalkendecke (siehe Kapitel Holz in Gebäudedecken, S. 110 f.) aus dem 16. Jahrhundert n. Chr.

Seit der Herrschaft der Babenberger nimmt einerseits der Anteil des Blockbaus in Österreich zu, andererseits wird der Holzbau generell wegen seiner Feuergefährlichkeit zurückgedrängt. So beschränkt sich der Einsatz von Holz innerhalb der Städte auf Decken und Dachstühle. Die ältesten erhaltenen und datierten Konstruktionen in Österreich gehen auf die erste Hälfte des 12. Jahrhunderts n. Chr. zurück. Ein sehr schönes Beispiel ist die Decke des Wappensaales der Gozzoburg in Krems – datiert auf 1254 (Grabner 2011a). Im ländlichen Bereich bleibt der Holzbau (und hier vor allem der Blockbau) sehr lange Zeit erhalten (Swoboda 1975). Dabei sind auch die Wände aus Holz errichtet, indem ein horizontaler Balken über den anderen gelegt wird (Klöckner 1982). Häufig waren es nicht professionelle Konstrukteure, die Blockbauten errichteten, sondern Bauern mit ihren Familien und Nachbarn. Die erprobten Bautechniken wurden dabei selten niedergeschrieben, sondern viel mehr von einer Generation zur nächsten mündlich weitergegeben. In vielen Fällen besaßen die Bauern keine eigenen Wälder, sondern bekamen Holz von den Grundherren zugewiesen, nicht selten mit Reglementierung (Johann 1994). In Südtirol werden heute noch Höfe bewirtschaftet, die vor über 700, manche sogar vor über 800 Jahren gebaut wurden (Pfeifer 2012). Im Österreichischen Freilichtmuseum in Stübing/UMJ (Steiermark, Österreich) wurde das älteste Objekt auf 1452 n. Chr. datiert – ein Getreidekasten aus Silberberg in der Steiermark, Österreich.

Ein weiterer großer Vorteil bei der Verwendung von Holz im Hausbau war die relativ einfache Wiederverwendung von Holzbalken, vor allem in jener Zeit, in der Holz generell knapp wurde. Teile von Gebäuden oder auch ganze Gebäude wurden durch den Abbau von anderen Gebäuden und der Wiederverwendung des Holzes errichtet (Grabner et al. 2018). Nachweisen lässt sich das bis heute durch die dendrochronologische Datierung (siehe Kapitel Altersbestimmung, S. 43 ff.) und das genaue Betrachten der Bearbeitungsspuren. Durch die Datierung von einzelnen Holzbalken werden die Bauphasen des untersuchten Objektes sichtbar. Ein anschauliches Beispiel stellt der Ringhof „Paule" aus Kärnten dar, welcher im Freilichtmuseum in Stübing wiederaufgebaut wurde. Der Bauernhof beinhaltet drei Bauphasen. Die frühesten Datierungsergebnisse

Bild: Österreichisches Freilichtmuseum Stübing/UMJ; Foto: BOKU

Der Getreidekasten aus Silberberg ist innerhalb des Österreichischen Freilichtmuseums in Stübing/UMJ das älteste komplette Bauwerk aus Holz, 1452 n. Chr. errichtet.

Bild: Österreichisches Freilichtmuseum Stübing/UMJ; Foto: BOKU

An der Rückansicht des Hofes „Paule" im Österreichischen Freilichtmuseum Stübing/UMJ wurden die dendrochronologischen Daten der einzelnen Bauphasen dargestellt. Im Obergeschoß rechts befindet sich ein ehemaliger Getreidekasten aus 1528 n. Chr.; das restliche Obergeschoß besteht aus Bäumen, die 1548 n. Chr. gefällt wurden. 1690 bekam das Gebäude dann seine heutige Form mit Untergeschoß und Dachstuhl.

mit 1528 n. Chr. liefert ein Getreidekasten, der in das Gebäude integriert wurde. Die Bearbeitungs- und Bewitterungsspuren an diesem Getreidekasten lassen darauf schließen, dass er in seiner Erstverwendung als eigenes, alleinstehendes Gebäude zum Einsatz kam. Als zweite Bauphase taucht das Jahr 1548 n. Chr. im 1. Obergeschoß auf. Als jüngste Datierung gilt das Jahr 1690 n. Chr., das Erdgeschoß sowie der Dachstuhl stammen aus dieser Zeit. Es kann interpretiert werden, dass der Hof in seiner jetzigen Form im Jahr 1690 n. Chr. errichtet wurde. Dabei wurden Teile eines älteren Gebäudes (jetzt im Obergeschoß) sowie eines Getreidekastens (jetzt ebenfalls im Obergeschoß) als Altholz wiederverwendet.

Die Lagerung und Wiederverwendung von altem Bauholz war zumindest im 16. Jahrhundert n. Chr. dem Bauschreiber, der für die administrative Abwicklung von Bauvorhaben an

Bild: Pfarrkirche Mariae Himmelfahrt in Rastenfeld; Foto: BOKU

Hier ist der Dachstuhl der Kirche in Rastenfeld mit einem teilweise abgebrannten Dachstuhl zu sehen. Dieser Dachstuhl wurde 1405 n. Chr. errichtet und nach einem Brand 1427 n. Chr. wieder instandgesetzt.

der Hofburg und anderen landesfürstlichen Bauten in Wien verantwortlich war, mittels Instruktion vorgeschrieben (Grabner et al. 2018).

Seit dem beginnenden 20. Jahrhundert wurde Holz als Baumaterial und Werkmaterial immer häufiger ersetzt (Swoboda 1978). Stadtbrände brachten dem Holz ein schlechtes Image und moderne architektonische Strömungen suchten neue Wege. Zerbombte Städte und Dörfer in zwei Weltkriegen machten einen raschen Wiederaufbau notwendig, häufig ohne Beachtung von Holzbauregeln und Holzschutzmaßnahmen. Dies führte in Folge häufig zu Schäden an den Holzkonstruktionen und somit zu Vorurteilen vom Baustoff Holz (Holzmeister 1934).

In den letzten Jahren wurde das Bauen mit Holz wieder attraktiver. Holz gilt heute als ökologischer Werkstoff, der eine hohe Lebensqualität ermöglicht. Architekten haben das enorme kreative Potenzial von Holz entdeckt (Stingl et al. 2011).

Holz für Geräte und Werkzeuge

Die ältesten bekannten Holzgeräte sind Wurfspeere aus Schöningen, Deutschland. Ihr Alter wurde unterschiedlich datiert – 400.000 Jahre (Thieme 1997) bzw. 300.000 bis 337.000 Jahre (Richter und Krbetschek 2015).

Sie wurden aus Fichten- bzw. Kiefernholz hergestellt und sind zwischen 1,8 und 2,5 m lang. Wesentlich jünger ist der 2,38 m lange Stoßspeer aus Lehringen, Deutschland, er wird auf 115.000 bis 120.000 Jahre datiert. Die so genannte Lanze wurde aus Eibenholz hergestellt und dürfte zur Jagd auf Waldelefanten genutzt worden sein (Schrenk und Müller 2005). Alle diese Funde wurden sorgfältig mit Steinwerkzeugen bearbeitet und beweisen somit, dass Holz bereits zu dieser Zeit zur Herstellung von Werkzeugen genutzt wurde.

Eine Schaufel aus Ahornholz und ein Pickelstiel aus Buchenholz aus dem bronzezeitlichen Salzbergwerk Hallstatt
Bild: NHM Wien, Rausch

Steinklingen hatten zum Teil hölzerne Stiele oder Griffe – das zeigen z. B. Funde aus Egolzwil, Schweiz, aus der Zeit von 4000 v. Chr. (de Capitani 2016). „Ötzi", die Mumie vom Hauslabjoch, hatte 3200 v. Chr. mehrere Geräte und Waffen aus Holz bei sich (Spindler 2000).

Im Bronzezeitlichen Bergbau in Hallstatt sind ab etwa 1200 v. Chr. viele sehr spezielle Geräte und Werkzeuge bekannt: Schaufeln, Fülltröge und Kratzen sowie Pickelstiele – so genannte Knieholzschäftungen (Grabner et al. 2019). Tiefen Einblick in die prähistorische Waldwirtschaft liefern die so genannten Schwingen welche als Fülltröge genutzt wurden (siehe Kapitel Überwallungen, S. 67 f.).

Nachdem der moderne Mensch und seine Vorgänger Jahrtausende Geräte und Werkzeuge aus Holz genutzt hatte, treten nördlich der Alpen ab dem späten 5. Jahrtausend vor Christi Geburt die ersten Gegenstände und Werkzeuge aus Metall auf (Matuschik et al. 2016). Zur Herstellung der Metalle war auch Holz nötig – siehe Kapitel Holz zur Energie- und Lichtbereitstellung, S. 21 ff.

Landwirtschaftliche Geräte (z. B. erste Pflüge) sind seit der Steinzeit bekannt. Ein besonders gut erhaltener Pflug wurde in Lavagnone am Gardasee entdeckt und ist über 4.000 Jahre alt (Perini 1982). Holzquirle, wie sie bis vor wenigen Jahrzehnten genutzt wurden, waren auch in der Bronzezeit übliche Haushaltsgeräte, wie die Funde aus Fiavé, Italien, zeigen (Perini 1987).

Bis vor wenigen Jahrzehnten waren Menschen im ländlichen Bereich noch darauf angewiesen, alle Bedarfsfälle mit Holz zu befriedigen. Das Geschirr, die Möbel, die Arbeitsgeräte und die Haushaltsgeräte waren zum großen Teil aus Holz hergestellt. Auch Geräte, die heute mehrheitlich aus Metallen hergestellt werden, wie z. B. Maschinenteile, Wellen, Achsen und Zahnräder, wurden aus Holz gefertigt. Darum galt auch der Maschinenbau im 18. Jahrhundert als Zweig der Zimmermannskunst (Fuchs 2012). Jeder Handwerker und jeder Bauer war Experte in Sachen Holz. An manchen Höfen waren die Arbeiten des Bauern durch sein hohes handwerkliches Geschick kaum

Das Getriebe einer Putzmühle – ein Beispiel von hochwertigen Maschinen, die nahezu komplett aus Holz gebaut wurden
Bild: Waldbauernmuseum Gutenstein; Foto: BOKU

von denen eines professionellen Handwerkers unterscheidbar (Moser 1949). Eine alte Bauernweisheit besagt: „Der Bauer ohne Wald ist wie ein Bett ohne Decke." (Gieser 1992). Holz ist dem Bauern der Urstoff, das erste und wichtigste Element (Springenschmid 1936). In keiner bäuerlichen Werkzeugkammer durfte eine Schnitzbank fehlen (Gieser 1992). Dort wurden Werkzeugstiele, Rechen, Schuhe, Schindeln fürs Dach und viele andere Dinge des täglichen Gebrauchs gefertigt. Dabei besaßen viele Bauern hohe Materialkenntnisse und konnten meisterlich mit den Werkzeugen der Holzbearbeitung umgehen (Gieser 1992). Im Winter war die Schnitzbank sogar häufig mitten in der Stube zu finden (Baumann 1947).

Springenschmid (1936) beschreibt die Verbindung zwischen Bauern und Holz wie folgt: „*… So gilt dann auch die Arbeit im Holz als die beste Mannsarbeit. Holz ist überall, Holz hat jeder genug zur Hand, auch der ärmste Kleinhäusler. Und jeder Bauer ist noch sein eigener Holzknecht. Doch auch der Zimmermann steckt noch in ihm, der Sagmeister, der Dachdecker, und wenn es sein muss auch der Tischler, der Schreiner. … Am Feierabend freilich, wenn die Arbeit zu Ende geht, und das Licht des Tages zu nichts Besserem mehr wert ist, die Hände nach all dem Groben nach etwas Feinem suchen, einen guten Ausklang, nimmt er wohl auch einen Zirbenast auf und beginnt, wo er so auf der Hausbank sitzt, daran zu schnitzen, ohne besondere Absicht, halb im Spiel, halb im Ernst, was halt daraus werden will. Aus Holz kann ja alles werden, und mit dem Schnitzmesser hat sich mancher einer erst das Leben richtig schön gemacht. Es gibt Gegenden in den Bergen, wo dem Bauern das Bildschnitzen so selbstverständlich ist wie das Pflugführen und das Grasmähen. …*"

In handwerklichen Berufen, wie dem des Müllers, wurde von den Meistern verlangt, dass sie mit dem Werkstoff Holz fachmännisch umgehen konnten, um Reparaturen selbst durchführen zu können. So wurden auch hölzerne Hilfsmittel der Arbeit normalerweise von den Handwerkern gefertigt, die sie gebrauchten (Radkau und Schäfer 1987). Die Herstellung von hölzernen Ge-

Bild: Österreichisches Freilichtmuseum Stübing/UMJ; Foto: BOKU

In der „Schönen Stube" des Großschrotters aus der Steiermark sind die bäuerlichen Fähigkeiten der Holzbearbeitung gut zu erkennen.

Bild: Österreichisches Freilichtmuseum Stübing/UMJ; Foto: BOKU

In der Getreidemühle aus Schnals spiegelt sich des Müllers Kunst, Holz bearbeiten zu können, wieder.

Bild: Gemeinfrei, https://commons.wikimedia.org/w/index.php?curid=13129949

Ein Fassbinder bei der Arbeit (*Hausbuch der Mendelschen Zwölfbrüderstiftung*, Band 1. Nürnberg 1426–1549. Stadtbibliothek Nürnberg, Amb. 317.2°)

genständen erfolgte zunächst in Heimarbeit. Bereits im Frühmittelalter ergaben sich an den herrschaftlichen und klösterlichen Höfen die ersten Spezialisierungen und mit der Zeit entwickelten sich in Deutschland die Handwerksbetriebe auf dem Land oder in der Stadt (Mantel 1990).

Vor allem am Land entwickelten sich haupt- und nebenberufliche Handwerke, die mit der Landwirtschaft eng in Zusammenhang standen. Dies waren u. a. Zimmermänner, Tischler und Drechsler. Für Deutschland ist belegt, dass die Handwerker häufig das Holz aus dem Gemeinschaftswald frei nutzen konnten, die Produkte dann jedoch nur an die Gemeinschaft verkaufen durften. Die Handwerker am Land blieben dabei in der Regel bei dem Verkauf von Lohnwerk, das in der Fertigung an den Besteller gerichtet war (Mantel 1990). Häufig gingen die Handwerker auf „Stör", um auch entlegene Bauernhöfe mit ihren Produkten erreichen zu können.

Mobilität, Kunstgegenstände und Möbel aus Holz

Schneeschuhe und Schuhe aus Bast kennt man seit 3900 bis 3800 v. Chr. (Gurgler Eisloch, Italien, Steiner et al. 2016; Sipplingen und Allensbach, Deutschland, Banck – Burgess 2016). Aber auch Rückentragen aus Holz und Bast stammen aus dieser Zeit (Schlichtherle 2016). Das älteste Rad (in Form einer Scheibe) mit einer Achse aus Holz stammt aus 3328–3116 v. Chr. und wurde im Laibacher Moor in Slowenien gefunden (Schlichtherle 2004). In der Hallstattzeit wurde die hohe Kunst des Wagenbaus deutlich ausgebaut (Kimming 1983). Wägen aus Holz begleiteten uns bis zum Zweiten Weltkrieg. Auf Postkarten, die Motive des Wiener Ringstraßenbaus zeigen, kann man Holzwägen erkennen, die Baumaterialien transportieren. Im bäuerlichen Bereich gab es noch nach dem Zweiten Weltkrieg Mischformen – alte Leiterwägen mit modernen Gummireifen.

Auch Wegbefestigungen wurden aus Holz hergestellt. Dies sind zumeist Baumstämme und/oder Zweige, die aufgelegt wurden. Hier ein paar bekannte Fundstellen: Derryarkin Moor, Irland, 3642 v. Chr. (Murray et al. 2002); Federsee, Deutschland, 1505–1388 v. Chr. (Eberschweiler und Heumüller 2016), Leermoss, Österreich 45 n. Chr. (Nicolussi 1998).

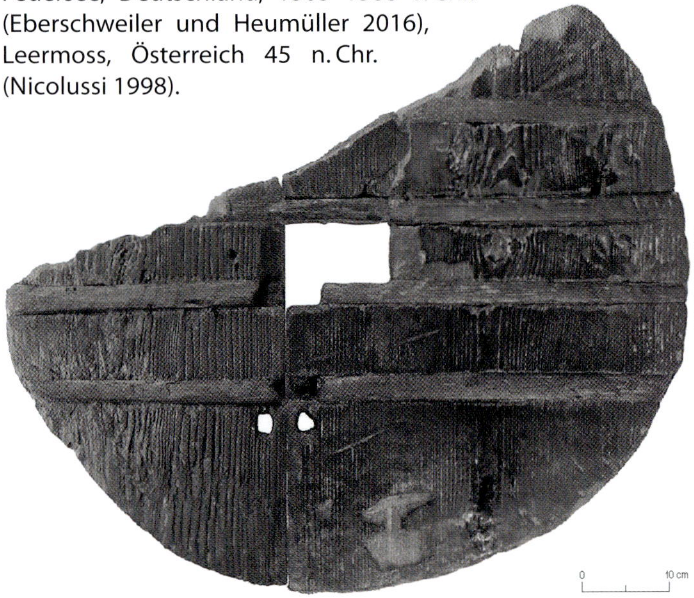

Bild: Anton Velušček

Der älteste Nachweis eines Holzrades – als Scheibe – stammt aus dem Laibacher Moor und datiert auf rund 3200 v. Chr. Faszinierend ist der Einsatz von Gratleisten, um die Einzelteile zu fixieren.

Für den Wasserweg wurden Einbäume an verschiedensten Stellen gefunden: Über 10.000 Jahre alte Einbäume wurden in Friesack (Deutschland) entdeckt (Gramsch 2013). In Irland aus der Zeit um 4600 v. Chr. (Lanting 1997), in der Schweiz um 4300 v. Chr. (Lanting 1997), in Polen aus der Zeit um 3600 v. Chr. (Lanting 1997), in Großbritannien um 2000 v. Chr. (Starr 2017); in Kärnten, Österreich, rund um 1500 v. Chr.; Norwegen rund 600 v. Chr. (Lanting 1997).

Erste Boote bzw. Schiffe kennt man aus archäologischen Grabungen in Chalain, Frankreich, um 3000 v. Chr. (Lanting 1997). Das Dashur Boot aus Ägypten datiert auf 1883 v. Chr. (Kuniholm et al. 2014) und das Butuan Boot, Philippinen, datiert auf 210 bis 430 n. Chr. (Stead 2018).

Für die Menschheit waren immer schon Kunstgegenstände, die zumeist in Verbindung mit religiösen Riten standen, von enormer Bedeutung. Bei prähistorischen Funden ist diese In-

Bild: Triton, Süß

Ein Einbaum aus dem Wörthersee aus dem 7. Jahrhundert n. Chr. Einer der ältesten Einbäume dürfte aus Pesse, Niederlanden, kommen – ca. 6300 v. Chr. (Ellmers, 1983).

terpretation immer schwierig. Die ältesten, bekannten Funde hierzu kommen aus Russland – Shigir Idol 8540 bis 8820 v. Chr. (Zaretskaya et al. 2012). Aus Japan kennt man eine Hundefigur aus 550–647 n. Chr. (Fukuyo et al. 2019). Auch Musikinstrumente werden oft mit Religiosität in Verbindung gebracht. Aus Deutschland kennt man eine Flöte, die auf 1050 v. Chr. datiert (Schöbel 1984); aus Guatemala stammen flötenähnliche Instrumente aus rund 670 n. Chr. (Doyle und Houston 2016) und aus Italien kennt man eine Chitarrone die auf 1499 n. Chr. (Rognoni und Di Stefano 2015) datiert. In Tasgetium (Eschenz, Schweiz) wurde eine Panflöte aus dem 1. Jh. n. Chr. gefunden (Brem und Leuzinger 2005).

Hölzerne Geräte zur Körperpflege sind vor allem Kämme: Aus Bodmann, Deutschland, und aus Arbon, Schweiz, stammen Stücke aus dem 4. Jahrtausend v. Chr. (Leuzinger 2016); aus Eschenz, Schweiz, einer um 200 n. Chr. (Brem und Leuzinger 2005); ebenso aus Xiaohe, Lop Nur Zhem, Kreis Qarkilik, 2. Jahrtausend v. Chr. (Wieczorek und Lind 2007).

Gefäße aus Holz bzw. aus Produkten der Bäume (Zweige, Rinde) sind auch heute noch in Verwendung, auch wenn sich hier die Entwicklung zur Kunststoffverpackung sehr deutlich zeigt. Rindengefäße waren bis vor kurzer Zeit vor allem in nördlichen Ländern (Skandinavien, Russland) noch weit verbreitet – hier vor allem die Nutzung der Birkenrinde. „Ötzi" (3200 v. Chr.) hatte auch so ein Gefäß bei sich (Spindler 2000). Auch die Spanschachtel hatte eine sehr lange Zeit als Vorratsbehälter gedient – bevor sie von Kunststoff und Metall abgelöst wurde (mit Ausnahme mancher Käsesorten). Aus dem Salzbergwerk in Hallstatt, Österreich, sind diese bereits seit ca. 700 v. Chr. bekannt (Reschreiter 2009, Reschreiter et al. 2013). Aus dieser Zeit und auch aus Hallstatt stammen zahlreiche geschnitzte Trink-

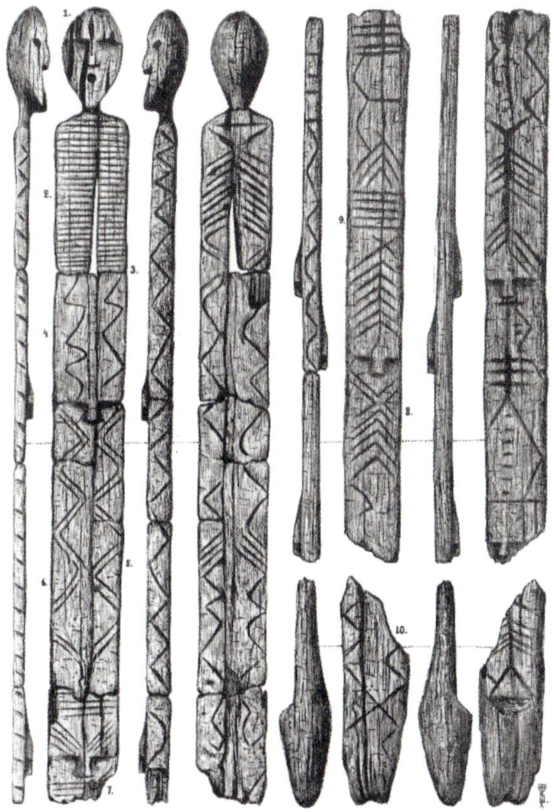

Bild: Gemeinfrei. https://commons.wikimedia.org/wiki/File:Shigir_idol.jpg#/media/File:Shigir_idol.jpg

Eine Zeichnung des Shigir Idols – ein verzierter Holzpfahl, der nördlich von Jekaterinburg in Russland entdeckt wurde. Mit einem Alter von rund 9500 v. Chr. gilt sie als älteste Holzfigur. (oben)

Bild: BOKU

Diese Art von Rindengefäßen (Birkenrinde) wird im hohen Norden noch heute als Aufbewahrungsgefäß hergestellt. (links)

Bild: AATG, Steiner

Zusammengesetzter Rütchenkamm aus Zweigchen der Heckenkirsche, Hasel, Eiche und Schneeball aus der jungsteinzeitlichen Grabung Arbon-Bleiche 3 (3384–3370 v. Chr.) im Kanton Thurgau am Bodensee und Essgefäße (Reschreiter et al. 2009). Einige ältere Funde an Holzgefäßen gibt es aus dem neolithischen Deutschland. Hierbei handelt es sich unter anderem um ein über 10.000 Jahre altes Holzgefäß (Gramsch 2013), Birkenrindengefäße (Gramsch 2013) aus einem Moor in Friesack sowie weitere Gefäße und Kücheninventar (Eberli et al. 2016).

Die prähistorische Wohnsituation ist uns weitestgehend unbekannt. Möbel hat man zumeist aus römischen Überlieferungen im Gedächtnis. Jedoch gibt es schon wesentlich ältere Funde, die einen kleinen Einblick ermöglichen: Ein Klappstuhl aus Guldhoi, Dänemark, um 1600 v. Chr. (Boye 1896) und mehrere Fragmente aus Verucchio, Italien, um 700 v. Chr. (Gentili 2003) zeigen hier bereits handwerkliche Perfektion auch für die Herstellung von Möbeln. Die Tradition der Möbelherstellung hat sich recht gut bis in die heutige Zeit erhalten (im Gegensatz zu vielen anderen Handwerksbereichen). Die moderne Tischlerei verarbeitet zwar viele neue Holzwerkstoffe (wie Spanplatten), aber parallel dazu hat sich vor allem in ländlichen Bereichen der traditionelle Zugang über Vollholz erhalten. Neue Technologien, wie beispielsweise die CNC-Bearbeitung, ermöglichen zum Teil auch wieder das Rückbesinnen auf alte Formen und Verbindungen – auch wenn sie nicht mehr händisch ausgeführt werden.

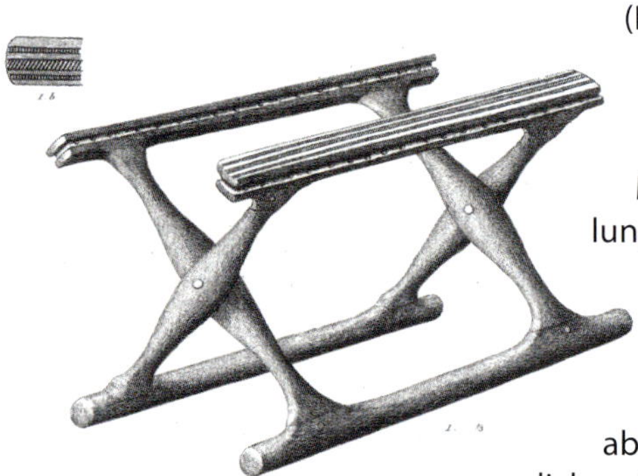

Ein Klappstuhl aus Guldhoi, Dänemark, um 1600 v. Chr.

(Grafik: Boye 1896; Bearbeitung: NHM Wien)

Bei historischen Bauernmöbeln gab es im Wesentlichen drei Möglichkeiten, sie herzustellen. Erstens ungelernte, unzünftige Bauern, die in der Regel aus eigenen Mitteln fürs eigene Haus produzierten. Diese Handwerksform war als Hauswerk bekannt. Zweitens Störarbeiter, die ihr fachliches Können als Lohnwerk zur Verfügung stellten. Meist handelte es sich dabei um Zimmermänner, die von Ort zu Ort zogen. Drittens waren es gelernte, zum Teil zünftige Handwerksmeister, die in eigener Werkstätte das so genannte Preiswerk herstellten (Moser 1947).

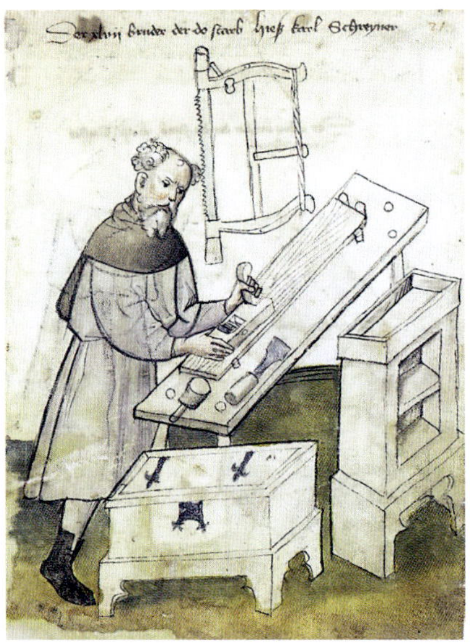

Ein Tischler bei der Arbeit. Es sind auch seine Produkte und Werkzeuge zu erkennen. (*Hausbuch der Mendelschen Zwölfbrüderstiftung*, Band 1. Nürnberg 1426–1549. Stadtbibliothek Nürnberg, Amb. 317.2°)

Bild: Gemeinfrei, https://commons.wikimedia.org/w/index.php?curid=13131226

Bild: Österreichisches Freilichtmuseum Stübing/UMJ; Foto: BOKU

Ein klassisches Bauernmöbelstück – eine Truhe aus Alpbach in Tirol

Heute ist es mitunter schwierig zu unterscheiden, wer das Möbelstück hergestellt hatte, da mit der Zeit auch die unzünftig arbeitenden Bauern immer mehr an Fertigkeit erlangten. Gerade der Stil der Bauern richtete sich dabei kaum nach gängigen oder modernen Trends, sondern alleine nach ihren eigenen Traditionen. Diese Traditionen wurden über Jahrhunderte kaum verändert und wiesen große Unterschiede von einem Tal zum nächsten auf (Moser 1949). All dies macht die volkskundliche Datierung zum Teil schwierig (Moser 1949).

Möbelstücke waren seit Ende des 17. Jahrhunderts n. Chr. meist kunstvoll mit barocken Bemalungen geschmückt, die häufig auch eine Jahreszahl zierten (Lipp 1964). Doch was sagt die Jahreszahl über die Errichtung des Möbelstücks aus? In der Regel weist die Jahreszahl auf eine Feierlichkeit wie eine Hochzeit hin, kann jedoch auch der Errichtung des Möbels entsprechen oder aber durch Übermalen ein altes Möbel prächtig erscheinen lassen (Bader 1998). Lipp (1964) erwähnt sogar Bemalungen, die im Nachhinein aufgebracht wurden, um an ein Ereignis zu erinnern.

Die moderne Holzverwendung

Beginnen wir die Gedanken über die moderne Holzverwendung auch mit einem Rückblick. Und zwar in Zeiten der Holzverknappung. Diese Effekte hat es immer schon gegeben, sobald man keine nachhaltige Waldwirtschaft betrieb. Zum Teil ist man einfach weitergezogen, um wieder ausreichend Holz

Bild: BOKU, Katzensteiner

Durch die Zerstörung des Waldes verödet die Landschaft – ähnlich muss es bei historischer Übernutzung ausgesehen haben.

Bild: BOKU, Katzensteiner

Die moderne Holzwirtschaft benötigt eine kontinuierliche Bereitstellung von Holz. Dies geschieht bei uns zu einem großen Teil über Kahlschlagwirtschaft.

zur Verfügung zu haben. Bei den Pfahlbauten ist bekannt, dass die ersten Bauphasen mit Baumarten durchgeführt wurden, die nahe am Wasser wuchsen, wie z. B. Erle, Pappel, Weide. Waren diese übernutzt, wurden die weiter entfernt wachsenden Baumarten genutzt und transportiert, beispielsweise Esche und Eiche (Billamboz 2001, Billamboz und Köninger 2008, Billamboz und Nelle 2016). In manchen Fällen kann man durch die Übernutzung deutliche Auflichtungen in den Jahrringabfolgen sehen – z. B. bei den Bauhölzern der Via Claudia Augusta (Abschnitt Lermoos, Nicolussi 1998). Viele verkarstete Küstenabschnitte am Mittelmeer gehen auf nicht nachhaltige Nutzungen der Bäume für den Schiffsbau der Römer zurück (Meiggs 1982).

Historische Zeiträume sind, in dem Bezug, durch die vorhandenen Schriftstücke besser beschrieben. In der Frühen Neuzeit, als Holz begann, knapper zu werden, wurde den Menschen bewusst, wie wertvoll der Wald war und wie sehr die Menschen in vielen Bereichen ihres Alltagslebens von Holz abhängig waren (Radkau und Schäfer 1987). Die zunehmende Verstädterung wirkte diesbezüglich ebenfalls verstärkend. Denn selbst wenn manche Gegenstände des täglichen Gebrauchs nicht direkt aus Holz gefertigt wurden, so benötigte man wenigstens für ihre Herstellung Brennholz bzw. Holzkohle oder Harz (Küster 1998).

Eine der wichtigsten Methoden, um mit Holz ökonomisch und effizient umzugehen, lag im richtigen Einsatz jeder einzelnen Holzart. Es wurde darauf geachtet, dass kein hochwertiges Holz für Zwecke eingesetzt wurde, wofür auch geringerwertiges Holz ausreichte. Wobei auch die Verfügbarkeit in der jeweiligen Region sowie die rechtliche und bringungstechnische Zugriffsmöglichkeit eine wesentliche Rolle spielte. Diesen Vorsätzen folgend, wurden auch die Wälder bewirtschaftet, mit konkreten Auswirkungen auf die Baumartenzusammensetzung, das Erntealter und die Regelung der Eigentums- bzw. Nutzungsrechte (Radkau und Schäfer 1987).

Für die Ursprünge der Waldwirtschaft verweist die Forstgeschichte auf die Annahme des Waldes als freies Gut, in dem jeder freie Mensch Holz schlagen, Streu rechen oder das Vieh eintreiben durfte (Johann 1994).

Vom 14. bis zum 16. Jahrhundert kam es unter dem Einfluss des Bergbaus zu einer immer stärkeren Einschränkung der Nutzungsrechte und zur Einführung einer strengen Aufsicht der Wälder und der Holznutzung (Johann 1994). Auf die Bergwerksordnungen des Mittelalters folgten in der Neuzeit Wald- und Forstordnungen. Bergwerksordnungen sollten regional die Versorgung mit Holz sicherstellen, Waldordnungen erstreckten sich meist über größere Gebiete und wurden von Herrschaften, Bistümern oder Landesfürsten erlassen. Inhalt waren unter anderem Anweisungen zur Waldpflege und Wald-

Bild: BOKU

Die radiale Schnittfläche einer heute nicht mehr genutzten Holzart – dem Flieder. Eine optisch sehr ansprechende und zugleich auch hoch-feste Holzart.

Bild: Oberösterreichisches Landesarchiv, Karten und Plänesammlung, XXII 260a; Bearbeitung: NHM Wien

An diesem historischen Bild, das Hallstatt zeigt, kann man den Transport von ungebundenem Holz am See zum Betreiben der Sudpfanne erkennen.

nutzung, sowie Verbote über Waldfrevel und Holzverschwendung (Kaiser und Killian 2000).

Einzelne Waldordnungen berücksichtigten die Interessen der Bevölkerung und versorgten die Gewerbe mit ausreichend Holz. Zur Entnahme von Holz für gewerbliche Zwecke oder zur landwirtschaftlichen Nutzung (z. B. Mast- oder Streunutzung) musste für gewöhnlich ein Zins, das so genannte Waldrecht, entrichtet werden (Johann 1994). Auch die Städte legten großen Wert auf Waldbesitz, da sie stets großen Bedarf an Holz hatten (Hasel 1985). Vielfach konnte dieser Holzbedarf jedoch

Bild: Österreichisches Freilichtmuseum Stübing/UMJ; Foto: BOKU

Grass (d. h. Nadelstreu) einer Fichte bei der versuchsweisen Ermittlung der Mengen an nutzbaren Materialien eines Baumes mit 32 cm Brusthöhendurchmesser und 25 m Höhe – dies erbrachte 51,5 kg Grass.

Bild: Österreichisches Forstmuseum Silvanum, Großreifling; Bearbeitung: BOKU

An der Traunmündung in die Donau wurden die „Almflöße" zu großen Donauflößen umgebunden, um sie danach nach Wien zu transportieren.

nicht mit Holz aus den stadteigenen Wäldern gedeckt werden. Der allgemein herrschende Holzmangel in den Städten machte es notwendig, Holz zu handeln und über längere Strecken zu transportieren. Bei keinem anderen Massengut war jedoch der Transportaufwand so hoch wie bei Holz. Der Transportweg über das Wasser erleichterte dieses Problem erheblich. So wurde die Flößerei und die Trift im 16. Jahrhundert zwar nicht neu entdeckt, es gelang in dieser Zeit jedoch, auch Gewässer, die von Natur aus nicht geeignet waren, für den Holztransport auszubauen. Dadurch sanken schlagartig die Transportkosten (Küster 1998). Die Versorgung von kleineren Städten und Märkten war im 16. und 17. Jahrhundert schwierig und gestaltete sich je nach geografischer Lage, der Nachbarschaft von Berg- und Hammerwerken und der Dichte der Besiedlung unterschiedlich.

Die langsame Verdrängung des Werkstoffs Holz ist ein Prozess, der mit der Industrialisierung zusammenhängt, jedoch nicht gleich mit ihren Anfängen einsetzt. Die ersten Maschinen bestanden zum größten Teil noch aus Holz (Radkau 2007). Vom beginnenden 20. Jahrhundert an wurde Holz jedoch in vielen Bereichen durch andere Materialien ersetzt. Die massenhafte Verwendung von Eisen und Kunstoffen, die Steigerung der Produktionsgeschwindigkeit durch Industrialisierung und die voranschreitende Technisierung führten zur Veränderung der Mentalität der Menschen (Radkau 2007). Moderne Kunstbewegungen, wie die der „Wiener Secession", verbannten die Traditionen und versuchten, ganz neue Wege zu gehen (Holzmeister 1934). In der Möbelindustrie wurden massive Bretter immer mehr von den beschichteten Spanplatten oder Sperrholzplatten abgelöst – der Holzrahmenbau wich dem Plattenbau (Radkau 2007). Das Interesse der Holzwirtschaft galt immer mehr dem Zerspanen von Holz und anschließendem Zusammensetzen zu modernen Holzwerkstoffen (Radkau 2007). All dies führte dazu, dass das Wissen um die Verwendung verschiedener Holzarten immer mehr in Vergessenheit geriet.

Bild: BOKU, Katzensteiner

Klimaveränderungen und Monokulturen ermöglichen dem Borkenkäfer eine rasante Vermehrung. Dies ist eine ernste Bedrohung unserer Wälder und der Holzversorgung.

Heute spielen Holzarten in der technischen Literatur eine geringe Rolle. Lediglich ein Bruchteil der in der reichhaltigen Literatur des 19. Jahrhunderts dargestellten Holzarten ist noch in den Büchern des 20. Jahrhunderts zu finden (vgl. Gayer 1928 mit Wagenführ und Scheiber 1985).

Warum dieser Rückblick im Kapitel „Die moderne Holzverwendung"?

Aktuelle Entwicklungen – vor allem durch die massive Veränderung unseres Klimas – weisen Ähnlichkeiten zu (prä-)historischen Zeiten der Holzverknappung auf. Die Übernutzung von Nadelholz in der Mitte des 19. Jahrhunderts ist noch heute in unseren Wäldern zu sehen. Denn es wurde wieder Nadelholz (vor allem Fichte) gepflanzt. Dies wird in naher Zukunft in manchen Regionen aufgrund von Trockenheit und dadurch ausgelöstem Schädlingsbefall nicht mehr möglich sein. D. h., auch unter der Einhaltung einer nachhaltigen Forstwirtschaft stehen wir nach dem derzeitigen Überangebot von Nadelholz (aufgrund der Schädlingsbefälle) vor einer Verknappung von Nadelholz, ähnlich wie im 19. Jahrhundert.

Aus Holz wird heutzutage eine Vielzahl von unterschiedlichen Werkstoffen hergestellt. Dazu wird Holz zerkleinert (zerspant, zerfasert, geschält, etc.) und danach wieder verklebt.

Waren es früher die Holzarten, die mit Bedacht so gewählt wurden, dass alle Einsatzbereiche befriedigend bedient wurden, so ist es heute eine große Produktpalette von Holzwerkstoffen. Holz wird zersägt, zerspant, zerfasert und nachfolgend zusammengeklebt, um leichte, dichte, formstabile und billige Holzwerkstoffe in nahezu unbegrenzten Dimensionen herstellen zu können. Diese Produktvielfalt an Holzwerkstoffen macht das Achten auf die richtige Holzart zwar immer noch notwendig, hat aber die Anzahl an verwendeten Holzarten schrumpfen lassen.

Jedoch löst die Veränderung unseres Klimas Diskussionen über die Baumartenauswahl für die Zukunft aus. Das sind die Holzarten, die in Zukunft der Holzindustrie zur Verfügung stehen werden. Daher wird im Moment wieder mehr bedacht auf die Eigenschaften mancher Holzarten gelegt. Es zeigt sich, dass das Wissen der Vorfahren und die Technologien der Zukunft verknüpft werden können und müssen. Es ist die Kombination von jahrtausendelang entwickeltem Wissen und die Möglichkeiten der modernen Zeit, die Holz noch attraktiver und interessanter werden lassen.

Es ist natürlich schwierig, zukünftige Trends der Holzverwendung vorherzusagen. Aktuelle Forschungsthemen zeigen jedoch auch die voraussichtliche Anwendung auf. Diese großen Themen sind Ressourceneffizienz und nachhaltige Produktion. D. h., wir werden Wege finden müssen, unser Holz noch sparsamer einzusetzen, als es unsere Vorfahren getan haben. Hierzu sind neue Technologien und auch verbesserte Berechenbarkeit notwendig. Um das nachhaltige Holz noch nachhaltiger zu verarbeiten, müssen Produkte, die aus Erdöl hergestellt werden, auch aus nachwachsenden Rohstoffen hergestellt werden (z. B. die Nutzung von Lignin als Klebstoff). Hier werden Lösungen unserer Vorfahren wieder interessant. Ganz ähnlich sieht es bei der Herstellung verschiedener Chemikalien aus Holz (Bio-Refinery) aus. Ein Beispiel dafür stellen phenolische Substanzen zum Gerben der Häute dar, die früher aus der Rinde von Eiche und Fichte gewonnen wurden.

„Ardenner", ein elektrisch betriebenes Snowmobile mit Raupenantrieb. Das im Rahmen des Projekts „WoodC.A.R." entwickelte Chassis besteht aus einer Holz-Hybridstruktur mit kraftorientiertem Holzschichtstoff, wodurch gegenüber der Variante in Stahlbauweise etwa 150 kg Masse eingespart werden konnte.

Die historische Holzverwendung zeigt es uns vor, die verfügbaren unterschiedlichen Holzarten zeigen ein extrem breites Spektrum an mechanischen und physikalischen Eigenschaften. Durch Kenntnis dieser und der Anwendung geeigneter Ver- und Bearbeitungstechnologien kann die moderne Holzverwendung deutlich verbreitert werden und selbst in technischen Anwendungen, wie im Fahrzeugbau, vorstoßen. Grundvoraussetzung dafür ist neben neuen Ver- und Bearbeitungstechnologien die Berechenbarkeit des Materials. Komplexe numerische Materialsimulationen sind die Basis im modernen Industriedesign und nachfolgenden Produktentwicklungsprozess. Materialanwendungen im Anlagen-, Maschinen- und Fahrzeugbau setzen daher die Berechenbarkeit des Materials mit entsprechenden Softwaretools voraus. Im Rahmen des Projektes „WoodC.A.R. – Wood | Computer Aided Research" (siehe: https://www.woodcar.eu) wurde diese Grundlage durch Berechnungsmodelle von einigen Laubholzarten geschaffen. Im Rahmen des Projekts konnte der Nachweis erbracht werden, dass Holz-Hybridwerkstoffe nicht nur den hohen Anforderungen (selbst im Crashfall) genügen können, sondern zusätzlich hohes Leichtbaupotential im Vergleich zu anderen Werkstoffen bieten (Müller et al. 2020).

Bei konsequenter Weiterverfolgung der bisherigen Forschungsbemühungen, unter Einbeziehung des wertvollen Wissens aus der historischen Holzverwendung, kann durch den einzigen nachhaltig verfügbaren Massenwerkstoff der Welt ein wichtiger Beitrag zu den angestrebten Klimazielen erbracht werden.

Link zur Projekt-Webseite von Wood C.A.R.

Quellen zur Rekonstruktion der historischen und prähistorischen Holzverwendung

Die hier getätigten Ausführungen gehen weit über ein Menschenleben hinaus und können somit nur selten durch Zeitzeugen belegt werden. Trotzdem können valide Aussagen selbst über prähistorische Zeiten gemacht werden.

Zwei wesentliche Quellen stehen uns heute zur Verfügung: Einerseits können erhaltene Holzobjekte analysiert werden und uns so Informationen liefern. Andererseits kann historische Literatur über die Verwendung in vergangenen Tagen berichten.

Archäologische Ausgrabungen

Wird Holz unter Luftabschluss, in einem Moor oder unter Wasser, im Salz, im Eis oder in Wüsten, gelagert, so ist es nahezu unbegrenzt haltbar. Archäologische Holzfunde sind in Österreich aufgrund des geringen Anteils an Feuchtgebieten (im Vergleich zu den Niederlanden, Irland oder den nördlichen Gebieten Europas) jedoch relativ selten. Der Großteil solcher Funde stammt aus Rettungsgrabungen, d. h. aus archäologischen Grabungen, die im Vorfeld großer Bauprojekte durchgeführt werden. So wurden in den letzten 20 Jahren vor allem Brunnenkästen oder Fassbrunnen aus der römischen Kaiserzeit gefunden (Grabner 2006a, Grabner 2011b).

Ganz anders stellt sich die Situation in den prähistorischen Salzbergwerken in Hallstatt, Österreich, dar. Aufgrund der konservierenden Wirkung des Steinsalzes haben sich organische Materialien perfekt erhalten – und dies in sehr großer Anzahl (Grabner et al. 2019). Die Analysen dieser Holzfunde geben Aufschluss über das Wissen und die Fertigkeiten früherer Handwerker und über den Umgang mit der Umwelt. Einige Bereiche des prähistorischen Wissens und der Fertigkeiten haben sich nicht in historischem Wissen weiterentwickelt. Daher müssen diese Prozesse und Produkte wiederentdeckt werden. Hier hilft der Ansatz der experimentellen Archäologie (siehe Kapitel Experimentalarchäologie, S. 41).

Bild: Bundesdenkmalamt, Abteilung für Archäologie

Ein faszinierendes Relikt der Holzbaukunst aus dem 2. Jh. n. Chr. Ein Teil des römischen Brunnenkastens aus Pottenbrunn

Historische Literatur

Im Gegensatz zur Prähistorie sind aus historischen Zeiten schriftliche Quellen vorhanden. Im ländlichen Raum war die Verwendung und Bearbeitung von Holz bis in die jüngste Vergangenheit so selbstverständlich, dass diese Tätigkeit und die zugrundeliegende Technik in manchen kulturgeschichtlichen Literaturwerken gar nicht erwähnt werden (Fuchs 2012). Auch wenn nicht alles Wissen niedergeschrieben wurde, so zählt doch die historische Literatur neben dem Untersuchen von Bearbeitungsspuren (siehe Kapitel Lesen von Bearbeitungsspuren, S. 42 f.) zu den wichtigsten Rekonstruktionswerkzeugen. Zur besseren Beschreibung der Holzarten und deren Verwendung wurden 122 Werke historischer Fachliteratur sowie 88 Stellen volkskundlicher Literatur analysiert. Diese Werke stammen aus den Bereichen Botanik, Forstwirtschaft, Holzwirtschaft, darunter auch Xylotheken und Hausökonomien. Sie decken einen Zeitraum von 1690 bis 1985 ab (Grabner 2017, Grabner et al. 2017). Es wurden für 60 heimische (mit wenigen Ausnahmen auch nicht heimische, seit langer Zeit kultivierte)

Die bronzezeitliche Stiege aus dem Salzbergwerk in Hallstatt in der jetzigen Ausstellungsform im Besucherbergwerk der Salzwelten Hallstatt

Holzarten die anatomisch-strukturellen sowie technologischen Beschreibungen und die Hinweise auf Verwendungen zusammengefasst (Grabner 2017). Es ist somit ein Vergleich zwischen den nachgewiesenen Verwendungen und damit verknüpften Eigenschaftszuschreibungen und den literarischen Beschreibungen in der historischen Fachliteratur möglich. Die Anzahl an Druckwerken vor 1760 n. Chr. ist relativ gering. Der Großteil dieser Werke ist der Gruppe „Hausökonomien" zuzuordnen (z. B. Fischer 1690). Rund um 1760 erscheinen dann botanisch naturkundliche (z. B. Duhamel du Monceau 1763) wie auch forstwissenschaftliche Bücher (Cramer 1766), gefolgt von den ersten holzwissenschaftlichen Werken (Nördlinger 1860) gegen Ende des 19. Jahrhunderts. Eine besondere Ressource hierbei sind Xylotheken. In den darin enthaltenen, für Naturaliensammlungen vorgesehenen „hölzernen Büchern" wurden neben der aus dem jeweilig beschriebenen Holz gefertigten Buchhülle auch die Rinde, die Blätter, Zweige und Früchte dargestellt. Im Unterschied zu herkömmlichen Herbarien geschah dies in möglichst lebendiger Form und ganzheitlich, durch Darstellung verschiedener Stadien sowie unter Einbeziehung von Forstschädlingen, Symbionten und technologischen Gesichtspunkten. Einige Serien dieser Xylotheken weisen auch handschriftliche Beschreibungen der Pflanze wie auch der Holzeigenschaften und der Verwendung auf (Candid Huber (1747–1813) siehe Huber 1793, Schildbach (1771–1799) und von Hinterlang (1798–1826)).

Bild: Naturkundemuseum im Ottoneum Kassel; Foto: David Gómez Fontanills –

Ein Ausschnitt aus der Xylothek von Carl Schildbach im Naturkundemuseum im Ottoneum in Kassel. Dieses zeigt die Holzarten in allen Schnittrichtungen, aber auch Zweige, Früchte, Samen und Beschreibungen über die Holzeigenschaften.

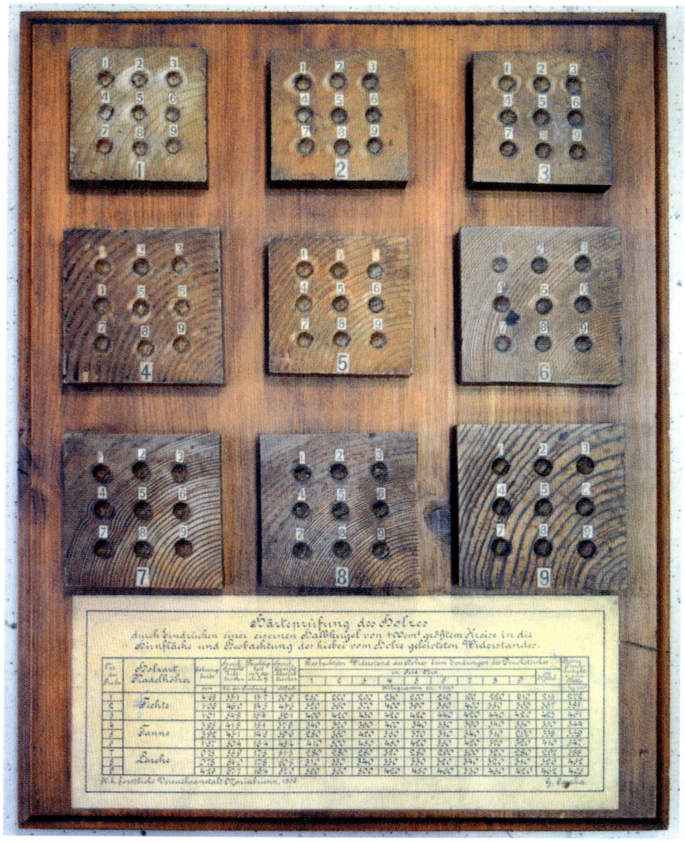

Bild: BOKU

Auch vor langer Zeit hat man sich mit der mechanischen Prüfung des Holzes beschäftigt. Janka (1915) hat hier die Härte geprüft.

Museen und historische Bausubstanz

Einen weiteren Wissensschatz bergen die Sammlungen in den Museen. Dort ist das Wissen unserer Vorfahren noch gespeichert. Selbst jenes Wissen, das von unseren Vorfahren als selbstverständlich erachtet wurde und darum keine Niederschrift in den Büchern fand, ist in den historischen Gerätesammlungen in Volkskundemuseen oder Freilichtmuseen immer noch erhalten. In sechs österreichischen Museen (dem Waldbauernmuseum in Gutenstein, Niederösterreich, dem Österreichischen Freilichtmuseum/UMJ in Stübing bei Graz, Steiermark, dem Museum für Volkskultur in Spittal an der Drau, Kärnten, dem Ersten Kärntner Handwerksmuseum in Bal-

Bild: Landesmuseum für Kärnten, Standort Freilichtmuseum Maria Saal; Foto: BOKU

Ein Ausschnitt aus der Häuserlandschaft des Kärntner Freilichtmuseums Maria Saal. Diese Gebäude mit ihrem Inventar beinhalten viel des bereits verlorenen Wissens.

Bild: BOKU

Beispiel eines historischen Dachstuhls einer Kirche im Waldviertel

dramsdorf, Kärnten, dem Landwirtschaftsmuseum im Schloss Stainz, Steiermark, und dem Möbelmuseum in der Probstkeusche in Malta, Kärnten) wurden insgesamt 8.985 Objektteile unterschiedlichsten Inventars untersucht.

Es konnten insgesamt 48 verschiedene heimische Holzarten nachgewiesen werden (Klein et al. 2016) und so die Holzartenwahl rekonstruiert werden.

Genauso lassen Arbeitsspuren auf Museumsobjekten noch heute auf Arbeitsweisen und Werkzeuge der damaligen Zeit schließen. Neben den Daten aus Museen stehen auch die zahlreichen Informationen aus dem Bereich der dendrochronologischen Dienstleistungen des Jahrringlabors der Universität für Bodenkultur zur Verfügung. Hier wird Bauholz aus unterschiedlichen Gebäuden und Jahrhunderten untersucht und somit zeitlich eingeteilt.

Dachstühle in historischen Gebäuden sind häufig mehrere Hundert Jahre alt und können durch eine dendrochronologische Datierung eine Aussage über die Baugeschichte und das Alter des Gebäudes liefern. Selbst in verlassenen mittelalterlichen Burgen lassen Deckenbalken aus Holz auf die damalige Zeit schließen.

Methoden, die in der Erforschung historischer Holzverwendung eingesetzt werden

In diesem Kapitel werden die Methoden, die zur Erforschung der historischen Holzverwendung dienten, kurz beschrieben. Es soll die Möglichkeit gegeben werden, nachzuvollziehen, wie die verschiedenen Ergebnisse erzielt wurden. Die angegebene Literatur kann zur Vertiefung studiert werden.

Experimentalarchäologie

Archäologen sind auf das Lesen von Funden und Befunden angewiesen. Im Falle von Holzfunden werden die Holzart, die Struktur des Holzes und mögliche Bearbeitungs- und Abnützungsspuren (siehe Kapitel Lesen von Bearbeitungsspuren, S. 42 f.) untersucht. Da sich Werkzeuge, Werkzeugstiele, aber auch die Handhabung der Werkzeuge in den letzten 2.000 bis 3.000 Jahren wesentlich verändert haben, ist das Nachvollziehen von Bearbeitungsschritten nur aufgrund der Analyse der vorhandenen Spuren oft schwierig. Als sehr hilfreich hat sich einerseits der ethnologische Vergleich, andererseits vor allem das experimentelle „Nachmachen" herausgestellt. Mit nachgebauten Werkzeugen wird versucht, an vergleichbarem Material sehr ähnliche Spuren zu erzeugen (siehe z. B. Sands 1997, Coles et al. 2006, Mathieu und Meyer 1997).

Ein Beispiel soll hier die Vorgangsweise erläutern: Grubenhölzer mit eingehackten Nuten waren im prähistorischen Salzbergbau in Hallstatt seit langer Zeit bekannt. Erst nach der Entdeckung einer Stiege (2004) war auch die Funktion dieser bearbeiteten Rundhölzer bekannt – nämlich zum Aufnehmen der Zapfen der Stiegenauftritte bzw. der Distanzbretter (Reschreiter 2005). Bei genauer Betrachtung des Nutgrundes fallen schräge, unter rund 45 Grad verlaufende Hackspuren auf. Erst beim experimentellen Nachbau der Stiege mit originalgetreuen Werkzeugen wurde klar, dass dies notwendig ist, um die Späne aus dem Nutgrund abzutrennen. Die Nut wurde durch kreuzweises Einhacken mit einem Beil und nicht mit Hilfe von Dechseln erzeugt.

Bild: NHM Wien, Rausch

Mit originalgetreu rekonstruierten Werkzeugen wird die Nut einer Wange der bronzezeitlichen Stiege aus Hallstatt nachgemacht. Holzart und Durchmesser des Baumes stimmen mit den Originalfunden überein.

Holzartenbestimmung

Die Anatomie des Holzes ist die Grundlage der Holzartenbestimmung. Größere, nicht beschichtete Holzteile lassen sich oft anhand makroskopischer Merkmale, wie der Farbe, der Textur, der Dichte und des Geruchs, bestimmen.

Für eine genaue Artbestimmung ist das Erkennen von mikroskopischen Merkmalen nötig. Diese Merkmale, etwa Harzkanäle, sind für nahezu alle Holzarten gut beschrieben (z. B. Sachsse 1984, Wagenführ 1988, Schweingruber 1990) und können üblicherweise an Mikroschnitten festgestellt werden.

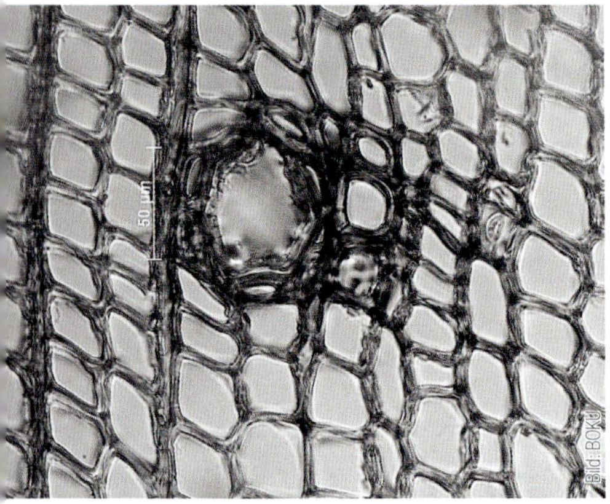

Ein wichtiges Bestimmungsmerkmal von Nadelholz ist das Vorhandensein von Harzkanälen – wie hier in einem Mikroschnitt von Lärchenholz.

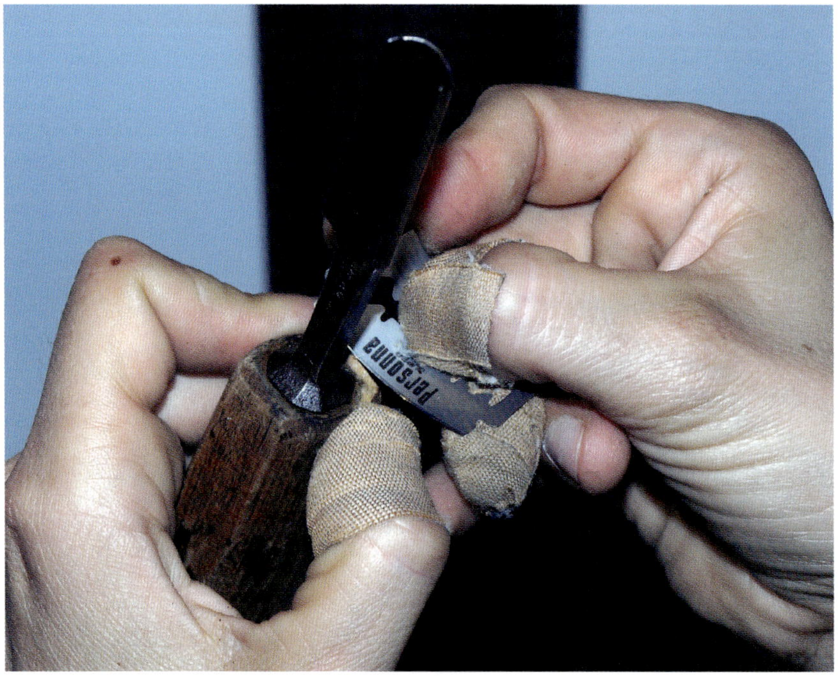

Mit der Rasierklinge wird, den anatomischen Schnittrichtungen folgend (hier ein Querschnitt an einem Griff eines Drechseleisens), ein rund 25µm dicker Schnitt abgenommen, um im Mikroskop alle notwendigen Details erkennen zu können.

Mit Hilfe einer Rasierklinge werden dazu dünne Holzproben entnommen und im Durchlichtmikroskop wird die Holzart bestimmt. Einige Holzarten sind trotz mikroskopischer Untersuchung schwer voneinander zu unterscheiden, beispielsweise Apfel und Birne (Schweingruber 1990). Diese beiden Holzarten sind nach Verblassen der Farbe nicht sicher zu unterscheiden und werden daher in Folge als eine Holzart mit der Bezeichnung „Apfel/Birne" geführt. Bei den Arten der Gattung *Sorbus* (Vogelbeere, Elsbeere, Mehlbeere und Speierling) ist die Unterscheidung ähnlich schwierig (Schweingruber 1990). Hier wird für alle Arten die Gattung mit *Sorbus* angegeben.

Holz wird vom Kambium – ein teilungsfähiges Gewebe zwischen Holz und Rinde – gebildet. Nadel- und Laubholz sind unterschiedlich aufgebaut. Aber sowohl bei normal gewachsenen Laub- als auch bei Nadelbäumen wachsen alle Zellelemente halbwegs geradlinig, parallel zur Stammachse.

Abweichungen von der regulären Holzstruktur werden als anatomische Besonderheiten bzw. Wuchsanomalien bezeichnet. Die Nutzung von Maserknollen (z. B. von Nuss) ist in der Tischlerei aufgrund der ansprechenden Struktur durchaus bekannt. Es hat sich jedoch gezeigt, dass solche Sondergewebe in der Vergangenheit bewusst und nicht nur aufgrund der schöneren Optik genutzt wurden (siehe Kapitel Sondergewebe, S. 67 ff.)

An diesem Baum hat sich eine Maserknolle gebildet – eine krebsartige Wucherung, zumeist mit schlafenden Knospen verbunden.

Lesen von Bearbeitungsspuren

Die Holzbearbeitung hat sich in den vergangenen Jahrhunderten grundlegend verändert. Während früher Spalten und Behauen die am häufigsten angewendeten Bearbeitungstechniken waren, sind es heute elektrisch betriebene Bearbeitungsformen mit rotierenden Schneiden, wie Sägen, Hobeln und Fräsen. Obwohl wasserbetriebene Sägen bereits seit dem 13. Jahrhundert n. Chr. im Einsatz waren, bewahrte sich das Behauen von Bauholz (d. h. Kantholz) bis in das 20. Jahrhundert.

Bild: Österreichisches Freilichtmuseum Stübing/UMJ; Foto: BOKU

Heute noch geben Bearbeitungspuren an den Wänden der Häuser bzw. den Brettern der Möbel Aufschluss über die Bearbeitungstechniken und die verwendeten Werkzeuge. Dabei beruht die Rekonstruktion der historischen Arbeitsweise auf der Oberflächenqualität und den sichtbaren Spuren der Bearbeitung. Betrachtet man unbewitterte Gebäudeteile im Schlaglicht, lassen sich die Spuren von Beil und Säge unterscheiden. Werden die Schneidescharten dann auch noch vermessen, können einzelne Werkzeuge der gleichen Art unterschieden werden (z. B. Äxte verschiedener Handwerker). Anhand der Abrisskanten lässt sich bestimmen, ob mit einem Hobel nachgearbeitet wurde bzw. Balken nur behauen oder gesägt eingebaut wurden (Urdl 2013). Die klassischen Parameter zur Beurteilung der Holzqualität (Astigkeit, Rissbildung, Brettlage, Drehwuchs und Vorhandensein der Waldkante) geben ebenfalls Aufschluss über die Art der Bearbeitung.

Im Streiflicht sind die Spuren des Breitbeils an den Balken des Hansler Hofes gut zu erkennen. (oben links)

Im Getreidekasten aus Oberzeiring sind innen an den Wänden die überhobelten Balken zu sehen. In einem Ast kann man noch Sägespuren vom vorherigen Sägen erkennen. (oben rechts)

Eine Stammscheibe einer Lärche, die bereits als toter Baum am Dachsteinplateau gestanden ist. Mittels dendrochronologischer Methoden kann man das Alter des Baumes, aber vor allem auch das Datum des Fällens bestimmen. (Bild: BOKU)

Altersbestimmung (Dendrochronologie)

Zur Altersbestimmung von Holz liefert die Methode der Dendrochronologie genaue Ergebnisse. Sie macht sich dabei die Tatsache zunutze, dass die Breite des jährlich gebildeten Jahrrings die am Standort herrschenden Wuchsbedingungen (Temperatur, Niederschlag, Sonnenscheindauer, Nährstoffversorgung und Bodenbedingungen) widerspiegelt (Schweingruber 1983a). Auf diese äußeren Bedingungen reagieren alle Individuen einer Baumart und einer Region gleich. Durch die Messung der Jahrringbreiten erhält man ein für den Standort und die Holzart charakteristisches Jahrringbreitenmuster (Baillie 1995). Das bedeutet auch,

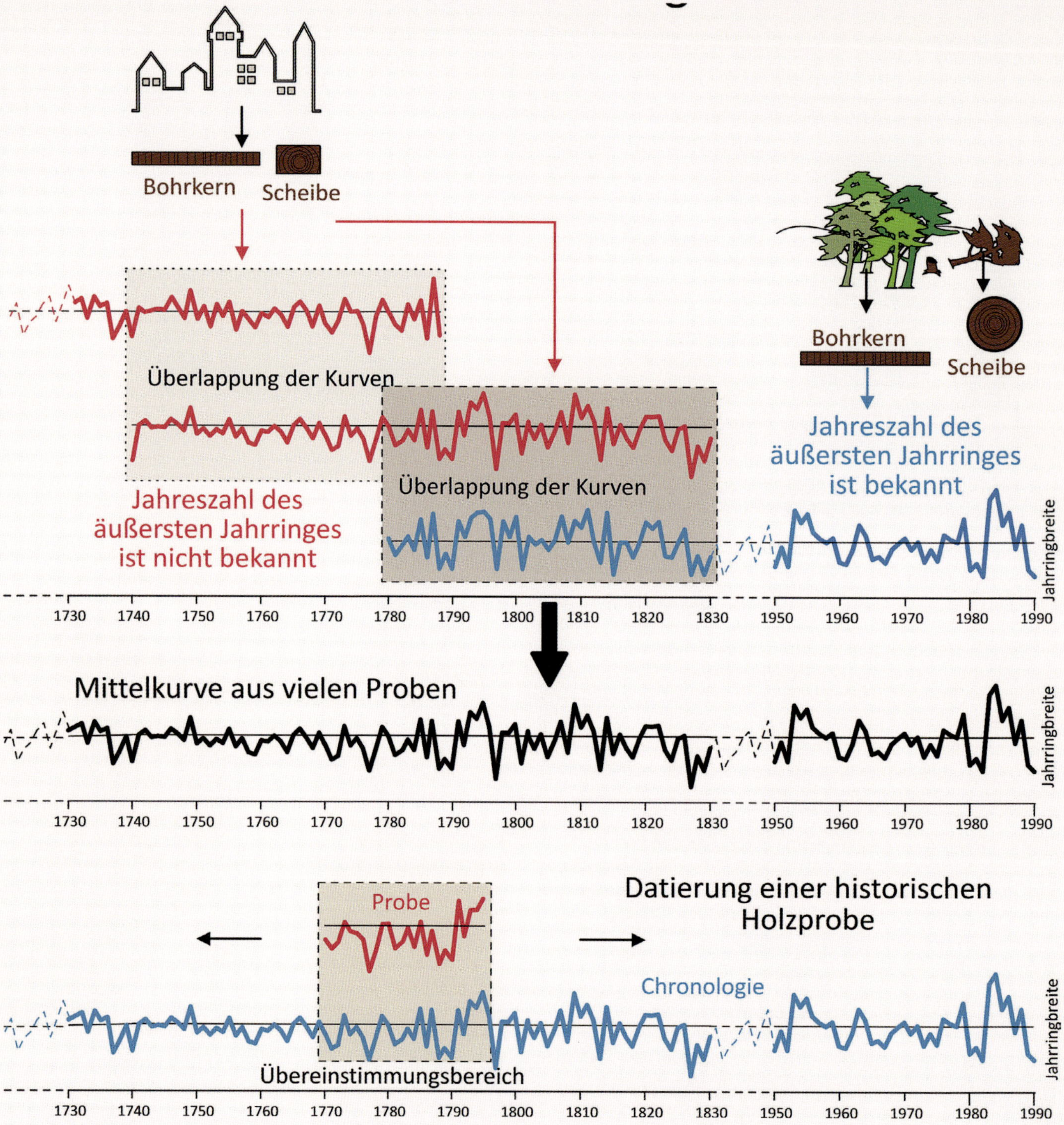

Aufbau einer Dendrochronologie. Anhand der Jahrringbreitenmuster werden Datierungen vorgenommen – sie müssen gut zueinander passen. (Grafik: BOKU)

Bild: BOKU

Mittels einer modernen Software werden die Jahrringbreiten an einem gescannten Bohrkern automatisiert von innen (Mark) nach außen (Rinde) gemessen.

dass zwei Bäume mit ähnlichen Jahrringbreitenmustern zur selben Zeit und am selben Ort gewachsen sein müssen. Die Jahrringkurven der beiden Proben können relativ zueinander datiert werden. Die Proben haben dann jedoch noch kein absolutes Datum.

Für eine absolute Datierung von historischen und prähistorischen Hölzern wird die Synchronlage der einzelnen Kurven oder einer Mittelkurve aller Proben eines Objektes auf einer bestehenden, datierten Referenzkurve ermittelt. Diese Referenzkurve stellt eine in der Gegenwart beginnende, zusammenhängende Jahrringbreitenchronologie dar und muss im Vorfeld aufgebaut werden. Hierzu werden die Jahrringbreitenmuster vieler Bäume einer Baumart in einer Region Jahr für Jahr gemittelt. Historische und prähistorische Hölzer aus dieser Region werden durch Vergleichen der überlappenden Jahrringbreitenmuster datiert – hierfür sind zumindest 30 Jahre nötig. Durch die Überlappung können Kurven in die Vergangenheit verlängert werden – es entstehen so genannte Chronologien.

Der äußerste, datierte Jahrring zeigt dann den Schlägerungszeitpunkt jahrgenau an. Voraussetzung dafür ist das Vorhandensein der so genannten Waldkante, also des letzten Jahrringes, der unter der Rinde gebildet wurde (Grabner et al. 2018). Nur dann kann das Schlägerungsdatum auf ein Jahr genau datiert werden. Da Beispiele aus geschichtlicher Zeit belegen, dass Bauholz meist ohne jahrelange Trocknung frisch verbaut wurde und meist der gesamte Querschnitt samt Waldkante vorhanden ist, lässt sich durch das Fällungsdatum auch das Baujahr von Holzhäusern, Stiegenaufgängen und Ähnlichem eng eingrenzen.

Ist keine Waldkante erhalten, dann kann man nach der Datierung nicht genau bestimmen, wie viele Jahre bis zur Waldkante durch die Bearbeitung oder Verwitterung verloren gegangen sind. In der Regel fehlen jedoch nur wenige Jahre und die Aussagekraft der Datierung ist trotzdem hoch.

Bauhölzer (z. B. Dachstuhlbalken, Blockwände, Säulen und Dippelbaumdecken) werden für eine Datierung mit einem Hohlbohrer beprobt. Der dabei gewonnene Bohrkern von sieben Millimetern Durchmesser wird dann auf eine Holzleiste geklebt. Im Anschluss wird mit Schleifpapier bis zur Körnung 600 geschliffen, um das Jahrringmuster sichtbar zu machen. Mit Hilfe eines Auflichtmikroskops wird zuerst die Holzart bestimmt und dann auf einem Messtisch oder mittels digitaler Methoden an Scans oder Bildern die Jahrringbreite mit einer Genauigkeit von 0,001 mm gemessen.

Bei historischen Möbeln, Fässern etc. können nicht wie beim Bauholz mit einem Hohlbohrer Proben gezogen werden, sondern es wird möglichst zerstörungsfrei vor Ort gearbeitet. Dazu wird die zugängliche Querschnittfläche der Bretter geschliffen, um das Jahrringmuster sichtbar zu machen. Leider kann der Vorgang des Schleifens nicht als absolut zerstörungsfrei gewertet werden, da die Oberfläche verletzt wird und mögliche Spuren von Oberflächenbehandlungen beschädigt werden. Um die unvermeidbare Zerstörung der Holzoberfläche möglichst gering zu halten, muss ein hoher Aufwand in die Auswahl der richtigen Probenstelle gesteckt werden. Sie wird so gewählt, dass, wenn möglich, im Verborgenen geschliffen werden kann (z. B. auf der Unterseite oder im Inneren von Möbeln). Trotz möglichst geringer Zerstörung wird eine möglichst hohe Anzahl an Einzelteilen eines Objektes beprobt (beispielsweise die Tür-, Front-, Haupt- und Rückenbretter eines Kastens oder die Querschnittsfläche einzelner Fassdauben). Dies liefert – da zumeist keine Waldkante vorhanden ist – zumindest eine gute Abschätzung des Fälljahres der Bäume. Eine Möglichkeit der zerstörungsfreien Jahrringbreitenmessung besteht für nicht allzu große Objekte mittels Röntgen-Computer-Tomographie. Hierzu werden nicht humanmedizinische Geräte, sondern materialwissenschaftliche Anlagen verwendet (Grabner et al. 2006b). Die so gewonnenen digitalen Schnittbilder können direkt zur Jahrringbreitenmessung verwendet werden.

Die so gewonnenen Daten stellen nicht nur Informationen über die Errichtungszeit bereit, sondern können für verschiedenste Analysen (wie z. B. die Rekonstruktion der Holztrocknung – siehe Kapitel Holztrocknung, S. 162 ff.) genutzt werden.

Prüfung von Holzeigenschaften

Die Intention der Analyse historischer Holzverwendung war immer vom Gedanken getrieben, mögliche zukünftige Nutzungsmöglichkeiten aufzuzeigen. Moderne Holzverwendung

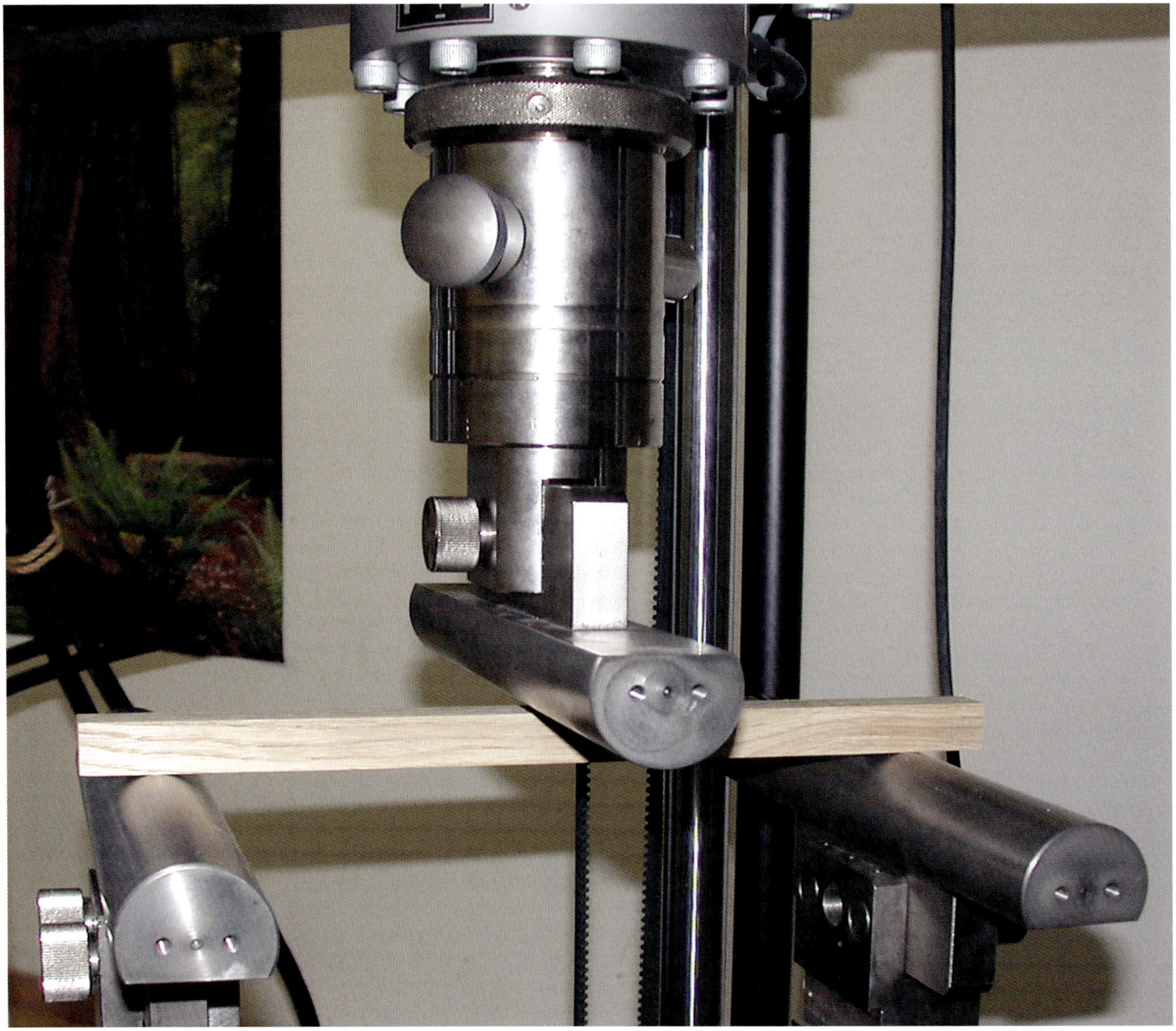

Bild: BOKU

Anhand kleiner, fehlerfreier Holzproben wird am Institut für Holztechnologie und Nachwachsende Rohstoffe die Biegefestigkeit bestimmt.

braucht immer eine gewisse Berechenbarkeit der Holzeigenschaften. Daher ist es nötig, Kennzahlen zu kennen – beginnend mit der Dichte des Holzes bis zu komplexen Festigkeitseigenschaften.

Diese Kennwerte werden anhand so genannter kleiner, fehlerfreier Proben bestimmt. An diesen Proben dürfen keine Äste, Faserabweichungen oder Schädigungen vorhanden sein. Für die meisten dieser Prüfparameter gibt es Normvorgaben, wie die Prüfungen durchzuführen sind. Das Buch *WerkHolz* (Grabner 2017) liefert hier (neben anderen Standardwerken wie z. B. Wagenführ und Scheiber 1985) einen guten Überblick über sehr viele Prüfgrößen.

Vom Wald in die Werkstatt

Grundlage für die Nutzung von Holz ist dessen Verfügbarkeit in den Wäldern. Der Weg des Holzes vom Wald bis in die Werkstatt kann sehr kurz sein (vor allem bei einer bäuerlichen Nutzung), aber sich auch über Hunderte von Kilometern erstrecken (wie für die Versorgung der Großstädte).

Die Holzernte

Im Unterschied zu den großen Kahlschlägen von Herrschaften, Salinen und dem Bergbau bewirtschaftete der Bauer den Wald im Zuge seiner zugesprochenen Nutzungsrechte im Plenterbetrieb. D. h., er ging in den Wald, um Holz zu schlägern, wenn er das Recht dazu hatte und ein Bedarf bestand, und entnahm die Anzahl an Stämmen, die benötigt wurden. Das Holz musste auf einmal geschlagen und möglichst schnell aus dem Wald geschafft werden. Nicht selten waren alle Dorfbewohner an der Schlägerung beteiligt (Johann 2004). Durch diese Bewirtschaftungsweise entsteht keine große Kahlfläche. Eine ständige Beschirmung bleibt erhalten, in deren Schutz eine natürliche Verjüngung des Bestandes entstehen kann.

Neben der Lieferung des Rohstoffes Holz hatte der Wald für einen Bauernhof noch weitere wichtige Funktionen, wie etwa die Bereitstellung von Laub als Futter für das Vieh bzw. die Lieferung von Nadeln für die Einstreu im Stall. Häufig hatte diese Nutzung des Waldes als Futterquelle (Schneitelung – siehe Kapitel Laub und Nadeln, S. 72 f.) für die Viehwirtschaft einen höheren Wert als die Nutzung des heranwachsenden Holzes. Die Aufzucht einer gesunden Waldgesellschaft wurde somit lange hintangestellt, erst als die Holzpreise durch Verknappung stiegen, wurde vermehrt Augenmerk auf die Bildung und Pflege von Waldbeständen gelegt (Wessely 1853).

Bechstein (1812) beschreibt die Abfolge der Waldarbeit: Zuerst wurde das Werk- oder Nutzholz zumeist von den Handwerkern ausgesucht. Diese wurden zuerst gefällt. Dann das Bau- und Blochholz und erst dann das Brennholz.

Bild: BOKU

In einem Wald, in dem nur einzelne Bäume entnommen werden, kommen Bäume unterschiedlichen Alters vor – ein Plenterwald.

Vergleicht man aktuelle Holzeinschlagsmeldungen mit historischen Werten, erkennt man, dass sich diese um die Mitte des 19. Jahrhunderts n. Chr. sehr ähneln. Das Land Salzburg bietet sich zum Vergleich des Holzaufkommens zwischen früher und heute an, da es bereits 1853 n. Chr. (7.136,2 km^2) annähernd die gleiche Landesfläche hatte wie heutzutage (7.154,23 km^2). Für andere Bundesländer, wie etwa die Steiermark, gestaltet sich dieser direkte Vergleich schwierig, da sich die Landesfläche eklatant verändert hat. Während sie im Jahr 1853 n. Chr. noch 22.498 km^2 betrug, waren es im Jahr 2011 n. Chr. nur mehr 16.401 km^2. Betrachtet man im Salzburger Land den durchschnittlichen Zuwachs je Waldfläche von 2011 n. Chr. und schließt so auf den durchschnittlichen Zuwachs

Die Abbildung stellt den Einschlag und den Zuwachs von Holz im Laufe der Zeit dar. Gut erkennbar ist, dass im Jahr 1853 der Einschlag sehr nahe am Zuwachs lag und damit eine nachhaltige Holznutzung nur mehr „knapp" möglich war.

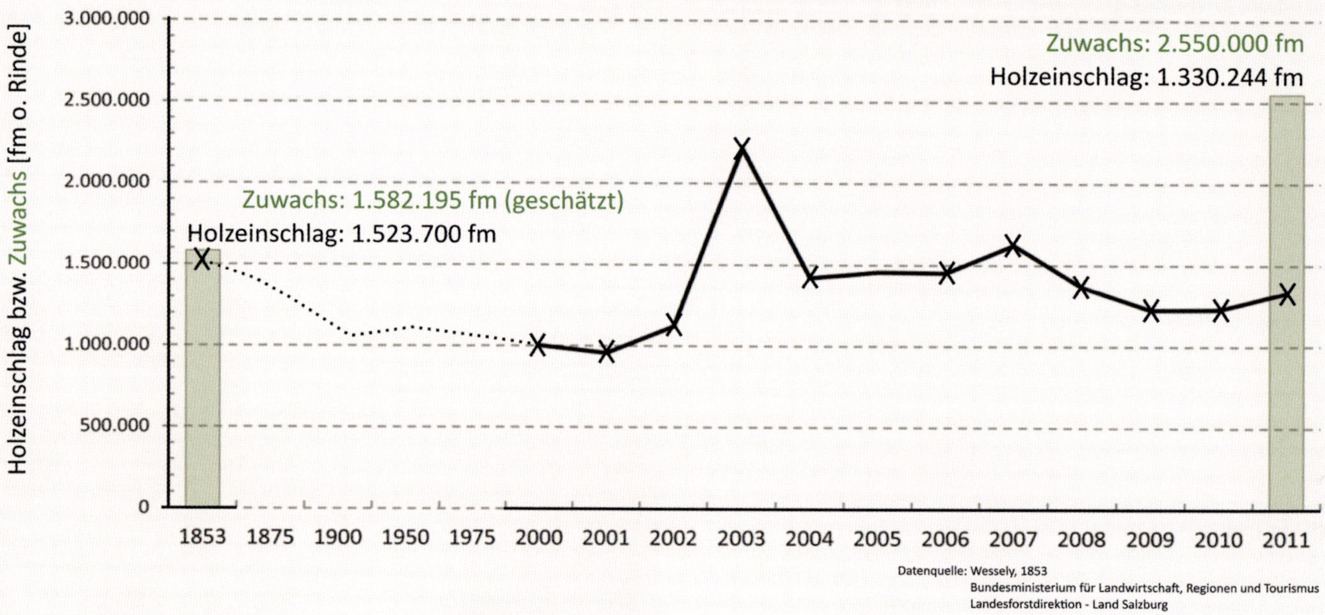

Bild: BOKU, Katzensteiner

Der Windwurf dürfte aufgrund der Klimaveränderungen und des hohen Anteils an Monokulturen in Zukunft eine größere Bedrohung unseres Waldes werden.

1853 n. Chr. (Anonymus 2012), erhält man einen Wert, der nur knapp über dem Wert des Holzeinschlages liegt. Geht man davon aus, dass die Pflege der Waldbestände 1853 n. Chr. nicht im gleichen Ausmaß von Bedeutung war wie in der modernen Forstwirtschaft, so kann erwartet werden, dass der Einschlag wohl knapp an den Zuwachs herankam bzw. womöglich diesen auch überschritt. Liegt der Nutzungsgrad höher als der Zuwachs, so findet keine nachhaltige Nutzung mehr statt. Betrachtet man den Bewaldungsgrad des Landes Salzburg von 1853 n. Chr. mit nur 32 %, wird klar, dass ein Umschwung in der Praxis der Waldbewirtschaftung stattfinden musste, um einen Bewaldungsgrad von 52 % ca. 160 Jahre später erreichen zu können. Abgesehen davon tragen bestimmt auch weitere Gründe zur Steigerung der Waldfläche bei; wie etwa die Umwidmung von Weideflächen zu Waldflächen bzw. die durch den Klimawandel bedingte Erhöhung der Baumgrenze in den Alpen. Spitzen des Holzeinschlags, wie etwa im Jahr 2003 n. Chr., können durch Schadensfälle wie Windwurf und Käferkalamitäten entstehen. Gründe für den großen Holzverbrauch im Jahre 1853 n. Chr. sind der enorme Bedarf an Brennmaterial in den Salinen und Hüttenwerken. Erst durch die verstärkte Nutzung der Steinkohle konnten sich die Waldflächen durch die Erschließung eben dieser neuen Energiequelle erholen (Johann 1994).

Bild: NHM Wien, Rausch

In einem Schulprojekt wurden Bäume mit rekonstruierten Bronzebeilen gefällt. (Projekt „Holz für Salz" – NHM)

Bild: Österreichisches Forstmuseum Silvanum Großreifling; Bearbeitung: BOKU

In dieser historischen Aufnahme sieht man, wie mit einer Axt zu zweit ein Baum gefällt wird.

Fällung der Bäume

Im Jahr 2009 wurde im prähistorischem Salzbergbau in Hallstatt, Österreich, ein Strunk eines Ahornbaumes mit einem Durchmesser von 12 cm und Wurzelwerk gefunden (Reschreiter et al. 2010). Wie bei allen Holzfunden aus dem Salzbergwerk war der Erhaltungszustand sehr gut. Das Besondere liegt daran, dass an diesem Strunk die Fällspuren der prähistorischen Bergleute perfekt erhalten geblieben sind. D. h., man konnte den Fällungsvorgang präzise rekonstruieren und auch experimentell nachvollziehen. Das Bronzewerkzeug ist gut bekannt, weil sich Beilklingen sowohl als Beigaben in Gräbern als auch in Depotfunden (d. h. die Beile und andere Metallgegenstände wurden im Boden vergraben) in großer Anzahl erhalten haben. Die Werkzeugstiele der Beile, die so genannten Knieholzschäftungen, ähneln den Stielen der Bergwerkspickel, welche in großem Umfang in Hallstatt gefunden und analysiert werden konnten (Grabner et al. 2014, 2019). Der Stamm wurde von beiden Seiten angehackt. Der untere Axthieb wurde in einem Winkel von 25 bis 53 Grad abwärts geführt. Der obere Hieb wird vermutlich etwas steiler gewesen sein, wodurch es möglich war, große Hackscharten aus dem Stamm zu lösen. Der Stamm wurde auf diese Weise von zwei Seiten symmetrisch angehackt, bis die Kerben so groß waren, dass der Baum schließlich fiel. Der Stamm brach dabei nicht komplett vom Stumpf, sondern blieb am verbleibenden Stammstück hängen. Dieser bereits zerfaserte Stammteil wurde als letzter Arbeitsschritt mit wenigen Beilhieben durchtrennt.

Bild: NHM Wien

Ein über 3.000 Jahre alter Baumstrunk (Ahorn) aus dem Bergwerk in Hallstatt

Diese Art, Bäume zu fällen, unterscheidet sich von der bekannten (Gayer und Mayr 1903, Großmann 1916) dadurch, dass der untere Hieb nach unten geführt wird. Die hier dokumentierte bronzezeitliche Technik gewährleistet ein effizienteres Arbeiten, weil beide Hiebe aus derselben Richtung, von oben, erfolgen. Weiters entstehen auf diese Weise vermutlich kleinere Kerben, als wenn die Hiebe gegenläufig geführt werden, und man kann den Baum wesentlich tiefer umhacken und dadurch besser ausnutzen.

Etwa 7.000 Jahre lang, vom Neolithikum bis in das 19. Jahrhundert n. Chr., war die Axt, zunächst als Stein- und Bronzebeil, später als Eisen- und schließlich als Stahlaxt, das Universalwerkzeug der Holzknechte – sowohl beim Fällen als auch

Bild: Österreichisches Forstmuseum Silvanum Großreifling; Bearbeitung: BOKU

Die Holzknechte in Hieflau 1927 mit ihren Werkzeugen (Äxten, Zugsägen, Sappinen und Schöpser) vor einem Rindenduck

beim Entasten und Ablängen der Bäume. Obwohl die Säge seit der Bronzezeit bekannt ist (Terzan 2003), hat sie sich erst im 19. Jahrhundert n. Chr. als Hauptwerkzeug der Holzfäller durchgesetzt. Die Technik des Fällens mit der Axt ist in Fachbüchern gut dokumentiert (Gayer 1876, Krais 1910, Schweingruber 1975). Die Kerben werden symmetrisch an beiden Seiten des Stammes angebracht. Um die Fallrichtung bestimmen zu können, wurde im 19. Jahrhundert n. Chr. die Kerbe, welche die Richtung vorgeben sollte, etwas tiefer angebracht. Durch zueinander gerichtete Axthiebe versucht man, möglichst große Scharten aus dem Stamm zu trennen. Dabei wird von schräg oben in den Stamm gehackt und dann die Scharte durch einen waagrechten oder von unten geführten Schlag abgetrennt.

Die Verwendung der Zugsäge war in Österreich seit einem Erlass von Maria Theresia 1752 n. Chr. aus zwei Gründen vorgeschrieben: Erstens, weil durch das Fällen und Ablängen mit der Axt etwa ein Sechstel der Holzmasse verlorenging, und zweitens, weil durch die Hackspäne das Aufkeimen der Holzpflanzen behindert wurde (Killian 1994, 2000, Rettenegger 1995). Bedingt durch die hohen Anschaffungskosten setzte sich die Zugsäge erst allmählich durch (Prasch 1980). Der Übergang von der Hacke zur Säge dauerte in Österreich fast 170 Jahre. Die Holzknechte wurden auch sehr lange Zeit als „Holzhauer" bezeichnet – ein Hinweis auf die Arbeit mit der Hacke (Palla 1994).

Josef Blau (1917) beschreibt die Fällung im Böhmerwald: *„Zuerst schneiden sie kniend mit der Säge so weit als möglich in den Baum ein; dann hacken sie auf der entgegen gesetzten Seite*

Bild: Österreichisches Freilichtmuseum Stübing/UMJ; Foto: BOKU

Heutzutage werden Bäume mit der Kettensäge gefällt.

Bild: Österreichisches Freilichtmuseum Stübing/UMJ; Foto: BOKU

Das Schöpsen (Entrinden) der Stämme mit dem Schöpser bei einer Winterfällung – die Rinde lässt sich nicht sauber entfernen.

mit abwechselnden und taktmäßigen Schlägen eine tiefe Kerbe ein. Hierauf treiben sie in den Sägeschnitt einen oder mehrere Keile, immer tiefer, bis sich der Stamm ächzend neigt und mit Krachen stürzt."

Nach dem Ersten Weltkrieg wurden Versuche mit 30 kg schweren Zweimann-Motorsägen durchgeführt. Die Holzknechte waren der Motorsäge wegen ihrer Kostspieligkeit, Gefährlichkeit, und da sie den Akkord drückte, zunächst nicht positiv eingestellt (Rettenegger 1995). Die Fällung mit der Motorsäge setzte sich in Österreich erst in den 1950er-Jahren mit der technischen Weiterentwicklung der Verbrennungsmotoren (lageunabhängige Vergaser) und dem Aufkommen der Einmann-Motorsäge durch.

Heute wird die spätere Fallrichtung durch eine kleine Fallkerbe, welche mit der Kettensäge angelegt wird, bestimmt und anschließend der Stamm etwas höher von der gegenüberliegenden Seite waagrecht fast vollständig durchtrennt. Dabei wird die Technik des Keilens im Fällschnitt nach wie vor angewandt, um den Baum umzuwerfen. Der Sohlenschnitt des Fallkerbs verläuft waagrecht und sollte ein Fünftel bis ein Drittel des Stammdurchmessers haben. Das Fallkerbdach sollte mindestens einen Winkel von 45 Grad zur Fallkerbsohle aufweisen, um so eine ausreichend große Öffnung zu bekommen.

Das Schälen oder „Schöpsen" des Baumstammes bildete nach der Fällung und Entastung den dritten Arbeitsschritt des Holzknechtes im Schlag. Dabei wurde die Rinde vom Baumstamm abgelöst. Dieses Schälen diente der Erleichterung des Transportes. Durch die glatte Oberfläche der geschöpsten Bloche ließen sich diese wesentlich leichter am Waldboden oder auf Baumrutschen (Riesen) bewegen. Geschöpst wurde mit einem eigens dafür vorgesehenen Werkzeug, dem Schöpser oder Schürfer. Heutzutage findet die Entrindung maschinell im Sägewerk statt.

Bild: Österreichisches Forstmuseum Silvanum Großreifling; Bearbeitung: BOKU

Der Transport von Baumstämmen auf einem Schlitten im Winter (hier in Großarl) war ein sehr gefährliches Unterfangen.

Fällungszeitpunkt

Bechstein (1812) schreibt einleitend dazu: *„Wegen der Jahreszeit in welcher man die Holzgewächse fällt, und welche die vorzügliche Güte und Brauchbarkeit derselben bezweckt, sind die Forstmänner wie die Holzarbeiter von jeher nicht einer Meinung gewesen."* Und bestätigt dabei dieselbe Aussage von Völker (1803).

Eine alte Volksweisheit besagt, dass Holz im Winter geschlägert werden muss (Stubenrauch 1771, Strube 1791,

Bild: Österreichisches Freilichtmuseum Stübing/UMJ; Foto: BOKU

Bild: Waldbauernmuseum Gutenstein; Bearbeitung: BOKU

Schöpsen eines Baumes, der im Frühsommer gefällt wurde – hier lässt sich die Rinde sauber entfernen.

Der Rindler bei der Arbeit

Hartig 1823, Dempp 1842, Fellner und Teischinger 2001). Ein Forstregulativ von 1803 n. Chr. schreibt vor, dass das Bauholz, welches im Trockenen verbaut wird, im Dezember gefällt werden soll, während Bauholz mit Erd- oder Wasserkontakt bereits im April und März gefällt werden muss (Killian und Schwabegger 2001). Enigl (1987) beschreibt die Fällung von Bäumen im Waldviertel für Bau- und Nutzholz *„in der Saftruhe; vom Dezember bis Februar"*. Duhammel du Monceau (1766) bezeichnet die Zeit des Fällens aufgrund einer Forstordnung auf 1. Oktober bis 15. April. Bechstein (1812) ortet die beste Zeit im Februar bis April. *„Man beginnt den Nadelklotzschlag, sobald die Rinde anfängt, sich abschälen zu lassen."* (Wessely 1853), was inhaltlich von Hasitschka (2010) bestätigt wird. *„Das Fällen soll meist nach 16 bis 17 Wochen (zu Lorenzi – 10. August) beendet sein, indem nach dieser Zeit die Rinde nicht mehr leicht abgeht."* (Wessely 1853; Kehr 1985). Im Großarltal wurde Bauholz um den 30. Juli (Abdon und Senen) geschlägert, denn das lebende Holz fängt um diese Zeit an außer Saft zu gehen (Fiala 1965). Dempp (1842) erwähnt, dass man Bauholz auch in der Saftzeit fällen kann, wenn dieses sofort entrindet wird und trocknen kann.

Versetzt man sich in die damalige Zeit, so gibt es nachvollziehbare Gründe für eine Winterschlägerung. Auf der einen Seite ließ sich der Holztransport aus dem Wald auf gefrorenen, schneebedeckten Böden leichter bewerkstelligen. Ferner war der Befall durch Schädlinge bei winterlichen Tiefsttemperaturen wesentlich verringert (Eißing et al. 2012). Versuche zu diesem Thema zeigten außerdem, dass wintergeschlägertes Holz langsamer trocknete (in Freilufttrocknung) und daher dem Reißen weniger geneigt war (Grebe 1861; Phleps 1942). Bezüglich des Einflusses auf die Dauerhaftigkeit meint Printz (1884), dass es wohl sehr unterschiedliche Sichtweisen gäbe.

Es ist auch zu bedenken, dass Hölzer im saftfrischen Zustand leichter gespaltet und entrindet werden können. Dazu kommt, dass Waldkanten an Bau- oder Möbelholz sowie an Dauben üblicherweise glatt sind (d. h., keine Bastreste aufweisen) und die Nutzung der Rinde in großen Stücken erfolgte, was nur im saftfrischen Zustand gelingen konnte. Dies macht eine Fällung im beginnenden Frühjahr wahrscheinlicher.

Rettenegger (1995) beschreibt seine Holzknechttätigkeit in den oberösterreichischen Kalkalpen in den 1920er-Jahren folgendermaßen: *„... Es wurde bis in den Herbst geschlägert, und im November, wenn es feucht war, der Reif den Boden angefroren hat oder schon die dünne Schneedecke eine gute Gleitfläche abgab, wurden die Bloch geholzt* (gebracht) *– entweder gleich zum Bach hinunter oder zur Ankehr, wo das Holz vor der Riese gestapelt wurde. Die Stutzen* (Aststümpfe) *wurden bis zum Holzen* (Bringung) *drangelassen, da sie das Aufliegen des Holzes auf dem feuchten Boden verhinderten. Entrindet wurde hingegen sofort, einerseits, weil dieser Arbeitsschritt ‚im Saft' leichter vonstattengeht und andererseits, ein Bloch ohne Rinde schneller trocknet* (zum Triften konnten naturgemäß nur trockene, schwimmende Bloche verwendet werden). *Bei Hölzern, die nicht ‚im Saft'* *waren, wurden ‚Schepser', Schäleisen mit langem Stiel, verwendet; sonst eben Schärfer, Loheisen oder Schinder* (Lohe = große Rindenstücke die an Gerbereien geliefert wurden)."

Des Weiteren wird der Schlägerungszeitpunkt in Abstimmung auf die Mondphasen in den letzten Jahren häufig diskutiert. Holz, das bei abnehmendem Mond geschlägert worden ist, gilt als dauerhafter, zäher, besser geeignet für Kamine, Zäune und Quellfassungen. Dem zugrunde liegt das Wissen, dass der Mond auf viele Vorgänge der Erde einwirkt und somit die Mondphasen auch Menschen und Tiere beeinflussen. Somit müssten auch die Eigenschaften und die Qualität des Holzes bei der Schlägerung vom Mond abhängen. Wissenschaftliche Untersuchungen konnten dies jedoch nicht belegen (Fellner und Teischinger 2001). So ist die Schlägerung nach bestimmten Mondphasen wohl vor allem Tradition und (Aber-)Glaube.

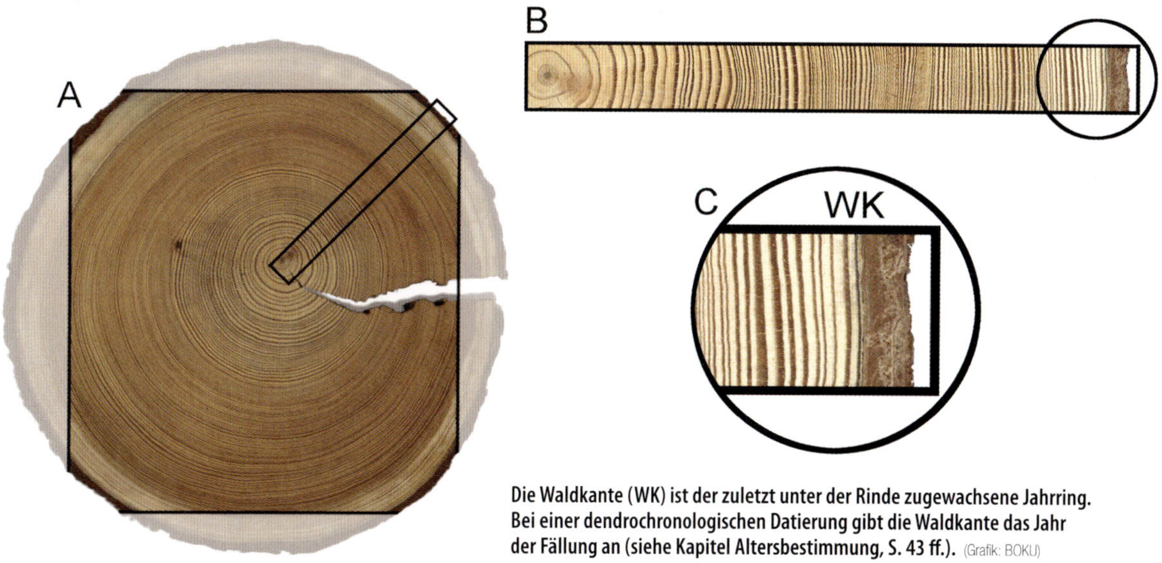

Die Waldkante (WK) ist der zuletzt unter der Rinde zugewachsene Jahrring. Bei einer dendrochronologischen Datierung gibt die Waldkante das Jahr der Fällung an (siehe Kapitel Altersbestimmung, S. 43 ff.). (Grafik: BOKU)

Der Zeitpunkt der Fällung von Bäumen innerhalb des Jahres (unabhängig von der Mondstellung) war ein Forschungsschwerpunkt der letzten Jahre. Es sollen hier die wichtigsten Indizien zum Zeitpunkt erwähnt werden (wie sie zum Teil oben bereits erwähnt wurden). Viele dieser sind widersprüchlich. Man kann daher davon ausgehen, dass es keine generellen Regeln gab – sondern eher regionale. Es dürfte auch zu falschen Interpretationen gekommen sein. Krauth (1899) und Stoetzer (1903) beschreiben die notwendige Winterfällung für die Buche und Kiefer – nicht für Fichte und Tanne.

In erster Linie muss unterschieden werden, ob es sich um Nutzungen durch Bauern handelte oder durch Holzknechte im herrschaftlichen Dienst. Wie schon oben für die bäuerliche Nutzung beschrieben, musste das Holz auf einmal geschlagen und möglichst schnell aus dem Wald geschafft werden. Wobei hier oft alle Dorfbewohner beteiligt waren (Johann 2004). Daher ist im bäuerlichen Bereich die Holzfällung vor allem in der Vegetationsruhe (wenn keine Arbeiten auf den Feldern und Wiesen möglich sind) zu erwarten.

Die dendrochronologischen Untersuchungen an bäuerlichen Objekten, die heute im Österreichischen Freilichtmuseum in Stübing (UMJ) stehen, konnten zeigen, dass nahezu alle Stämme während der Winterruhe gefällt wurden. Hierfür wurde auf die vollständige Bildung von Spätholz im letzten Jahr-

Bild: BOKU

Die Holzknechthütte aus der Bärenschützklamm bei Mixnitz ist eines der 100 Gebäude des Österreichischen Freilichtmuseums/UMJ.

Holzknechte vor dem mit Rinde gedeckten Gebäude – dem Duck (in Mixnitz)

Bild: Österreichisches Forstmuseum Silvanum Großreifling; Bearbeitung: BOKU

ring geachtet. In den Alpen wiesen 98 % der Waldkanten eine Spätholzzone auf, im Alpenvorland waren es 96 %.

Ein ähnliches Bild liefert der Blick in das Bronzezeitliche Salzbergwerk in Hallstatt: 88 % der untersuchten Bohrkerne wiesen eine Waldkante mit Spätholzbildung auf. 10 % waren aufgrund von Brüchen nicht zuordenbar. Somit wiesen nur 2 % kein Spätholz auf (Grabner et al. 2014). D. h., es handelt sich um Fällungen im Winter.

Jedoch konnte an 63 % der Grubenhölzer auch die festsitzende Rinde festgestellt werden – trotz vorhandener Transportspuren, d. h. Schleifspuren. Dies ist nur bei einer Fällung vor der Reaktivierung des Kambiums im Frühling möglich, da sonst die Rinde leicht abgeschält werden konnte.

In der Literatur wird die Fällung der Nadelbäume zumeist im Winter beschrieben (Keweloh 1985, Jägerschmid 1827), doch schränkt der Schnee in gebirgsreichen Gegenden die Winterfällung ein (Krais 1910). Rettenegger (1995) erzählt aus den 1920er-Jahren: *„Im Winter, mein Lieber, wenn das Holz gefroren war, furchtbar!, wirklich, denn es war hart wie Eisen."*

Rettenegger (1995) beschreibt auch einen wichtigen Teil der Baumnutzung – die Lohe. Der Schälvorgang passierte direkt nach der Fällung. Bei der Winterfällung und damit einhergehenden Inaktivität des Kambiums gestaltet sich das Ablösen der Rinde von der Baumrolle wesentlich schwieriger als bei der Sommerfällung. Während der Vegetationsperiode und Aktivität des Kambiums lässt sich die Rinde wesentlich einfacher entfernen. Man spricht hierbei im Volksmund auch davon, dass die Bäume „maischälig" werden, also mit Beginn des sekundären Dickenwachstums im Frühjahr auch das Schöpsen leichter von der Hand geht. Zum Verkauf der Lohe war es notwendig, Rindentafeln herzustellen (Ast und Winner 2011b, Enigl 1987, Blau 1917). Dies ist bei einer Winterfällung nicht möglich. In der Schneebergregion wurden sie Rindenfleck genannt – diese wurden auch zur Deckung der Holzknechthütten (Ducks) verwendet. Dafür waren sie übermannsgroß; im Normalfall jedoch waren sie früher einen Klafter (historisches Längenmaß: in Österreich entspricht ein Klafter 1,8965 m) und später einen Meter lang (Ast und Winner 2011b). Die Rinde der Fichte war wertvoll, sodass in dieser Region oft zwischen Mai und August gefällt wurde. An dicken Fichten wurde die Rinde vor der Fällung an den stehenden Bäumen bis über Mannshöhe geschält. Dies hatte noch folgenden Nutzen: Der absteigende „Saft" in der Rinde wird dadurch zurückgehalten und man kann die Zeit dadurch verlängern, in der „die Rinde noch geht" (Ast und Winner 2011b).

Ähnlich wie die Erzählungen in Rettenegger (1995) zitiert Hans Walter Keweloh (1985) eine archivalische Quelle aus dem Jahr 1640 n. Chr.: *„Die Floßherren hatten eine Menge Holzhauer und Floßknechte in ihren Diensten. Erstere fällten die zur Flöße bestimmten Bäume, entästen sie und schälten die Rinde ab, die ebenfalls, vorzüglich von Fichten, als Lohe einen Handelsartikel liefert. Die geschälten Stämme werden dann entweder sogleich von den Talwänden in die Floßbäche hinabgestürzt oder geschleift, oder im Winter mit Schlitten bei größeren Entfernungen. Die Sägblöcke werden dann besonders im Februar und März zu den Sägmühlen geflößt."*

Blau (1917) schreibt: *„Zu Ende des Monats Mai oder Juni kommen aus den Vorbergen die Holzhauer mit ihren Familien und ihrem gesamten Viehstand und halten Einzug in die leerstehenden Hütten. Während die Männer in den Wäldern Holz fällen, gehen die Weiber ihren häuslichen Geschäften nach."*

Bild: Österreichisches Forstmuseum Silvanum Großreifling; Bearbeitung: BOKU

Vor dem Rindenduck wird ein Baum entastet.

Bild: Waldbauernmuseum Gutenstein; Bearbeitung: BOKU

Hier ist die Trocknung der Rinde, die als Lohe verwendet wurde, zu sehen.

Wird im Winter geschält, so verbleiben Reste des Bastes an der Holzoberfläche, bei der Sommerschälung löst sich der Bast im Gegensatz dazu beinahe vollständig mit der Rinde. Bei der dendrochronologischen Beprobung von historischen Dachstühlen finden sich meist „sauber" geschälte, also bastfreie Holzbalken. Ausgehend von der Annahme, dass sich der Bast nur während der Vegetationsperiode sauber mit der Rinde löst, kann davon ausgegangen werden, dass bei historischen Hölzern, etwa in Dachstühlen, bei denen keine Bastreste gefunden werden, eine Frühling-/Frühsommerfällung stattgefunden hat. Werden Bastreste vorgefunden, dürfte es sich hingegen um eine Winterfällung handeln. Fraglich bleibt, ob im Zuge der Bearbeitung des Bauholzes, etwa mit einem Reifmesser, die Bastreste der Winterfällung entfernt wurden. Die Annahme, dass dies eher nicht der Fall war, da es sich um einen zusätzlich notwendigen Arbeitsschritt handeln würde, scheint naheliegend. Allerdings zeigten Praxisversuche des Behauens von runden Stämmen zu Balken, dass die Sichtbarkeit der Markierung mit der Schlagschnur durch vorheriges Abziehen der

Winterfällung und -entrindung | Winterfällung, Entrindung im Sommer | Sommerfällung und -entrindung

Je nach Zeitpunkt der Fällung und der Entrindung geht das Schälen mehr oder weniger leicht von der Hand. Erst zu Beginn der Vegetationsperiode löst sich die Rinde sauber vom Holzkörper – die Bäume werden „maischälig".

Fläche mit dem Reifmesser verbessert wird. Ob diese Praxis für einen geübten Zimmermann auch notwendig war, ist nicht geklärt.

Geht man von überlieferten Arbeitsabläufen von ehemaligen Holzknechten oder Literaturquellen aus (z. B. Weichenberger 1994 und 1995; Wessely 1853) dürfte bei der Entfernung der Rinde neben dem Erlös der Lohe und der Erleichterung des Transportes auch die verbesserte Trocknung der Bloche über die Sommermonate im Schlag (Wessely 1853) bis zur Bringung im Spätherbst eine Rolle gespielt haben. Wessely (1853) schreibt: *„In vielen Gegenden lässt man den gefällten Stämmen noch die oberen Äste bis zum Zerklotzen, was die Austrocknung sehr befördert. Derlei Stämme bleiben bis in den Juli grün, und das Laubholz würde ohne diese Vorsicht meist stockig werden."* Dies wird inhaltlich von Medicus (1802) und Grebe (1851, 1861) bestätigt.

Auch Archivquellen deuten auf eine Dominanz der Frühling-/Frühsommerfällung hin. Weichenberger (1995) entnimmt etwa den Oberösterreichischen Landesarchiven der Herrschaft Steyr detaillierte Arbeitstätigkeiten der Holzknechte aus dem Jahr 1677 n. Chr. Hierbei begannen die Schlägerungsarbeiten am 23. April und endeten mit dem 25. Juli. Nichtsdestotrotz waren die Holzknechte das ganze Jahr über beschäftigt, vor

Bild: Deutsche Fotothek, Gemeinfrei, https://commons.wikimedia.org/w/index.php?curid=6481668

Wolf Helmhardt von Hohberg (1612–1688 n. Chr.) zeigt in seinem Werk *Georgica curiosa*, wie Baumstämme mit dem Breitbeil bearbeitet werden.

allem mit der Aufarbeitung des gefällten Holzes, der Bringung und der Köhlerei (Weichenberger 1995).

Phleps (1942) fasst die Thematik passend zusammen: *„Wie man sich diesen Meinungsstreit (bez. Fällzeitpunkt) auch stellen mag, eines haben beide Richtungen gemeinsam, dass sie äußerste Sorgfalt in der Behandlung des Holzes verlangen und dadurch aus allen anderen Baustoffen herausheben."*

Bild: Gemeinfrei, https://commons.wikimedia.org/w/index.php?curid=13174910

Der Zimmermann bearbeitet das Holz beim Abbund im frischen Zustand. (*Hausbuch der Mendelschen Zwölfbrüderstiftung*, Band 1. Nürnberg 1426–1549. Stadtbibliothek Nürnberg, Amb. 317.2°)

Sortimentsauswahl und Ausformung

„Jeder Baumteil, Schaft-, Wipfel-, Ast-, Reis- und Stockholz hat wegen seiner besonderen Beschaffenheit, Stärke, Länge und Form auch seine besondere Gebrauchsfähigkeit." schrieb Grebe (1861). Schon im 16. Jahrhundert n. Chr. wurde das Holz von „Holzmessern" vermessen, aber auch die Sortimente festgelegt (Palla 1994).

Grebe (1861) erstellte folgende Einteilung:

- Reisholz (bis 5 cm Durchmesser) zum Flechten, Binden, für Stiele, Zäune und als Brennreisig.
- Schwaches Stangenholz (5 bis 10 cm Durchmesser) für Reifen und Gerten, Leiterbäume und Brennknüppel. Starkes Stangenholz (10 bis 15 cm Durchmesser) für Pfähle und Gerüststangen und starke Brennknüppel.
- Angehendes Stammholz (15 bis 20 cm Durchmesser) für starke Pfähle und Pfosten und schwache Brennscheiter. Schwaches Stammholz (20 bis 30 cm Durchmesser) für Bauholz und bessere Brennscheiter.
- Mittelstarkes Stammholz (30 bis 40 cm Durchmesser) für starkes Bauholz und die gesuchtesten Spaltscheite.
- Starkes Stammholz (40 bis 60 cm Durchmesser) für minder gesuchtes Bauholz und Blockholz (z. B. Dauben) und ziemlich gute Brennscheite.
- Ausgesucht starkes Stammholz (über 60 cm Durchmesser) für besondere Anwendungen, wie Schiffsbau oder für Bottichbinder.

Duhammel du Monceau (1766) beschreibt genau die Bündelung von Ästen und Reisig zum Verkauf. Noch bevor das Holz

Bild: Wenzel, Archiv des Waldbauernmuseums in Gutenstein; Bearbeitung: BOKU

Bei der winterlichen Holzbringung in der Schneebergregion. Ein Holzknecht bringt den bereits bearbeiteten Stamm mit Wurzelanlauf (im Vordergrund) weg. Es zeigt die hohe Bedeutung dieser Sortimente.

aus dem Wald gebracht wurde, wurden die Sortimente ausgeformt. In vielen Fällen wurde die Auswahl der Bäume aufgrund der notwendigen Sortimente getroffen.

Anders als heute wurden früher nicht nur gerade Stämme gesucht und geschätzt. Die Nutzung von „besonderen Stammabschnitten" war von hoher Bedeutung. Für viele Einsatzbereiche wurden krumm gewachsenes Holz oder bestimmte Abschnitte des Baumes genutzt (Walther 1802, Van Bussel und Steinmann 2011). Gewisse Wuchsformen wurden dabei als besonders wertvoll eingeschätzt und regelrecht gesucht bzw. im Wald noch gesondert gefördert (Pfeil 1831a, Peesch 1966). Es handelte sich dabei um krumm gewachsene Stämme, Astgabelungen, Stamm-Ast-Anbindungen mit gewissen Winkeln und Wurzelansätze (Prasch 1980). Mancher Strauch oder Baum wurde über Jahre beobachtet, um das Erreichen

Eine Skizze von Max Aschauer zeigt den besonderen Wuchs eines Baumes – das Holz wird hier als natürliche Wuchsform genutzt.

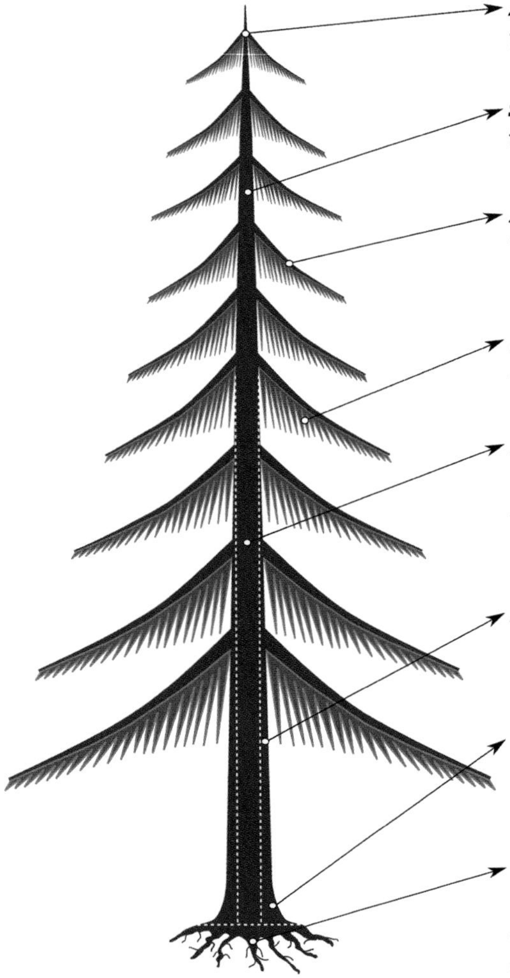

Beinahe der gesamte Baumstamm fand in früheren Zeiten Verwendung, von kleinen Sonderanwendungen, wie dem Küchenquirl, bis hin zum Bauholz.

der erforderlichen Stärke der Krümmung abzuwarten (Ast und Winner 2011c).

Durch den Prozess der Industrialisierung in der Holzverarbeitung und dem Wunsch nach standardisierter und schneller Bearbeitung werden heute kaum mehr Abweichungen vom gerade gewachsenen Stamm in ihrer tatsächlichen Form verwertet. Krumm gewachsenes Holz wird zerspant, zerfasert oder thermisch verwertet, die besonderen Eigenschaften gehen dabei verloren. Die Veränderung der Wälder zu Nadelholz-Monokulturen und damit einhergehend geringen Mengen von Krummholz, gleichzeitig mit dem Wunsch der Industrie nach standardisierten Stämmen, bedingten das Aussterben der speziellen Nutzungsformen.

Da auch in vergangenen Zeiten Nadelholz unser Bauholz Nummer eins war und Bauholz die größte Menge an Holznutzung darstellt, beziehen sich viele der weiteren beschriebenen Hinweise auf Nadelholz – und hier vor allem auf die Fichte.

Auch hier muss zwischen der bäuerlichen Nutzung und der herrschaftlichen Nutzung mittels Holzknechten unterschieden werden. Bei großen Schlägerungen mit Holzknechten wurden neben dem Rundholz und der Rinde kaum andere Baumteile genutzt. Rettenegger (1995) beschreibt die Abläufe nach dem Umschneiden: *„Aft sind die Spatzer gekommen, die haben die Äste weg gehackt …. Und dann haben sie die Aster hingeschmissen nacheinander für die Astersau … Aft sind die Durchschneider gekommen …. Anschließend kamen die Spranzer zum Zug … Aft kommen die Putzer – wenn es gleich zum Holzen ist – die haben eine breite Hacke gehabt mit einem kurzen Höb, die haben die Aststutzen ordentlich abgeputzt. Aft die Schärfer mit dem Schärfeisen, die haben wieder fleißig entrindet."*

Sowohl im bäuerlichen Bereich als auch in der Prähistorie (Stotzer et al. 1976) war die Nutzung wesentlich breiter gestreut – man kann hierbei von einer Ganzbaumnutzung sprechen (Grieser 1992). Die vielfältigen Produkte sind unten im Detail beschrieben. So wurden neben dem Bloch als Hauptprodukt auch die Äste (als Werkholz oder Brennholz), die Stamm-Ast-Anbindungen, die Wurzeln und auch das Laub (Nadeln) genutzt. *„Für Bauholz suchte man die Stämme möglichst maßgerecht aus, damit die Zimmerleute nicht zu viel weghacken mussten, das kostet Zeit und die Zimmerscharten waren Abfall."* erzählt Enigl (1987) vom Waldviertel. Schwächere Stämme aus der Durchforstung wurden gekloben (gespalten) und zu Weinstecken verarbeitet. Beim Strohdecken brauchte man zum Niederbinden „Schoßgarten", schlanke Stämmchen, und „Deckwieden", dünne biegsame Fichtenzweige, welche eingeweicht und gedreht wurden. In den natürlich angeflogenen Fichtendickichten fand sich das geeignete Holz dafür (Enigl 1987).

Im bronzezeitlichen Salzbergbau in Hallstatt konnte aufgrund der sehr hohen Funddichte eine Ganzbaumnutzung nachgewiesen werden (Klein 2006). Das Einzugsgebiet für Rundholz rund um das Salzbergtal ist durch Steilwände und die natürliche Waldgrenze beschränkt. Das Grubenholz wurde sehr wahrscheinlich nicht bergauf geliefert. Dies lässt vermuten, dass die Bergleute bereits in der Bronzezeit eine nachhaltige Waldbewirtschaftung betrieben – wie sie durch die Auswertung des Blütenstaubs aus einem nahen Moor angedeutet wird (Festi et al. 2021). Die bronzezeitlichen Grubenhölzer weisen einen Durchmesser von knapp 5 cm bis zu 25 cm auf; der Mittelwert liegt bei 10 cm. Betrachtet man die Krümmung der Jahrringe der Leuchtspäne, so kann man auf den Durchmesser des Stammteiles, aus dem sie gespalten wurden, schließen. Auf diese Weise konnte nachgewiesen werden, dass die Baumteile zur Leuchtspanproduktion einen Durchmesser von rund 20 bis 40 cm hatten; der Mittelwert liegt bei 29 cm. D. h., diese Stammteile waren dicker als jene, die für Grubenholz genutzt wurden. Dies ist relativ einfach zu erklären: Die knapp 1 m langen Leuchtspäne konnten nur aus bester Holzqualität gewonnen werden. Diese astfreie Qualität findet man nur im unteren Teil des Baumstammes im äußeren Bereich (d. h. unter der Rinde), weil der Baum hier schon vor längerer Zeit seine Äste

Bild: BOKU

Auch an den kleinen Querschnitten der Leuchtspäne kann man die Jahrringe und somit auch die Krümmung der Jahrringe erkennen. Hiermit ist es möglich, den Durchmesser des Baumes, aus dem sie gespalten wurden, abzuschätzen.

Bild: Deutsche Fotothek, Gemeinfrei, https://commons.wikimedia.org/w/index.php?curid=6484289

Christoph Weigel d. Ä. zeigt in seinem Werk *Abbildung der gemein-nützlichen Haupt-Stände* 1698 auch eine Szene im Wald – die Köhler.

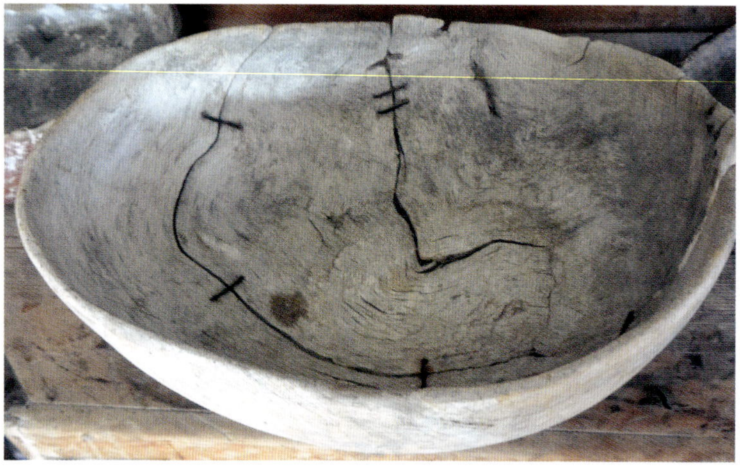

Bild: Myckelgensjö, Schweden; Foto: BOKU

Hier wurde eine Maserknolle zum Herstellen einer Schüssel verwendet.

Bild: Schwedisches Forstmuseum Lycksele; Foto: BOKU

Zwei krumme Stämme und eine Astgabel werden hier optimal als Tragekonstruktion dieses Holzobjektes verwendet.

abgeworfen hat. Misst man den Durchmesser der Stock-Überwallungen (gefunden als Schwingen – siehe Kapitel Überwallungen, S. 67 f.), sieht man, dass dieser eine Spur größer ist. Der Mittelwert liegt bei 39 cm. Es konnte somit gezeigt werden, dass der gesamte Baumstamm – vom überwallten Strunk bis zum Wipfel – genutzt wurde. Damit sich diese Überwallungen ausbilden können, dürfen nur einzelne Bäume geerntet werden – dies entspricht dem heutigen Bild der Einzelstammnutzung. D. h., die Bergleute der Bronzezeit hatten ein hervorragendes, nachhaltiges Waldbewirtschaftungssystem.

Stamm

Wie oben schon erwähnt, wurde bei den Schlägen der Holzknechte in erster Linie nur das Rundholz genutzt. Die Ausnahmen waren die Lohe (Rinde) und krumme Stämme (siehe Kapitel Wurzel und Wurzelanlauf, S. 64 ff., und Rinde, S. 73 f.). Jedoch wurden sicher die Bloche bis weit in den Wipfel genutzt, da sehr viel Holz verkohlt wurde. Rettenegger (1995) erwähnt, dass in den oberösterreichischen Kalkalpen noch bis Ende des 19. Jahrhunderts n. Chr. das meiste Triftholz an Ort und Stelle verkohlt wurde.

D. h., das Hauptprodukt war der Stamm. Dieser wurde auf verschiedenste Weise weiterverarbeitet (siehe Kapitel Auftrennende Verfahren, S. 125 ff.). Jedoch waren dies nicht nur gerade Stämme – im Gegenteil! Es wurden bewusst krumme Stämme oder Stämme mit starkem Wurzelanlauf gesucht – z. B. auch für Alphörner (Frenkenberger 2012).

Durch das Herausschneiden von geraden Balken aus krumm gewachsenen Stämmen werden die Fasern durchtrennt und es kommt dadurch zu einer verringerten Festigkeit

Bild: Museum der Heuharfen Sentrupert, Slowenien; Foto: BOKU

Ein „Krümmling" wird optimal im Hausbau eingesetzt.

(Knuchel 1947). Genauso kommt es zum Festigkeitsverlust, wenn man aus einem geraden Stamm eine gebogene Form schneiden möchte. So kann ein Stamm für eine Anwendung fehlerhaft erscheinen, für eine andere wiederum als besonders wertvoll.

Vor allem im Schiffs- und Hausbau wurden krumme Stämme benötigt (Grebe 1861). Der Schiffsbau verschlang riesige Mengen an Holz – vor allem Eichenholz. Für ein großes Schiff brauchte man 30 ha Eichenwald, oder anders gesagt, für ein Kriegsschiff bis zu 5.000 Eichen (Hasel 1985, Mantel 1990). Für den Schiffsbau wurden bestimmte Formen sogar gezogen.

Aus krummem Holz wurden unter anderem Dachsparren oder auch ergonomisch geformte Werkzeugstiele hergestellt. In der älteren Literatur sind noch manche Hinweise auf die geschätzten krummen Stämme zu finden: *„Mancher Strauch oder Baum wurde durch Jahre beobachtet, um das Erreichen der erforderlichen Stärke der Krümmung abzuwarten"* (Ast und Winner 2011c). Peesch (1966) zitiert aus der *Onomatologia forestalia* (1772–1780) über gekrümmte Stämme: *„Krumme Bäume haben etwas vorzügliches, welches denselben eigen ist, und wozu die geraden Bäume nicht taugen … Eine kleine Krümme am Stamm einer Eiche ist bisweilen von großem Nutzen: Viele Schiffsbalken müssen gekrümmt sein. Eine gar starke Krümmung kann einen Balken geschickter machen, seine Last zu tragen … Mit einem Wort: es ist nicht allemal ein Fehler an den Bäumen, wenn sie krumm sind, weil sehr viele Zimmer- und Wagnerarbeiten diese Gestalt erfordern."*

Knuchel (1947) beschreibt in seinem Buch die verschiedenen Arten der Krummschaftigkeit, die sich je nach Standort, Art und Umwelteinflüsse ausbilden. Er kategorisiert sie in den Säbel-, Schrauben-, Wellen- und den ganz unregelmäßigen Wuchs. Je nach Ausprägung ergeben sich bevorzugte Verwendungen (Duhammel du Monceau 1766). Früher wurden dann diese Stämme dem Verwendungszweck entsprechend im Wald gesucht, diese Suche war sehr aufwändig und brachte meist nicht die erwünschten Erfolge. Einer der weitverbreitetsten Anwendungsbereiche von krummem Holz war der Schiffsbau (Gayer und Mayr 1903). Für diesen Einsatz wurden nicht nur gerade, fehlerfreie Eichen gesucht, sondern auch krummgewachsene. Die Preise des krummgewachsenen Holzes waren vergleichsweise hoch (Peesch 1966). Mayer (1993) erwähnt, dass beim Bau eines Schiffes ca. 80 % Krummholz und 20 % gerades verwendet wurden. Hierfür war die „istrische" Eiche hervorragend geeignet, da sie sehr häufig krumm wuchs. Das Wichtigste war jedoch die Fehlerfreiheit des Holzes. Da der Schiffsbau als solcher sehr kostspielig war, konnte man es nicht verantworten, schlechtes Holz zu verwenden (Palla 1994). Die Mengen am Krummholzverbrauch waren enorm, deshalb wurde nach Möglichkeiten gesucht, künstlich krummes Holz herzustellen.

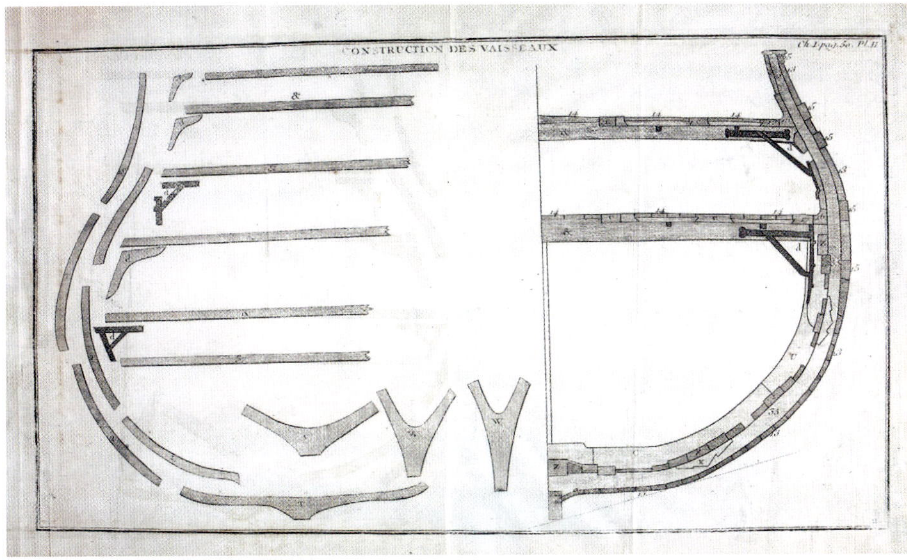
Bild: Nicolas Ozanne

Duhammel du Monceau (1758) zeigt die Vielfältigkeit der krummen Schiffsbauhölzer.

(https://archive.org/stream/lmensdelarchitec00duha#page/n102/mode/1up, Public Domain, https://commons.wikimedia.org/w/index.php?curid=77506329)

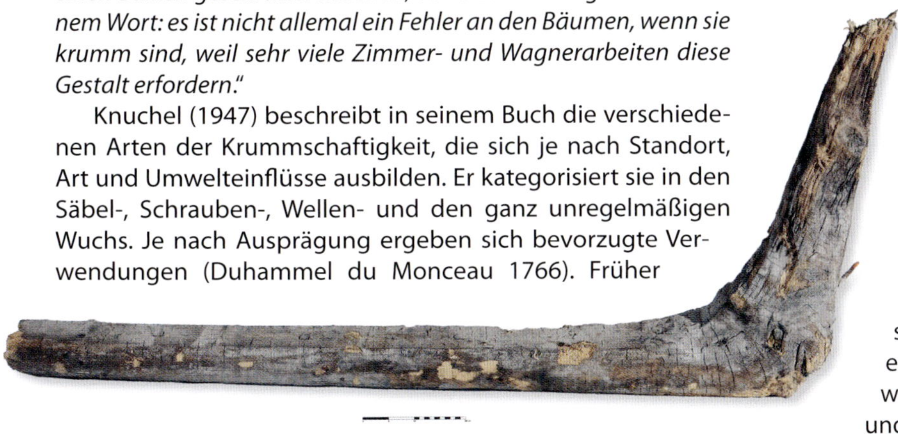

Kipfen – diese Schiffsbauteile sind auch schon aus der Römerzeit bekannt (Ellmers 1983).

(Bild: NHM Wien, Brandner)

Becker (1804) beschreibt in seiner Preisschrift einige Methoden, um bereits am stehenden Baum eine gewünschte Krümmung zu erzeugen und somit die Schifffahrtsindustrie zu versorgen. Der erkannte Vorteil dieser Beeinflussung des Wuchses war die Erzielung einer gewünschten Krümmung und nicht einer natürlichen zufälligen.

All diese verschiedenen Methoden sollten dem Baum aber nicht schaden, da sonst sein Wert stark reduziert wurde und im schlechtesten Falle Ausschuss erzeugt wurde. Die einfachste Methode war die Beschwerung des Wipfels mit einem Stein, die kontrollierte Krümmung konnte hier aber nicht erreicht werden. Die effektivere und auch aufwändigere Maßnahme war die Herstellung von krummen Formen aus besonders hartem Holz. Bevorzugt wurden Eiche, Buche und

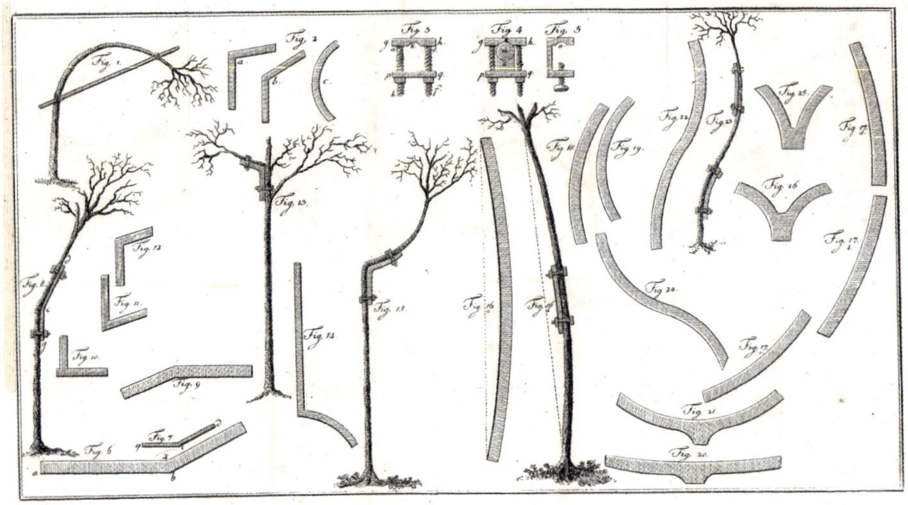

Bild: Becker 1804; Bearbeitung: NHM Wien

Becker (1804) zeigt, wie man Krummholz künstlich produzieren kann. Dies zeigt den hohen Bedarf an solchen heute nicht genutzten Sortimenten.

Ulme verwendet. Diese Formen wurden dann mittels hölzernen Schraubzwingen an junge Eichen angelegt und befestigt. Als Auspolsterung diente hierbei Moos und Gras. Als Einspanndauer gibt Becker (1804) an, dass teilweise eine Wachstumsperiode ausreichte, um gute Erfolge zu erzielen. Als Beschleunigung konnte man den Baum in eine stärkere Krümmung als gewünscht bringen, da dieser nach der Entfernung der Formen wieder ein Stück zurückging.

Bei der vorsichtigen Handhabung dieser Methode konnten vorzügliche Schiffsbauhölzer hergestellt werden. Jedoch war dies ein sehr zeit- und arbeitsintensiver Weg. Ein weiterer Nachteil war, dass jedes Schiffsmodell eine andere Bauart aufwies und so Unmengen an verschiedenen Krümmungen nachgefragt wurden. Pfeil (1831a) merkte an, dass diese Methode nicht hilfreich war, da nur junge Bäume gebogen werden konnten und die Zeitspanne bis zur Nutzung doch groß war.

Weitere Nachweise der Nutzung von krummen Stämmen bzw. Wurzelanläufen sind für Schlittenkufen, Eggen, Pflüge, Obstpressen, Leiterwagen, Gestelle, Leiterholme, Dreschflegel etc. Auch heutzutage werden solche Sortimente von Wildholztischlern verarbeitet (Frenkenberger 2012).

Link zum Film über die Herstellung von Zaunringen.

Ast und Ast-Stamm-Anbindung

Eine prominente Einsatzmöglichkeit von Ästen stellt das Flechten von Körben dar. Für das Korbflechten benötigt man gleichmäßig dicke, möglichst lange Äste, Seitentriebe sind dabei hinderlich. Sie müssen elastisch sein und trotzdem eine hohe Biegespannung aufweisen, damit der Korb die Form halten kann. Weiden, im Besonderen die Äste der Korbweide, liefern das optimale Material zum Flechten. Es gibt jedoch auch andere Baumarten, deren Äste genügend Elastizität aufweisen. Dazu zählen vor allem roter Hartriegel, Liguster und Haselnuss (Aufderheide und Schröter 2017).

Eine weit verbreitete Anwendung von Ästen und Stangenholz war auch das Errichten von Zäunen: Weide und Haselnuss werden zum Fixieren von Latten bei Flechtzäunen verwendet. Der Aufbau eines traditionellen, alpinen Flechtzaunes ist sehr zeit- und materialaufwändig und setzt auch eine spezielle Kenntnis des Flechtvorganges voraus. Rundhölzer oder Spelten werden dicht hintereinander in den Boden gerammt. Im oberen Teil des Zaunes wird eine Querstange in der Höhe von

Bild: Museum für Volkskultur Spittal an der Drau; Foto: BOKU

Die unterschiedlichsten Körbe aus Ästen, gespaltenem Holz und Stroh.

1 m bis 1,30 m mit den in den Boden geschlagenen Spelten in einem Abstand von etwa 5 cm einzeln verflochten. So entsteht ein sehr stabiler Zaun. Diesen Zauntyp findet man auch in halb- und vollverflochtener Form (Milan und Weber 2018).

Ein weiteres Beispiel im Zaunbau, bei dem Holzstangen mit Ästen verbunden werden, stellen Zaunringe aus Fichtenästen bei Stangenhag-Zäunen dar. Diese Zaunringe können im Winter auf Vorrat hergestellt werden und stellen ein historisches Verbindungsmittel dar (siehe https://www.youtube.com/watch?v=LNJENkg-bb0).

Eine sehr weit verbreitete historische Zaun-Form ist der Binder- oder Bänderzaun. Dieser ist sowohl im alpinen Bereich als auch in Skandinavien zu finden. Hierfür werden die Äste (Fichten oder Lärchen; Kehr 1985) einerseits für die Stecken als auch für die Wieden (siehe Kapitel Bähen, S. 155 ff.) verwendet. Die Wieden halten die in den Boden gerammten Stecken zusammen und tragen die schräg liegenden Stangen (Waldstangen; junge Fichtenstämme).

Mit Wieden (siehe Kapitel Bähen, S. 155 ff.), jungen Weidenästen oder Wurzeln werden die Elemente des Flechtzaunes befestigt.

Bild: Österreichisches Freilichtmuseum Stübing/UMJ; Foto: BOKU

Ein Detail des Bänderzaunes – die in einer Achter-Schleife gelegte Wiede

Bild: Österreichisches Freilichtmuseum Stübing/UMJ; Foto: BOKU

Der Habitus der Birke bedingt junge flexible Äste in großer Zahl. Das Schneiden dieser Äste stellte eine bäuerliche Nebennutzung des Waldes dar. Aus den blätterlosen Ästen der Birke wurden Besen (siehe: https://www.youtube.com/watch?v=1EZqD9_u4m0; Ast und Winner 2011d) oder Fußmatten gebunden.

Die gewachsene Verbindung zwischen Ast und Stamm ist hoch-fest und bis heute durch keine von Menschenhand hergestellte Holzverbindung erreichbar. Die von der Natur aus optimierte Form und die dabei resultierende Faserorientierung führen zu einer optimalen Verbindung. Das Versagen der Verbindung tritt nicht plötzlich ein, sondern erfolgt in Stufen (Buksnowitz et al. 2010, Müller et al. 2018). Diese hoch-fest gewachsene Form weist naturgemäß einen geringen Arbeitsaufwand bei der Herstellung auf. Dies zeugt, wie fast alle natürliche Wuchsformen, von der kreativen Nutzung aller Baumteile und von dem hohen Wert von Holz für den bäuerlichen Haushalt und das Handwerk.

Bereits im bronzezeitlichen Salzbergbau in Hallstatt kamen die Ast-Stamm-Anbindungen im großen Stil in Form der Knieholzschäftungen zum Einsatz (Barth 1967, Barth und Grabner 2003). Diese Knieholzschäftungen bestehen aus einem langen (in der Bronzezeit rund 1 m) Stiel, der aus dem Stammteil gearbeitet wurde, und dem so genannten Zinken, der aus dem Ast gearbeitet wurde und die Metallklinge bzw. den Pickel aufnahm. Die bevorzugte Holzart war Buche. Diese Baumart weist für die Handhabung des Werkzeuges einen günstigeren Winkel zwischen Ast und Stamm auf (Roloff 2001). An den Originalfunden konnte dieser so genannte Astablaufwinkel mit 65 bis 70 Grad bestimmt werden. Interessanterweise konnten innerhalb eines bronzezeitlichen Fundbereiches (Christian von

Aus den Zweigen der Birke werden Besen gebunden.

Bild: Österreichisches Freilichtmuseum Stübing/UMJ; Foto: BOKU

Die Stamm-Ast-Anbindung ist eine von der Natur aus optimierte Struktur – hier zum Tragen von Bienenkörben.

Bild: Österreichisches Freilichtmuseum Stübing/UMJ; Foto: BOKU

Link zum Film über das Binden eines Birkenreisigbesens

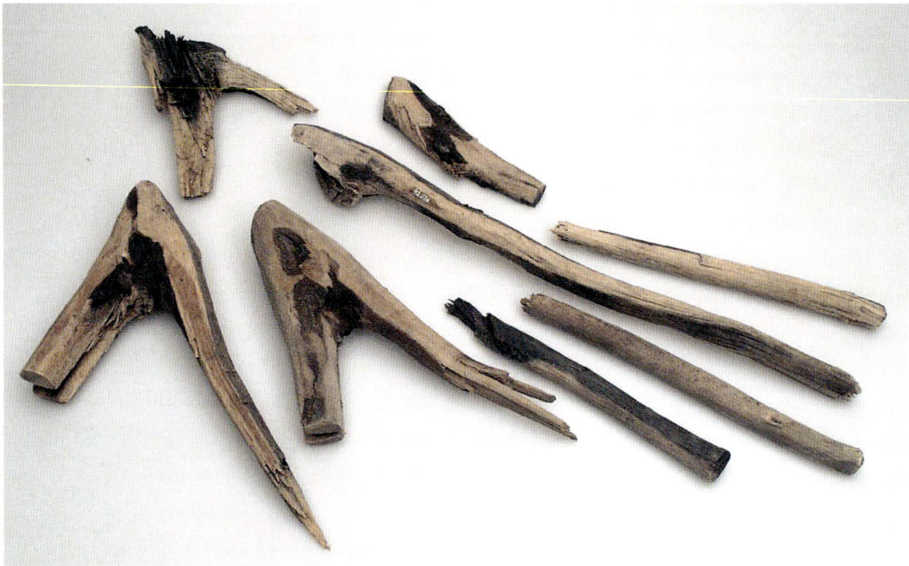

Bild: NHM Wien, Rausch

3.000 Jahre alte Pickelstiele aus Stamm-Ast-Anbindungen

Tusch-Werk, Alter Grubenoffen) auch Knieholzschäftungen aus Eichenholz gefunden werden. Diese mussten nach Hallstatt gebracht werden (Barth und Grabner 2003) und wiesen zumeist einen geringeren Astablaufwinkel auf. Deshalb wurden die Stiele gebogen (siehe Kapitel Biegen, S. 151 ff.). Die Ast-Stamm-Anbindungen waren auch in jüngerer Zeit von großer Bedeutung und wurden häufig für Kipfen (siehe Kapitel Wurzel und Wurzelanlauf, unten), Sensengriffe, Spazierstöcke, Setzhölzer, Türangeln oder Wandhalterungen gebraucht. Fichten- oder Tannenwipfel, teilweise von Weihnachtsbäumen, wurden entrindet und ohne weitere Bearbeitung als Quirl in der Küche verwendet.

Astgabelungen stellen ebenfalls eine sehr feste Verbindung dar und weisen eine optimierte Form für gewisse Einsatzmöglichkeiten auf. Aus Astgabeln wurden beispielsweise Strohbündler zum Decken des Daches, Steinschleudern, Rechenstiele, Deckhilfen, Wagenteile, geflochtene Sitze oder Rüttler von Mühleneinrichtungen gefertigt.

Eine weitere wichtige Nutzung von Ästen und deren Blättern und Nadeln war die Schneitelung (siehe Kapitel Laub und Nadeln, S. 72 f.).

Wurzel und Wurzelanlauf

Wurzeln sind aufgrund ihrer Flexibilität und Festigkeit ein hervorragendes Bindematerial. So wurden die Hallstätter Spanschachteln in Kettstich-Technik mit Wurzeln genäht.

Bild: Österreichisches Freilichtmuseum Stübing/UMJ; Foto: BOKU

Aus den Stamm-Ast-Anbindungen von Fichtenbäumen werden Sensengriffe hergestellt. Man kann den Ablauf der Herstellung sehen.

Nach einem Windwurf fand man Wurzelstöcke mit den sehr zähen Wurzeln nach oben gerichtet. Sie wurden gesammelt. Aus ihnen machte man Zaunhålsen oder Gådernhålsn (zum Befestigen des Gatters an einem Baum; Ast und Winner 2011c).

Blau (1917) schreibt: *„Fichtenwurzeln werden nicht aus dem Wald, sondern aus den benachbarten Wiesen gewonnen. Da reichen sie nicht selten bis 16 m in die Wiesen hinein. Die Wurzeln sind das beste Mittel zum Flechten der ‚Kränze'."*

Den Autoren ist eine mündliche Überlieferung bekannt, dass man Wurzeln ausgrub, die Wurzelrinde verletzte und sie zu einem Ring zusammenlegte, sodass die zwei verwundeten

Bild: NHM Wien, Rausch

Eine 6.700 Jahre alte Spanschachtel aus dem Bergwerk Hallstatt. Der „Nähfaden" ist ebenso eine Wurzel.

Stellen übereinanderlagen. An dieser Stelle wurde die Wurzel zusammengebunden. Man ließ die Wurzel dann weiterwachsen. Durch das Zusammenwachsen der Kambien entstand ein sehr fester Holzring – ein wichtiges Element beim Binden von Heu.

Bild: Schwedisches Forstmuseum Lycksele; Foto: BOKU

Der Stoß der Spanschachtel wurde mit Wurzeln der Birke „genäht".

Bild: Österreichisches Forstmuseum Silvanum Großreifling; Foto: BOKU

Eine häufige Anwendung von Wurzelanläufen waren die Schlittenkufen.

Sowohl in den Alpen als auch in Skandinavien ist in nördlichen Regionen, in welchen die Flechthölzer, wie Weide oder Hasel, nicht mehr gedeihen könnten, der Einsatz von Wurzeln zum Flechten (Lundholm und Agren 1990) als auch für die Seilherstellung (als Ersatz für Bast, siehe Kapitel Bast, S. 69 ff.) überliefert. Aus Nord-Schweden ist die Nutzung von Birkenwurzeln zum Flechten (Schmuck, kleine Körbe) und zur Herstellung von Waschbürsten bekannt.

Der Übergang von Wurzel zu Stamm weist eine besondere Form der Krümmung auf, die für viele Einsatzbereiche gut geeignet scheint – vor allem für Kipfen zum Bootsbau wurden die obersten Wurzeln von jungen Nadelbäumen genutzt (Meyer 1810, Palla 1994, Stummer und Nussbaumer 2007). Aus einem mittelstarken Baumstamm konnten zwei bis drei Kipfen gewonnen werden. In den Jahren 1719 bis 1726 n. Chr. wurden in den Wolfganger Schiffwerken 13.711 Kipfen aus rund 6.000 Bäumen verarbeitet (Palla 1994). Wurzelansätze wurden beispielsweise auch für Wagenteile (Ziata, die Zugstange zwischen Joch und Streifholz; Ast und Winner 2011e), Schlittenkufen, Dachrinnenhalterungen, gekrümmte Dachrinnen oder Pferdekummets gesucht. Die besonderen Eigenschaften des Wurzel-Stamm-Übergangs wurden schon in der Steinzeit für die Herstellung von Holmen für Steinbeile genutzt (Wesselkamp 1980, Leuzinger 2002).

Brennholz war ein beschränktes Gut. Es wurden auch Äste und Baumstrunke dafür verwendet.

Bild: Österreichisches Freilichtmuseum Stübing/UMJ; Foto: BOKU

Brennholz war auch in waldreichen Gebieten ein beschränktes Gut. In vielen Fällen durfte nur Klaubholz genutzt werden (Ast und Winner 2011f). Herwig (1794) schreibt im Kapitel „Holzverschwendung": *„Es gehört zur eigentlichen Holzersparung noch ferner, daß gewisse Holzbedürfnisse nie durch solche Holzarten befriedigt werden welche hierfür zu kostbar, und dem Statte zu viel werth sind."* In diesem Zusammenhang erwähnt er, dass das Holz von alten Kopfbäumen der Weiden und Erlen sowie Wurzelschlagholz der Eichen und Birken als Brennholz verwendet werden soll – und nicht das Holz der Buche, das verkohlt werden kann (Herwig 1794).

Für Brennholz wurde häufig nicht wertvolles Stammholz (wie heute) genutzt, sondern Äste und wertloses Material. (*Hausbuch der Mendelschen Zwölfbrüderstiftung*, Band 6. Nürnberg 1550–1791. Stadtbibliothek Nürnberg, Amb. 317b.2°)

Bild: Gemeinfrei, https://commons.wikimedia.org/w/index.php?curid=13199878

Dies führte auch zur Nutzung von Baumstrunken als Brennholz (Franz 1795). Medicus (1802) streicht die Brennkraft des Stockholzes heraus. Hierfür wurden eigene Maschinen zum Herausreißen entworfen (Meyer 1810, Gayer und Mayr 1903, Stoetzer 1903). Krais (1910) beschreibt die „Baumrodung". Wobei hier die Hauptwurzeln freigelegt wurden und der Baum mit Hebelstangen zum Kippen gebracht wurde (Hartig 1823). Somit konnte man den liegenden Baum ablängen und auch den Wurzelstock nutzen (siehe auch bei Bechstein 1812, Pfeil 1831a). Das Stockholz wurde vorzugsweise von Eiche, Fichte und Kiefer genutzt, da sie große Wurzeln haben und gut spaltbar sind (Pfeil 1831a). Buche, Hainbuche und Ulme waren schwer zu roden und zu spalten. Birke gibt nur wenig Feuerholz vom Stock (Pfeil 1831a).

Der Kean (das Kienholz) ist ein aus dem Wurzelstock gewonnenes Stück Kiefernholz (Keanbreckerl = Kienbrocken), das als Lichtquelle genutzt wurde. Hatte man eine Schwarzföhre umgeschnitten, ließ man den Stock um die 50 Jahre lang stehen, sodass das Splintholz abgemodert war. So blieb innen der beste Kean übrig, denn das Harz war größtenteils im Stock geblieben und der Kean war daher leicht entflammbar (Ast 1999, 2001, Ast und Winner 2011a).

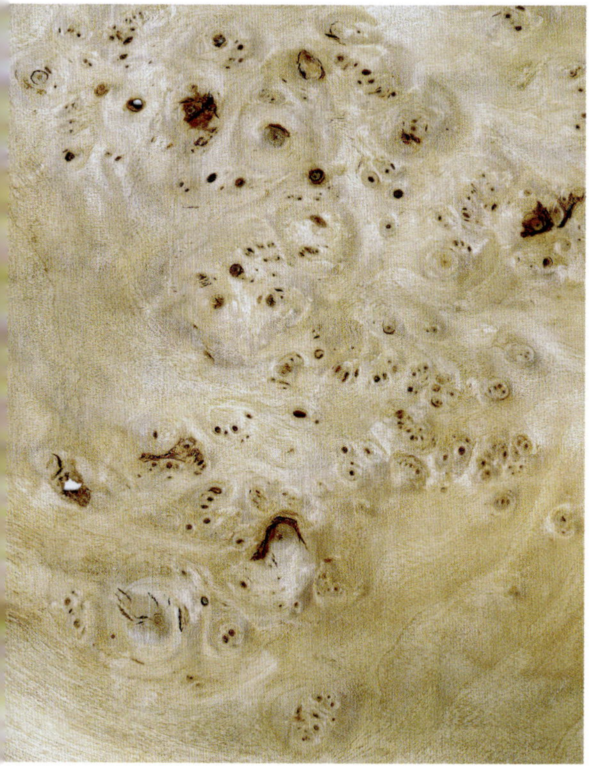

Schwarzpappel ist eine Baumart, die öfters Maserknollen bildet. Hier ist das Zusammenspiel an nicht gerichtetem Gewebe und vielen schlafenden Knospen zu erkennen. Eine in der Tischlerei viel gesuchte Spielart von Holzgewebe. (links)

Steht ein Baum mit seinen Wurzeln in Kontakt zu anderen, kann er nach der Fällung zu überwallen beginnen. (Hallstatt) (Mitte)

Die Struktur des Überwallungsgewebes ist nicht orientiert. Die Zellen schlingen sich zum Teil im Kreis. (rechts)

(Alle Bilder: BOKU)

Sondergewebe

Maser

Maserknollen sind Zellwucherungen, die in der Regel durch ein Bakterium ausgelöst werden. Dieses löst im Befallsbereich ein ungehemmtes Wachstum aus (König 1957). Die Knollen sind an einer deutlichen Verdickung am Stamm, häufig im unteren Stammabschnitt zu erkennen (Nördlinger 1874). Eine weitere Ursache für die Bildung von Maserknollen ist massenhaftes Austreiben schlafender Knospen auf engstem Raum. Die Holzmaser ist durch einen unregelmäßigen Faserverlauf (dieser kann auch dreidimensional verworren sein) und zum Teil durch schlafende Knospen geprägt (Gayer 1928). Dieses Gewebe ist kaum zu spalten. Die Maser zeichnet sich jedoch durch eine sehr schöne, geflammte und geaderte Textur aus und wurde daher seit langer Zeit für Möbelfurniere verwendet (Sentance 2003). Eine andere Anwendung liegt aufgrund der sehr schweren Spaltbarkeit in Maschinenteilen (Schmid 1852) oder Messergriffen. Diese Anwendung ist vor allem in Finnland bekannt. Hierbei wird der maserartige Wuchs von gesamten Birkenstämmen (Kaurelische Maserbirke, curly birch) genutzt. In der Steinzeit wurden Maserknollen als Ausgangsmaterial für die Herstellung von Holzgefäßen verwendet (Leuzinger 2002).

Überwallungen

Als Überwallung bezeichnet man die Kallusbildung bei Pflanzenverletzungen, d. h. das selbsttätige Verschließen der Wunden eines Baumes (z. B. nach Astschnitten). Dadurch erfolgt ein Abschluss der verletzten Stelle durch den Aufbau von Wundholz (natürlicher Wundverschluss) und durch chemische Abschottung. Es handelt sich hierbei um eine Reaktion im lebenden Teil des Holzes, um Schadensbereiche von gesundem Holz abzugrenzen (Schweingruber 1983b).

In Regionen mit geringer Bodenmächtigkeit kann man Baumstrunken mit Überwallungen entdecken. Dies ist jedoch nur möglich, wenn Bäume über die Wurzeln in Kontakt stehen. Für eine Wurzelverwachsung ist neben lang andauernder Berührung ein stetig wirkender Druck erforderlich. Durch Reibung zweier übereinanderliegender Wurzeln wird deren Rin-

Bild: NHM Wien

Zwei bronzezeitliche Originalfunde aus dem Salzbergwerk in Hallstatt: Die Schwinge (oder Fülltrog) und die Kratze. Mit der Kratze werden kleine Salzstücke auf die Schwinge gezogen.

de abgeschert und es kommt zur Vereinigung von aktivem Bildungsgewebe (dem Kambium). Zu den Vorteilen der Wurzelverwachsungen zählt unter anderem die erhöhte Konkurrenzkraft der verbundenen im Vergleich zu den nicht verbundenen Bäumen. Die verwachsenen Bäume treten sozusagen als ein Organismus auf. Wenn einer der Bäume abstirbt, folgt eine Art Symbiose, in der der gesunde Baum den gefällten Strunk mit Assimilaten versorgt und der gefällte Baum sein Wurzelsystem zur Verankerung und zur Aufnahme von Bodennährstoffen zur Verfügung stellt (Wichmann 1925).

Da ein Baum stets versucht, Verletzungen durch Überwallungsgewebe zu schließen, führt auch die Fällung eines Baumes (der mit anderen in Verbindung steht) zur Bildung von Überwallungsholz an den Resten des gefällten Baumes (Roßmäßler und Willkomm 1871, Moeller 1883; Schweingruber 2001). Dauert die Überwallung oder Verschlusstätigkeit genügend lange an, so treffen sich die Wülste in der Mitte des Stammes und es bildet sich eine geschlossene Kuppe. Wenn bei großen Durchmessern die Überwallung nicht vollständig geschlossen wird, kann die Kernpartie des Stockes ausfaulen. Die Überwallung selbst bleibt dabei erhalten und wächst unregelmäßig weiter (Wichmann 1925). Kleine Strunkflächen überwallen innerhalb von 20 Jahren, größere benötigen bis zu 80 Jahre (Schweingruber 1983b). Das Gewebe dieser Überwallungen ist weitestgehend ungerichtet (König 1957) und bildet vor allem bei ausgefaulten Strünken typische Knäuelzonen aus (Nördlinger 1874, Wichmann 1925).

Ein prominentes Nutzungsbeispiel von Überwallungen waren prähistorische Fülltröge oder Transportgefäße, so genannte „Schwingen". Sie wurden im bronzezeitlichen Bergbau in Hallstatt eingesetzt (Grabner et al. 2014, 2019). Aufgrund der besonderen Holzstruktur sind diese Gefäße, obwohl sie nur geringe Wandstärken aufweisen, sehr fest (Klein 2006). Diese Schwingen wurden vor allem aus Tannen hergestellt, welche auch am ehesten überwallen (Roßmäßler und Willkomm 1871). Es konnte nachgewiesen werden, dass Baumstrunke sorgsam und gezielt für diese Anwendung vorbereitet wurden. Die Schwingen stellen somit ein Beispiel planender Forstwirtschaft vor rund 3.200 Jahren dar.

Haselwuchs

Der Haselwuchs ist eine Wuchsanomalie vor allem bei Fichtenholz (Gayer und Mayr 1903, Knuchel 1947). Das radiale Wachstum ist in linsenförmigen Bereichen eingekerbt, wodurch eine einzigartige Jahrringstruktur entsteht (Tauber und Tauber 2012). Die Einkerbungen weisen eine Breite von 1 bis 3 mm und eine Tiefe von 0,5 bis 2 mm auf und erstrecken sich über zwanzig bis dreißig Jahrringe. Erst wenn der Stamm gefällt wurde, wird das Ausmaß der Haselung deutlich. Von außen, an einem berindeten Stamm, ist diese Wuchsform leider kaum von normalem Fichtenholz zu unterscheiden (Keller 2014).

Haselwuchs wird durch Veranlagung sowie durch Standort- bzw. Umwelteinflüsse begünstigt. Diese besonderen Fichten kommen vor allem in den Alpen an Standorten über 1.000 m Seehöhe vor und weisen ein fortgeschrittenes Alter auf. Beides bedingt von Natur aus langsames Wachstum. Zusätzlich zu einer geringen Jahrringbreite weist eine Haselfichte eine besonders regelmäßige Holzstruktur auf, was sich positiv auf die akustischen Eigenschaften auswirkt. Die Holzeigenschaften sind eine verbesserte Elastizität und Festigkeit sowie eine erhöhte Dichte (Möller 1883, Buksnowitz 2014). Es handelt sich um hochwertiges und geschätztes Holz, das vor allem für den Musikinstrumentenbau und hierbei vor allem für Streich- und Zupfinstrumente gesucht wird (Stoetzer 1903).

In den Dolomiten, auf einer Seehöhe von 1.500 bis 6.000 m, befindet sich ein Fichtenbestand, genannt der *Foresta dei violini* oder der „Geigenwald". Die Fichten in dieser Region weisen einen hohen Anteil an Haselwuchs auf und wurden bereits von

Bild: BOKU

Bild: Weber

An diesem Querschnitt einer Fichte sind die deutlichen Einbuchtungen an den Jahrringgrenzen zu erkennen. Hierbei spricht man von Haselwuchs. (oben)

Das wohl teuerste Stück Fichtenholz: eine Geige. Die Musikinstrumentenbauer verwenden hierfür Fichten mit dem so genannten Haselwuchs. (rechts)

der berühmten Geigenbaufamilie Stradivari geschätzt (Waurer 2007).

2011 wurde das Wissen um die Haselfichte als Klangholz von der UNESCO in das Verzeichnis des Immateriellen Kulturerbes in Österreich aufgenommen (https://www.unesco.at/kultur/immaterielles-kulturerbe/oesterreichisches-verzeichnis/detail/article/wissen-um-die-haselfichte-als-klangholz).

Sondernutzungen

Der Wald wurde nicht nur als Holzlager gesehen, sondern auch für weitere wirtschaftliche Zwecke genutzt. Zum einen wurden die Tiere zum Futtersuchen in den Wald getrieben (Johann 1968) bzw. Laub als Futtermittel oder Einstreu aus dem Wald gebracht, zum anderen wurden forstliche Nebenprodukte, wie Baumharz, gewinnbringend genutzt. Einige dieser Wirtschaftsformen lassen sich bei genauer Betrachtung der Jahrringbreiten noch heute aus dem verbauten Holz ablesen.

Eine Vielzahl an Produkten wurden aus dem Wald gewonnen – z. B. auch Baumschwämme zur Herstellung von Hadern (Textilteile) für Mützen, Westen und Hosen (Palla 1994). Neben Kräutern und Früchten (die hier nicht weiter beschrieben werden) gehen viele Nebenprodukte auf Bäume oder Holz zurück. So auch die Gewinnung von Süßstoffen aus dem Blutungssaft, z. B. der Birke (Machatschek 2006, Pfeil 1831b erwähnen hierzu den Monat April zur Ernte), oder die Gewinnung von gebranntem Latschenkiefernöl aus den Nadeln der Latsche (Bergkiefer) (Frenkenberger 2012). Auch das Färben (d. h. die Herstellung von Farbstoffen) ist hier zu erwähnen – es wurden dafür neben Früchten, Blättern und der Rinde auch das Holz selbst genutzt, z. B. die Berberitze zum Gelbfärben (Völker 1836).

Bast

Bast ist ein faseriges, weiches Gewebe, welches die Nährstoffe, die in den Blättern gebildet werden, stammabwärts leitet. Der Bast wird später zur Borke (Reichert 2007). Den schönsten Bast konnte man von stehenden, geschlossenen Stangenhölzern ernten (Pfeil 1831a). Bast lässt sich am besten gewinnen, wenn die Gehölze neu treiben, d. h. im Mai und Juni bei warmem und feuchtem Wetter (Duhammel du Monceau 1766). Falls zu dieser Zeit ein Baum gefällt wird, lässt sich die Rinde mit allen Bastschichten sehr leicht abziehen. Zu späterer Jahreszeit eignen sich nur noch Schösslinge („Wassertriebe"), wie sie bei Linden (Stoetzer 1903) oft um den Wurzelansatz zu finden sind.

Duhammel du Monceau (1766) beschreibt die Nutzung von 8 bis 16 Jahre alten Linden, aber auch die weitere Nutzung der Stangen – daher kann durchaus von der Nutzung von Stamm- und Stockausschlägen (Niederwald) ausgegangen werden. Dies war eine weit verbreitete forstwirtschaftliche Bewirtschaftungsmethode – z. B. in Italien für Eiche, Edelkastanie und Buche (Piussi 2006). Hundeshagen (1842) erwähnt für die Niederwaldwirtschaft (d. h. Stockausschläge der Bäume) auch die Linde. Allerdings schlägt er eine Umtriebszeit von 40 bis 45 Jahren vor.

Für England liegen sehr detaillierte Beschreibungen zur Niederwaldwirtschaft vor: Tabor (2000) erwähnt, dass die Stockausschläge der Linde (aber auch anderer Baumarten) für die Produktion von Bast, Hopfenstangen, Besenstielen, Holzkohle und Brennholz nach 10 bis 25 Jahren geerntet werden.

Die abgezogene Rinde wird allerdings schnell hart. Je nach Baumart muss sie für kürzere oder längere Zeit zum Rotten in Wasser gelegt werden, bis sich die Bastschichten von der Rinde ablösen lassen (siehe: https://vimeo.com/195692949). Nach gründlichem Spülen, um den anhaftenden Schleim und Gestank zu entfernen, wird

Link zur Webseite der UNESCO mit der Eintragung der Haselfichte in das Register des immateriellen Kulturerbes

Bild: Gemeinfrei, https://commons.wikimedia.org/w/index.php?curid=13129891

Die Bauern nutzten den Wald und seine Produkte auf sehr vielfältige Weise. (*Hausbuch der Mendelschen Zwölfbrüderstiftung*, Band 1. Nürnberg 1426–1549. Stadtbibliothek Nürnberg, Amb. 317.2°)

Bild: NHM Wien, Rausch

Lindenbastfasern nach dem Trennen von der Rinde

der Bast getrocknet und ist so jahrelang haltbar. Vor dem Verarbeiten wird er kurz in Wasser gelegt. Bei gefällten Bäumen, die längere Zeit am Boden liegen, findet durch die Einwirkung von Feuchtigkeit, Pilzen und Kleinstlebewesen ein natürlicher Rotteprozess statt. Abhängig von Baumart, Witterung u. a. lassen sich nach einiger Zeit die Bastschichten ablösen und verarbeiten. Dauert dieser Prozess allerdings zu lange, wird der Bast brüchig und ist nicht mehr zu gebrauchen. Durch Einlegen der abgezogenen Rinde in Wasser kann der Rotteprozess forciert und kontrolliert gestoppt werden (Reichert 2007). Es wurde der Bast der Linde (Meyer 1810, Hundeshagen 1842, Dempp 1842, Küster 1989) und der Ulme (vor allem der Feldulme) verwendet (Pfeil 1831a). Meyer (1810) erwähnt auch die Nutzung von Bast des Maulbeerbaumes und der Weide.

Link zum Video über die Lindenbastherstellung

Das Zwirnen und das Zwirnbinden oder -flechten sind als älteste Techniken zur Fadenherstellung und zur Stoffbildung bekannt. Beide Techniken benötigen, im Gegensatz zum Spinnen und Weben, keinerlei Werkzeug und werden nur von Hand ausgeführt.

Man kann nahezu alles faserige, einigermaßen zugfeste Material per Hand zwirnen (Reichert 2007).

Folgende Bastanwendungen sind bekannt (nach Reichert 2007):

- Fichtenbaststreifen lassen sich in feuchtem Zustand verzwirnen oder zu Matten verflechten.
- Ulmenbast braucht nicht gerottet zu werden. Vor dem Verarbeiten wird er nur kurz in Wasser gelegt, damit sich die Baststreifen zerteilen lassen.

Link zum Film über die Rekonstruktion eines bronzezeitlichen Lindenbastseiles

Bild: NHM Wien, Rauscher

Ein fingerdickes Bastseil, aus drei Schäften geschlagen (links)

Ein Teilstück des bronzezeitlichen Lindenbastseiles aus Hallstatt. Dieses sehr reißfeste Seil hat ca. 4 cm Durchmesser und ist zumindest 30 m lang (noch nicht komplett freigelegt). (rechts)

- Pappelbast muss nur kurze Zeit gerottet werden. Er ist ziemlich spröde und Schnüre und Geflechte daraus sind nicht allzu haltbar.
- Weidenrinde wurde schon im Mesolithikum zu Schnüren gezwirnt und geflochten sowie zu Netzgeflechten verarbeitet.
- Auch Ahornschösslinge lassen sich während der Wachstumszeit leicht entrinden. Beim Verzwirnen löst sich die äußere dünne Rinde vom Bast.
- Erlenbast kann nach einigen Wochen Rotten verarbeitet werden. Wie Pappelbast ist er etwas spröde.

Aus dem Bast der Linden wurden neben den Hauptprodukten, wie Schnüren, Seilen, Textilien und daraus gefertigten Schuhen, Körben etc., unter anderem auch Waschl gefertigt. Diese dienten zum Geschirrsäubern und für die Tischler zum Auftragen des Perlleims, da Haarpinsel zu teuer waren (Ast und Winner 2011g). Manche der ältesten Textilien Europas sind aus Baumbast gefertigt und stammen aus der Steinzeit (Rast-Eicher und Dietrich 2015). Einer der ältesten Funde von Lindenbast dürfte wohl der als Monatsschutz gedeutete Fund aus Seekirch-Achwiesen (Deutschland) aus der Zeit 2900 bis 2800 v. Chr. sein (Feldtkeller 2016).

Auch einige der ältesten Schnüre sind aus Bast gefertigt worden. So konnten etwa in Friesack, Deutschland, Tausende Fragmente von Schnüren und Seilen und Netzen aus Weidenbast entdeckt werden, welche vor über 10.000 Jahren in Verwendung waren (Kernchen und Gramsch 1989). Die dicksten Seile, die aus prähistorischer Zeit in Europa bekannt sind, stammen aus dem Bergwerk Hallstatt. Lindenbastseile mit 4 cm Durchmesser wurden für den Transport in den gewaltigen Schachtanlagen eingesetzt. Die Seile wurden aus drei Strängen geschlagen. Eine sehr ähnliche Technik, um Seile aus dem Bast des Affenbrotbaumes zu fertigen, wird noch von spezialisierten Handwerkern in Westafrika beherrscht („Auf Biegen und Brechen" https://www.youtube.com/watch?v=-NdjwjEB6is&feature=emb_logo). Bast verschiedenster Baumarten wurde in vielen Regionen der Welt zur Herstellung von Textilien genutzt (z. B. Sibirien, Russland, Tanzania und Mexiko (Van Bussel und Steinmann 2011)).

Bild: Österreichisches Forstmuseum Silvanum Großreifling; Bearbeitung: BOKU

An lebenden Fichten wurden die Äste mit den Nadeln geerntet, um als Einstreu genutzt zu werden – die Schneitelung.

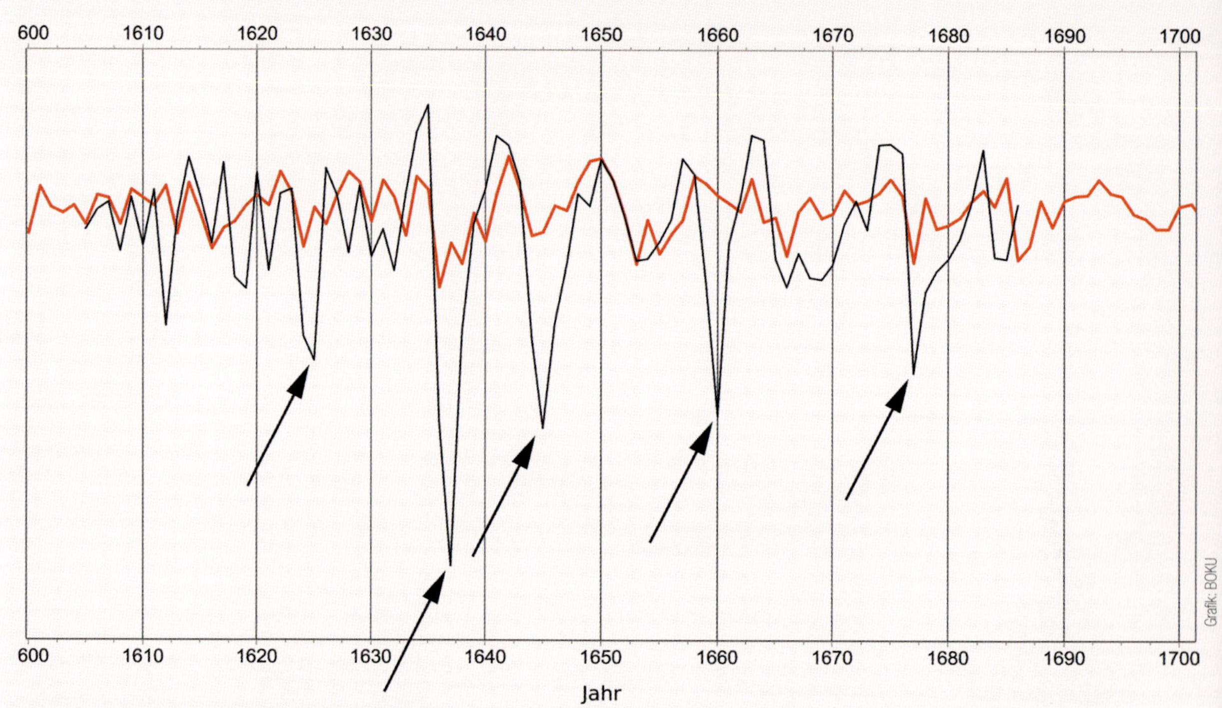

Jahrringbreiten einer geschneitelten Fichte. Die Pfeile markieren Jahre der Schneitelung mit ungewöhnlich geringem Zuwachs. Die rote Kurve zeigt die Chronologie, an der diese Probe datiert wurde.

Laub und Nadeln

Eine bäuerliche Tätigkeit ist die Nutzung der Nadeln als Einstreu im Viehstall oder als Viehfutter (Machatschek 2002, Wessely 1853, Grebe 1851, Ast und Winner 2011h, Stoetzer 1903). Brodhuber et al. (1861) beschreiben jedoch auch schon die negativen Folgen des Streurechens – unter anderem das Freilegen und Verletzen der Wurzeln und den Entzug der Nährstoffe für die Bäume. Enigl (1987) erzählt aus dem Waldviertel über die Arbeiten beim Holzfällen: *„Die grünen Zweige (das ‚Grassa') wurde mit dem ‚Schnoathogn', einem an der Spitze gebogenen Hausmesser ‚ogschnoat'. Dieses Grassa wurde auf dem Streustock kleingeschnitten und als Streu verwendet. Einen besonders guten Dünger gab das nicht, denn die harzreichen Nadeln verrotteten nur langsam, aber die Leute brauchten die Streu, das Stroh musste ja verfüttert werden."* Ähnlich wird es aus dem Großarltal beschrieben, wo das Grass im Winter ins Tal gebracht wurde (Fiala 1965).

Über viele Jahrhunderte war diese so genannte Schneitelung ein Teil der ländlichen Arbeitswelt (Grebe 1851). Die für die Laubnutzung wertvollsten Bäume waren Eschen und Ulmen (Kehr 1985), aber auch Linden und Hasel (Küster 1989). In den höheren Regionen fanden jedoch auch die Nadeln von Fichten, Tannen, Kiefern und Zirben Verwendung (Machatschek 2002).

Äste mit grünen Nadeln oder Laub wurden dabei abgehackt oder Bodenstreu zusammengerecht (Wessely 1853, Kehr 1985, Machatschek 2002). Durch derartige Eingriffe wird das Wachstum gehemmt und auch die Bodenqualität beeinflusst. Es kommt zu einem Rückgang des Zuwachses am stehenden Baum, was in geringen Jahrringbreiten erkennbar bleibt. Innerhalb eines Zeitraumes von zehn bis elf Jahren normalisiert sich der jährliche Zuwachs wieder (Schweingruber 1996). Trotz Wissen um die langfristige Schädigung der Bäume (Haid 1986) wurde die Laubnutzung bis in die Mitte des 20. Jahrhunderts n. Chr. betrieben. Nachdem diese Bäume ein charakteristisches

Jahrringmuster aufweisen, lassen sich die Spuren dieser Waldnutzung immer noch an Bauholz ablesen.

Ein bekannter Vertreter der Schneitelung ist die Kopfweide. Durch diese regelmäßige Schneitelung am Kopfe erhält man einerseits Ruten (z. B. für Korbflechterei, Bindwerk für Zäune – siehe Kapitel Flechten, S. 148 ff.) und andererseits das begehrte Futterlaub (Machatschek 2002). Die dickeren Zweige und Äste wurden als Brennholz verwendet (Kehr 1985).

Rinde

Als Rinde werden alle Stamm- und Astteile außerhalb des Kambiums bezeichnet (Mombächer 1988).

Das Schälen oder „Schöpsen" (siehe Kapitel Fällung der Bäume, S. 49 ff.) des Baumstammes stellte nach der Fällung und Entastung den dritten Arbeitsschritt des Holzknechtes im Schlag dar (Prasch 1980). Historische Aufnahmen aus dem Schneebergland (Niederösterreich) zeigen zumeist komplett entrindete Stämme in den Schlagflächen (Tiefenbacher und Ast 1997). Blau (1917) schreibt vom Böhmerwald: *„Im Mai und anfangs Juni wenn die Bäume in Saft kommen, bewaffnen sich die Holzmacher, oft auch ihre weiblichen und jüngeren Angehörigen mit den Rindeschälern. Mit Hilfe eines Beiles wird die Rinde der Stämme in Meterabständen rundum eingehackt und mit dem Schäler abgehäutet."* Fiala (1965) beschreibt für Großarl, dass dem Bloch ein Streifen der Rinde abgezogen wurde, damit das „Schindereisen" besser eingreifen konnte – in möglichst großen Stücken.

Bild: Österreichisches Forstmuseum Silvanum Großreifling; Foto: BOKU

Verschiedene Formen von Schöpsern zur Ernte der Rinde

Bild: Österreichisches Freilichtmuseum Stübing/UMJ; Foto: BOKU

Ein Rundholzstapel – im Wald zumeist in Rinde

Bild: Waldbauernmuseum Gutenstein; Bearbeitung: BOKU

Zur Nutzung der Rinde als Lohe wurde sie aufwändig vom Baum entfernt. Dies war nur im Frühsommer – wenn das Kambium aktiv war – möglich.

Die Schälung des Stammes brachte in Zeiten, in denen Traktoren, Forwarder und LKWs unbekannt waren, eine enorme Erleichterung bei der Bringung der Stämme. Der geringere Reibwiderstand einer glatten Holzoberfläche eignet sich wesentlich besser, um Bloche über den Waldboden, auf Riesen oder im Schnee gleiten zu lassen (siehe Kapitel Fällung der Bäume, S. 49 ff.). Geht man von überlieferten Arbeitsabläufen von ehemaligen Holzknechten oder Literaturquellen aus (z. B. Wei-

Birkenrinde wurde in Skandinavien zur Isolierung der begrünten Dächer verwendet.

chenberger, 1995, Wessely, 1853), dürfte auch die verbesserte Trocknung der Bloche über die Sommermonate im Schlag bis zur Bringung im Herbst eine Rolle gespielt haben.

Die Hauptverwendung der Rinde war die Lohe – der Grundstoff zur Gerberei von Leder. Hierfür wurde Fichten- und Eichenrinde verwendet (Ast und Winner 2011b). Die Rinde wurde hierfür in Tafeln direkt nach dem Fällen der Bäume geerntet, getrocknet und später zu den Stampfen der Gerbereien transportiert. Die Rinde von Eichen war für die Gerberei sehr geschätzt. Die „Löher" schälten die Eichen im Mai, wenn der Saft stieg (Duhammel du Monceau 1766, Palla 1994). Die beste Lohe lieferten 18-jährige Eichen.

Die so genannten Rindenflecke wurden von den Holzknechten für die Dachdeckungen und Seitenwände der einfachen Duck- und Holzknechthütten genutzt. Diese Anwendung findet sich auch in vielen anderen Regionen der Welt – z. B. in Sibirien. Dort wird auch traditionell die Birkenrinde zur Herstellung von Gefäßen, Schuhen etc. verwendet (Van Bussel und Steinmann 2011).

Heutzutage wird die Rinde in den Sägewerken mechanisch von den Stämmen entfernt und als Rindenmulch oder vor allem als Energieträger genutzt.

Harznutzung – Pecherei

Harze sind Absonderungsprodukte des pflanzlichen Stoffwechsels (Mayr 1894, Wiesner 1927, Kozlowski und Pallardy 1997, Schnabl 2001). Sowohl manche Laubbäume – z. B. die Steinweichsel – als auch viele Nadelbäume bilden Harz. Besonders herauszustreichen ist hierbei die Familie *Pinaceae* mit den Vertretern Kiefer, Lärche, Fichte, Douglasie und Zirbe (LaPasha und Wheeler 1990, Wimmer und Grabner 1997, Bürgi und Stuber 2003). Das Harz der Nadelbäume tritt bei der Verletzung des verholzten Stammes aus den Harzkanälen des Holzes aus. Von den einheimischen Nadelholzarten enthält das Holz der Schwarzkiefer am meisten Harz, gefolgt von der Kiefer, der Lärche und der Fichte (Kisser 1970, Stephan 2012).

Harzkanäle – die Produktionsstätte des Harzes – sind auch in der Rinde zu finden. Dort haben sie die Aufgabe, Schadorganismen abzuwehren (Rosner und Hannrup 2004). Es sind daher auch harzige Rindenausflüsse bekannt, die aus Harztaschen der Rinde gewonnen werden können – z. B. Kanadabalsam aus der nordamerikanischen Balsamtanne sowie das Straßburger Terpentin aus der Tanne (Meyer 1810, Schnabl 2001).

Harz wird in den Harzkanälen im Holz gebildet. Wird dieses durch Verwundung geöffnet, entleert sich das Harz und kann genutzt werden.

Die Harzproduktion geschieht in den Epithelzellen und wird unter hohem Druck in die Harzkanäle abgegeben. D. h., das System aus axialen und horizontalen Harzkanälen steht ständig unter Druck. Wird nun – wie im Falle der Harznutzung der Kiefer – der Stamm bis auf das Holz verletzt, so wird dadurch eine große Anzahl an horizontal verlaufenden Harzka-

Die Verwundung des Holzes führt dazu, dass das Harz ausfließt und aufgefangen werden kann. (links)

Der mit Harz gefüllte Topf wird zur weiteren Verarbeitung entleert. Dies geschieht mehrmals pro Jahr. (Mitte)

Zum Teil trocknet das Harz beim Herunterfließen am Stamm an. Dieses wird als „Scherrpech" am Ende der Saison (in etwa im September) ebenso geerntet. (rechts)

(Alle Bilder: BOKU)

nälen geöffnet. Das Harz wird herausgepresst, die Harzkanäle entspannen sich und werden entleert (Mazek-Fialla 1946, 1948). Infolge des Abdunstens des Terpentinöls werden die Harzkanäle mit Kolophonium verstopft. Das nach der Verletzung ausgeflossene Harz wird von den lebenden Epithelzellen wieder neu gebildet und die Harzkanäle stehen wieder unter Druck. Wird aber der Stamm nach einiger Zeit wieder an dieser Stelle verletzt und das Harzkanalsystem dadurch geöffnet, so kommt es erneut zum Harzausfluss (Ast und Winner 2011i).

Die für die Harzneubildung erforderliche Zeitspanne wird als Schnittpause bezeichnet. Diese ist bei der Schwarzkiefer ziemlich kurz und beträgt je nach Witterungsverlauf 4 bis 7 Tage (Kisser 1970). Der rasche und reichliche Harzfluss der

Bild: Lärchenharz Schusser OG; Foto: BOKU

Das Pech steht zur Weiterverarbeitung bereit.

Schwarzkiefer ist vor allem darauf zurückzuführen, dass erstens das Harz aufgrund seines hohen Anteils an Terpentinöl sehr dünnflüssig ist und zweitens durch den breiten Splint ein umfangreiches Harzkanalsystem zur Verfügung steht (Kisser 1970). Interessanterweise gibt es keinen Zusammenhang zwischen der Anzahl der Harzkanäle (pro Jahrring bzw. pro Flächeneinheit) und dem Harzgehalt des Holzes oder auch dem Harzertrag (Kisser 1970, Gierlinger 2003). Bei den Kiefern (in Österreich fast ausschließlich die Schwarzföhre) wird der Baum oberflächlich verletzt, die Rinde entfernt und das austretende Harz in Gefäßen (Töpfen) aufgefangen (Uçkull – Gylleubaud 1843, Anonymus 1917, Grünn 1960). Diese Verwundung wird regelmäßig erneuert (wie oben erwähnt). Das so gewonnene Harz wurde etwa für Schmiermittel, Terpentin und Geigenharz (Kolophonium) genutzt, besondere Bedeutung hatten Terpentin und Harzöl in der Lack-, Seifen- und Papierindustrie (Kohlross 2006). Hundert Pfund (= 45,4 kg) Schwarzföhren-Rohpech lieferten im Mittel 19 Pfund Terpentinöl und 62,5 Pfund Kolophonium (Wessely 1868).

Mazek-Fialla (1948) berichtet über die Pecherei: *„Ein Stamm von siebzig- bis achtzigjährigem Alter gibt jährlich sieben bis zehn Pfund an Harz (sechs bis zehn Pfund laut Wessely 1868), wobey dasjenige, was rein in das Grandel abfließt, Flußharz; dasjenige aber, welches durch das Abscharren der Scharte gewonnen wird, Scharrpech heißt."* Manndorff (1996) schreibt: *„Anfangs der Harzung ist die Ausbeute gering, wächst bis zum sechsten Jahre, ist im sechsten bis achten am größten, und dann bis zu Ende wieder geringer. Anfangs ist das Flußpech häufiger, zuletzt aber das Scharrpech. Die Harzung eines Stammes dauert 10 bis 18 Jahre."* Wessely (1868) erweitert: *„Man hat auch Beispiele, dass Stämme, die nach der vollendeten Harzung nicht gefällt, sondern stehen gelassen wurden, in einem Zeitraume von 15 Jahren zum zweiten Male geharzt werden konnten, indem sich inzwischen die geharzte Stelle wieder mit Rinde bewuchs. Der Verlust, der sich durch das Harzen an Holzzuwachs ergibt, beträgt 16 Prozent der vorhandenen Holzmasse."*

Die „Pechsieder" nahmen die weitere Verarbeitung vor. Das Rohharz wird durch trockene Destillation oder Wasserdampfdestillation in seine beiden Hauptbestandteile Terpentinöl und Kolophonium zerlegt. Kolophonium verflüssigt sich bei normalem Druck bei Temperaturen über 130 °C und beginnt sich ab etwa 200 °C zu zersetzen. Terpentinöl beginnt bei 154 °C zu verdampfen und wird zwischen 170 und 180 °C vollständig verflüchtigt. Unterschiedliche Qualitäten von Harz liefern unterschiedliche Erträge an Terpentin und Kolophonium. Frisches, reines Harz liefert bis zu 24 % Terpentin, 73 % Kolophonium und 2 % Wasser. Beim Scherrpech (Pech, welches am Ende der Pechsaison bereits stark verkrustet vom Baum gekratzt bzw. gescherrt wird; Anonymus 1917) liegt die Ausbeute bei nur mehr rund 8 % Terpentin, 80 % Kolophonium und 12 % Verunreinigungen. Je länger das Harz zwischengelagert wird, desto geringer ist die mögliche Terpentinausbeute. Kolophonium kann entweder direkt weiterverarbeitet oder durch trockene Destillation weiter aufgespalten werden. Bei Temperaturen von 270 bis 380 °C entstehen 6 bis 8 % Pinolin (Harzessenz) mit Essigsäure und 76 bis 85 % Harzöle verschiedener Färbung (Blondöl, Blauöl, Grünöl) (Matzek Fialla 1948).

Lärchenharz wird auf gänzlich unterschiedliche Weise gewonnen. An der Stammbasis der Lärchen sind zumeist durch das Mark führende Risse im Holz vorhanden (Gayer und Mayr 1903, König 1957). In diese Risse wird, wie bei der Verwundung der Schwarzkiefer, das Harz abgegeben. Diese Risse füllen sich und stehen zum Teil unter Druck (Harzdruck). Zur Nutzung des dort angesammelten Harzes wird am Stammfuß ein Bohrkanal

Zur Lärchenharzgewinnung wird am Stammfuß ein Loch bis zum Mark gebohrt. Der dort befindliche Riss im Holz ist harzgefüllt.

Bild: Lärchenharz Schusser OG; Foto: BOKU

schräg nach unten verlaufend in die Risse angelegt. Das Harz kann mit einem Löffel aus dem Bohrloch entnommen werden. Nach der Entnahme wird das Bohrloch verschlossen. Die Harzentnahme kann somit über wenige Jahre (zumeist zwei Jahre) hinweg erfolgen (Grebe 1851, Schmied 1947, 1948, 1956).

Die Nutzung des Tannenharzes in der Rinde ist aufgrund der Produkte (Straßburger Terpentin) bekannt (Meyer 1810, Grebe 1851). Gayer und Mayr (1903) und Neumann et al. (1917) beschreiben die Beerntung als „Anstechen“ – dies ist auch für Douglasien möglich. Hartig (1823) merkt an, dass man das Harz in Ochsenhorngefäßen gesammelt hat. In der Schweiz wurden auch junge Tannenzapfen zur Harzgewinnung herangezogen. Das Harz der Tanne wurde vor allem zur Salbenbereitung verwendet (Bürgi und Stuber 2003).

Bild: NHM Wien

Eine Harzbeule am Stamm einer Tanne

Flächenmäßig am weitesten verbreitet war wohl das Pechen der Fichten (Grebe 1851). Haegele und Richter (1990) beschreiben das Pechen im Schwarzwald: *„Es durften nur Fichten mit einem Durchmesser von mindestens 50 cm gepecht werden – und dies nur zwei Wochen vor und nach Johanni (24. Juni). Es wurde mit dem Harzerbeil ein ein bis eineinhalb Meter langer, zwei bis drei Zentimeter breiter Riss in die Rinde gehauen. Das Harz blutete aus und trocknete an der Oberfläche. Dieses wurde dann als Scharrharz gewonnen.“* In vielen Fällen wurde das an stehenden Fichtenbäumen durch Wunden ausgetretene Harz im März (Pfeil 1831b, Schultze 1852) abgeschabt und zur Seifenherstellung genutzt (Enigl 1987).

Sowohl die Harznutzung der Schwarzföhre (Pecherei) als auch der Lärche wurde in die Liste des immateriellen Kulturerbes Österreichs aufgenommen (https://www.unesco.at/kultur/immaterielles-kulturerbe/oesterreichisches-verzeichnis/detail/article/pecherei-in-niederoesterreich; https://www.unesco.at/kultur/immaterielles-kulturerbe/oesterreichisches-verzeichnis/detail/article/laerchenharz-gewinnung).

Unter Verkienung des Holzes versteht man den Umstand, dass Harz in die Zellhohlräume (Lumina der Tracheiden) eintritt und diese ausfüllt (Schnabl 2001). Die Dichte des verkienten Holzes steigt somit über 1.000 kg/m³ – d. h., verkiente Holzstücke schwimmen nicht mehr. Verkienung ist häufig im Bereich der Verwundungen zur Harzernte zu finden.

Harztaschen oder Harzgallen sind mit Harz gefüllte tangentiale Risse im Holz, die durch mechanische Überbeanspruchung des Baumes (z. B. durch Wind) entstanden sind und sich mit Harz füllen.

Das Holz der zur Pecherei benutzten Bäume wurde auch verwertet. Bei der Schwarzföhre war dies aufgrund der Verkienung jedoch eingeschränkt (Mazek-Fialla 1950). Bei der Lärche hat die Reduktion des Harzgehaltes durchaus positive Effekte auf die Verarbeitung (Schmied 1942).

Link zur Webseite der UNESCO mit der Eintragung der Pecherei in das Register des immateriellen Kulturerbes

Teeröl, Pechöl, Holzteer

Holzteer wird meistens aus den Wurzelstöcken von Nadelhölzern und vor allem von harzigen Kiefern (Hartig 1823, Pfeil 1831a; Völker 1836) durch trockene Destillation gewonnen (Brodhuber et al. 1861, Bersch 1893). Pfeil (1831b) rät zur Teerschwelerei im März. Die Herstellungsmöglichkeiten und Verwendungen sind mannigfaltig. Eine der wichtigsten Anwendungen waren der konservierende Anstrich für Boote, Schiffe und Gebäude (Dempp 1842, Schadwinkel 1994) und das Schmieren (Brockhaus 1898). Die Holzschiffbauer, besser gesagt die „Kalfaterer“, verwendeten Werg und Pech zum Abdichten der Schiffe und Boote (Schadwinkel 1994, Palla 1994). Eine weitere Nutzung war für Leuchtfackeln (Schadwinkel 1994), daraus wurde die Teerpappe entwickelt. Auch die zurückbleibende Holzkohle wurde – allerdings minderwertiger – genutzt (Pfeil 1831a).

Der Schwerpunkt der Teergewinnung war wohl in Skandinavien, im Ostseeraum, im Bayrischen Wald und im Böhmerwald (Schadwinkel 1994).

Pechöl im Mühlviertel (Österreich)

Das Pechölbrennen ist auch in die Liste des immateriellen Kulturerbes Österreichs aufgenommen worden (https://www.unesco.at/kultur/immaterielles-kulturerbe/oesterreichisches-

Link zur Webseite der UNESCO mit der Eintragung der Lärchenharznutzung in das Register des immateriellen Kulturerbes

Bild: BOKU, Tintner

Der Beginn des Pechölbrennens im Mühlviertel (Elz, Sandner) beim Entzünden des Meilers am eigens dafür hergerichteten Pechölstein

Link zur Webseite der UNESCO mit der Eintragung der Pechölerzeugung in das Register des immateriellen Kulturerbes

verzeichnis/detail/article/pechoelbrennen-im-oestlichen-muehlviertel).

Zur Gewinnung des Pechöls werden auf Pechölsteinen (geneigter Granitstein mit Rillen in Form von Blattrippen) Meiler aus harzreichem Kienholz errichtet und mit Erde abgedeckt. Bereits ca. 2 Stunden nach dem Entzünden des Meilers beginnt das Pechöl, den Blattrippen-Rinnen folgend, zu fließen und wird aufgefangen. Das benötigte harzreiche Kienholz (Kea) wurde schon bei Holzarbeiten ausgeklaubt und im Idealfall zwei Jahre in der Sonne getrocknet. Man nahm die Kiengallen (harzreiche Auswüchse von Föhren), das Harz von Blitzschlagstellen, Kernstücke von Wurzelstöcken und sonstiges, zerkleinertes harzreiches Föhrenholz. Je nach Größe des Steines wurden die Holzscheiter in Form einer stumpfen Pyramide aufgeschlichtet. Dabei musste beachtet werden, dass ein Luftkanal freiblieb. Dieser geht von der Abflussrinne bis zum gegenüberliegenden höchsten Punkt. Anschließend wurde der Meiler mit Fichtenästen und Wasenziegeln (Erde) luftdicht verschlossen. Nun wurde der Meiler über den Luftkanal entzündet und dieser mit Fortdauer der Brennzeit immer mehr verschlossen. Mit einem Stock wurden einige Luftlöcher in den Haufen gestochen, um die ideale Brenntemperatur zu erreichen.

War das Pechöl in der Volksmedizin ursprünglich weit verbreitet, so dient es heute nur für den Hausgebrauch.

„Tar oil", Kiefernteer in Skandinavien

Holzteer ist eine viskose, schwarzbraune Flüssigkeit, die in dünnen Schichten durchscheinend ist. Es hat einen aromatischen Geruch und einen scharfen Geschmack. Die Hauptbestandteile sind flüchtige Terpenöle, neutrale Öle mit hohem Siedepunkt und hoher Löslichkeit, Harz und Fettsäuren. Der Anteil davon variiert in den verschiedenen Teersorten, auch je nach Baumart und verwendetem Teil des Baumes, Art des Meilers usw. Aufgrund der Inhaltsstoffe der Kiefernstümpfe, die den lebenden Baum schützen, wurde das „Fettholzteer" immer als das beste Teer anerkannt. Da Stümpfe jedoch schwer zu finden und teuer sind, wird heutzutage meistens gewöhnliches Kiefernholz verwendet (Kaye 2020).

Bild: Schwedisches Forstmuseum Lycksele; Foto: BOKU

Das Rohmaterial (verkientes Holz aus Wurzelstöcken) liegt zum Brennen bereit.

Im Forstmuseum in Lycksele (Schweden) wird einmal jährlich Pechöl gebrannt. Hier ist ein Topf mit Kiefernteer zu sehen.

Bild: BOKU

In Skandinavien wurde Holzteer als Konservierungsmittel auch für die Holzdächer verwendet.

Im Sommer wurden die gespaltenen Wurzeln oder das verkiente Holz der Kiefern in der Meilergrube gestapelt und mit Torf und Rasen bedeckt. Zweige und Kleinholz wurden verwendet, um Wärme bereitzustellen. Die Temperatur musste so gesteuert werden, dass das verbleibende Holz nicht verbrannte und die Wurzeln ihr Teer abgaben. Dieser Teer war reich an Terpentin und sehr gefragt (Kaye 2020). In den nördlichen Teilen Skandinaviens produzierten kleine Landbesitzer Holzteer als Einnahmequelle. Dieser Teer wurde gegen Grundnahrungsmittel eingetauscht und gelangte zur weiteren Verteilung in größere Städte (Kaye 2020).

Holzteer wird seit mindestens sechs Jahrhunderten von Seeleuten als Konservierungsmittel für das Holz der Boote und Schiffe und für die Takelage verwendet. Eine sehr weit verbreite Anwendung war der Holzschutz – wie es z. B. an den Norwegischen Stabkirchen zu sehen ist (Havran und Linnemann 2005). Auch aus Norddeutschland ist aus der Zeit um 900 n. Chr. eine umfangreiche Teerproduktion nachgewiesen (Todtenhaupt und Kurzweil 1996).

Birkenteer, Birkenpech

Der mit Abstand älteste Beleg für Birkenpechherstellung und -verwendung stammt aus Campitello in Italien (oberes Arnotal). Es handelt sich um zwei Steinartefakte mit anhaftendem

Bild: Hein

Der Rohstoff für Birkenteer ist die äußerste weiße Rindenschicht. Diese wird in einem Gefäß unter Luftabschluss erhitzt.

Bild: Hein

Der fertige Birkenteer im Gefäß nach ca. 1,5 Stunden Pyrolyse und 1,5 Stunden offenem Eindampfen.

Link zum Film über die Herstellung von Birkenteer

Bild: Hein

Rekonstruktion eines Pfeiles mit einer steinernen Pfeilspitze die mit Birkenpech an den Schaft geklebt wurde

Birkenpech, die auf über 200.000 Jahre vor heute datiert wurden (Mazza et al. 2006).

Birkenpech ist ein Pech und damit ein schwarzer, teerartiger Rückstand einer trockenen Pyrolyse (Verschwelungsprozess), der aus der Birkenrinde (und zwar aus den äußersten, weißen, papierähnlichen Teilen der Rinde) gewonnen wird (Stoetzer 1903, Kaiser 2016). Eine Vorstufe bei der Destillation von Birkenpech ist Birkenteer. Innerhalb einer Feuerstelle konnten ohne die Hilfe eines keramischen Gefäßes kleinere Mengen an brauchbarem Birkenpech entstehen. Auch akeramische steinzeitliche Kulturen konnten so ausreichende Mengen von Birkenpech herstellen. Wulf Hein zeigt die Herstellung in keramischen Gefäßen (https://www.youtube.com/watch?v=rSk10RYnwCg).

Birkenpech beziehungsweise Birkenteer war in der Steinzeit ein gebräuchlicher Allzweck-Klebstoff. Er wurde vor allem zur Schäftung von Werkzeugen und Waffen verwendet und hat sich in Form von schwarzen Spuren an Geräten, wie zum Beispiel Pfeilspitzen, Pfeilschäften, Messern, und weiteren Werkzeugen erhalten. Hierzu wurde das Pech durch Wärme erweicht und so verarbeitbar gemacht. Außerdem wurde damit zerbrochene Keramik geflickt und wahrscheinlich wurden auch Behältnisse aus organischen Materialien (Holz, Rinde oder Ähnlichem) abgedichtet. Schließlich zeigen Zahnabdrücke auf Birkenteerklumpen, dass Birkenpech gekaut wurde (Fuchs 2016). Belege gibt es zum Beispiel vom mesolithischen Fundplatz Star Carr oder vom Bandkeramischen Brunnen Altscherbitz. Ob dies zur Zahnpflege oder als Genussmittel geschah, ist unbekannt. Eine alternative Erklärung könnte sein, dass Birkenpech auf diese Weise vor der endgültigen Verarbeitung weich gemacht worden ist. Jedoch kann dies auch durch Erwärmen erzielt werden. Birkenpech wurde auch zum Abdichten von Kanus und Schiffen genutzt (Leder 2005).

Eine weitere Nutzung war durch den Ruß gegeben (Medicus 1802, Hartig 1823, Hundeshagen 1842). Dieser wurde von Pechsiedern, Teerschwelern oder eigens als Lampenruß gewonnen und vor allem für Tinte verwendet (Meyer 1810, Palla 1994).

Köhlerei

Der Mensch weiß seit Langem Holzkohle (und Nebenprodukte wie Teer) zu nutzen. Holzkohle ist für die Metallproduktion unerlässlich und kann daher in Europa seit rund 1100 v. Chr. als bekannt angenommen werden (Ludemann und Nelle 2002). Für die Eisenverhüttung und die Glasherstellung benötigt man Temperaturen von zumindest 700 bis 800 Grad Celsius. Dies war nur mit Holzkohle erreichbar. Ein anderes Kriterium war der Transport: Da Holzkohle wesentlich leichter war als Holz, konnte man auch in abgelegenen Gegenden Holzkohle herstellen und abtransportieren (Ludemann und Nelle 2002).

„Eine Kohle ist ein durchaus schwarz gebranntes Holz, sehr zerbrechlich, hat noch die völlige Gestalt des Holzes, daraus die Kohle gebrannt worden, und entzündet sich ohne lodernde Flamme, und ohne sichtbarem Rauch vom Feuer." (Cramer 1766 zitiert in Ludemann und Nelle 2002, Duhamel du Monceau 1775, Tiemann 1801, Brodhuber et al. 1861, Wieser 2015).

Bild: Österreichisches Forstmuseum Silvanum Großreifling; Bearbeitung: BOKU

Eine historische Aufnahme der Waldköhlerei in Kainach um 1900. Drei Köhler befinden sich am bereits rauchenden Meiler, um diesen abzudichten.

Bild: BOKU

Holzkohle wird aus Holz „gebrannt" – wobei es nicht brennen darf; es ist ein Schwelen: die Pyrolyse.

Die Holzkohle besteht zu 80 bis 90 % aus Kohlenstoff (Ast et al. 1970, Wieser 2015). Der Heizwert der Holzkohle ist fast doppelt so hoch wie bei Holz. Das Volumen der Holzkohle nimmt nur ca. die Hälfte (bei Weichholz ein Viertel; Schawacht 1994) und das Gewicht nur ca. ein Viertel von Holz ein.

Die ersten Anweisungen zur Verkohlung finden sich außer im Altertum in der Literatur für Forstleute und in der mit dem Forstwesen eng verbundenen Montanindustrie. Pfeil (1831a) erwähnt in seinem umfassenden Werk der Forstbenutzung, dass er keine Anleitung zum Verkohlen geben kann, da das Werk dann zu umfangreich werden würde. Der Similaun-Mann („Ötzi", ca. 3300 v. Chr.) hatte Rindenbehälter bei sich, um glühende Holzkohle transportieren zu können. Diese konnte dann leicht neu entfacht werden. Große Bedeutung gewann die Holzkohle bei der Metallverarbeitung. Nur mit Holzkohle war es möglich, die nötige Verarbeitungstemperatur zu erreichen.

Schon Mitte des 16. Jahrhunderts war es schwierig, die Berg-, Hütten- und Hammerwerke mit Holzkohle zu beliefern.

Bild: Österreichisches Forstmuseum Silvanum Großreifling; Bearbeitung: BOKU

Die „Großkohlstätte auf der Länd in Krautgarten, Vorderradmer" zeigt die enormen Mengen der Holzkohlenproduktion. Ein Rundmeiler konnte bis zu 100 Raummeter fassen (Palla 1994).

Rund 70 % der Gesamtkosten der Hüttenberger Betriebe waren die Kosten für Holzkohle (Johann 1968). In der *Ferdinandschen Bergordnung* 1553 n. Chr. wurde fast der gesamte Holzeinschlag den Eisenwerken gewidmet (Wieser 2015). Die Holzkohlenerzeugung erlebte durch die Einfuhr von mineralischer Kohle etwa um 1850 n. Chr. einen Niedergang. Damit hatte man eine neue Energiequelle zur Verfügung und leitete damit die Industrialisierung ein – und auch den Eisenbahnbau in Österreich (Nordbahn 1837 n. Chr., Südbahn 1842 n. Chr., Westbahn 1858 n. Chr.). Rettenegger (1995) erzählt für das Reichraminger Hintergebirge (Oberösterreich): Bis zum Ende des 19. Jahrhunderts sei noch das meiste Triftholz an Ort und Stelle verkohlt worden und bis in die 1930er-Jahre hinein hätten noch überall im Tal und in den Gräben die Kohlenmeiler gerußt. Ein mittleres Sensenwerk hat

Die Eisenverarbeitung brauchte viel Holzkohle. Hier der Schmied am Amboss, hinter ihm die Esse
(*Hausbuch der Mendelschen Zwölfbrüderstiftung*, Band 1. Nürnberg 1426–1549. Stadtbibliothek Nürnberg, Amb. 317.2°)

Bild: Gemeinfrei, https://commons.wikimedia.org/w/index.php?curid=13131515)

im Jahr ca. 15.000 Hektoliter Holzkohle verbraucht, für deren Verschwelung eine Waldfläche von schätzungsweise rund 800 Hektar geschlägert werden musste.

Die Technik der Köhlerei ist zwar seit ihren Ursprüngen die gleiche geblieben, aber in der heutigen Zeit wird das Handwerk durch moderne technische Hilfsmittel unterstützt. Heute wird die durch die Köhlerei erzeugte Holzkohle insbesondere beim Grillen eingesetzt.

Es wurde jedoch auch immer wieder auf andere Eigenschaften der Holzkohle hingewiesen: *„Die Holzkohle wirkt besonders stark fäulniswidrig … Daher Wasser in innen verkohlten Fässern lange frisch bleibt."* (Brodhuber et al. 1861).

Holzkohle entsteht durch trockene Destillation von Holz (Bersch 1893). Dabei wird das zu verkohlende Holz (Fichte, Tanne, Kiefer, Buche, Eiche und dergleichen hartes Holz: Hochberg 1695, Wullschleger 1979) möglichst eng geschlichtet, um Hohlräume zu vermeiden (Berg 1860, Stoetzer 1903). Tiemann (1801) lobt für die Eisenverhüttung vor allem die Buche und Hainbuche, Duhamel du Monceau (1775) vor allem Eiche, Buche, Hainbuche. Er erwähnt auch, dass die Holzkohle der Fichte den Metallen mehr Geschmeidigkeit bringt. Meyer (1810) bezeichnet die Holzkohle von Elsbeer- und Mehlbeerbaum als die beste.

Die einfachste Art, Holzkohle zu erzeugen, war das Verkohlen in Gruben (Florinus 1721). Dabei wurde die Grube mit Holz gefüllt, abgedeckt und entzündet. Die nächste technische Verbesserung bildet das Kohlen im Rundmeiler. Die blühende Montanindustrie bezahlte Holzkohle so hoch, dass auch gesundes und geradwüchsiges Holz verkohlt wurde. Für dieses eignet sich die Form des Langmeilers besonders gut (Wessely 1853).

Der Rundmeiler ist besonders geeignet für kurze und eher dünne Holzteile, hat einen geringen Platzbedarf, ist beim Aufrichten einfacher und ist schneller verkohlt (Grebe 1851, Gayer und Mayr 1903). Der Meiler ist kegelförmig und besteht aus drei Schichten von 1 m langen, aufgestellten Scheitern (fünf bis sechs Raummeter, Mantel 1990; bis zu 280 Raummeter, Berg 1860), daher auch der Name „stehender Meiler". Man bedeckt ihn üblicherweise mit Reisig und bereitet darüber eine Schichte Lösch. Die Lösch ist ein Gemisch aus Sand, Erde, Asche, Kohlenstaub und kleineren Kohlenteilen, das immer wieder verwendet werden kann (Palla 1994). Der Meiler wird von einem Schacht in der Mitte aus angezündet (Dietrich 1847). Der Verkohlungsprozess verläuft von innen nach außen und dauert je nach Größe normalerweise zwei bis vier Wochen (Haid 1986, Schawacht 1994). Die Entnahme von Holzkohle erfolgt erst, wenn auch außen und unten alles Holz verkohlt ist (Ast et al. 1970).

Im Langmeiler wird eher längeres und stärkeres Holz verkohlt. Dieses wird zumeist an der vorderen Seite, mit 1,5 m Höhe beginnend, liegend zu einem sanft ansteigenden Haufen von ca. 12 m Länge, 3 m Breite und 3 m Höhe, zu einem Inhalt von etwa 100 m^3 aufgeschichtet, daher auch „liegender Meiler". Die Oberseite wird mit Reisig und Lösch bedeckt. Auf der vorderen Seite wird er an zwei Stellen entzündet. Das Holz wird unter Luftabschluss über eine Zeit von sechs bis acht Wochen durchgekohlt. Dabei wird es in möglichst reinen Kohlenstoff umgewandelt.

Der Untergrund beim Rundmeiler ist meistens bombiert und beim Langmeiler leicht ansteigend und sollte luftundurchlässig sein. Dazu wird Lehm aufgebracht (Hartig und Hartig 1834, Ast et al. 1970).

Die Köhlerei sollte wegen des Regens und möglichen Windes nicht im Spätherbst, Winter und beginnenden Frühjahrs betrieben werden (Meyer 1810, Pfeil 1831b). Die Schwierigkeit war die Steuerung des Verkohlungsprozesses durch das Anlegen oder Verschließen kleiner Luftlöcher (Tiemann 1801). Diesen Luftlöchern entwich anfangs dichter grau-weißer Wasserdampf; später wurde er durchsichtiger und letztendlich bläulich (Tiemann 1801, Schawacht 1994). War der Rauch gelb oder rötlich, bestand Gefahr, dass der Meiler „durchging", d. h. das Holz verbrannte (Tiemann 1801).

Eine weitere Verwendung der Holzkohle ist die Schießpulverherstellung. Hierfür verwendet man vor allem weiches und weißes Holz – z. B. aus jungen Weidenzweigen (Duhamel du Monceau 1775), aber auch aus Faulbaum. Die Kohle sowohl des Spindelbaumes (Duhamel du Monceau 1775) als auch der Linde wurde für graphische Zwecke genutzt.

Bild: Fam. Wieser, Rohr im Gebirge; Foto: BOKU

Hier ist die moderne Version der Holzkohlenproduktion – der Langmeiler – zu sehen. 3 m lange Stämme werden eingeschlichtet. Der Prozess läuft kontinuierlich bis zum Ende durch.

Kohlgeist (Holzessig) wurde in der Volksmedizin verwendet. Die Herstellung erfolgte durch trockene Destillation von Holz. Zur Gewinnung benützten die Köhler ein Holunderrohr, hergestellt aus einer Astgabel, aus dem man das Mark entfernte. Der längere Arm wurde in den Kohlhaufen gesteckt, unter den kürzeren stellte man ein Gefäß. Während das Holz im Kohlhaufen glühte, zog etwas vom dünnflüssigen Produkt der trockenen Destillation in gasförmigem Zustand in das Ho-

Bild: Österreichisches Freilichtmuseum Stübing/UMJ; Foto: BOKU

Ein kleiner Rundmeiler beim Entzünden

lunderrohr, kühlte ab, kondensierte und tropfte in das Auffanggefäß (Ast et al. 1970).

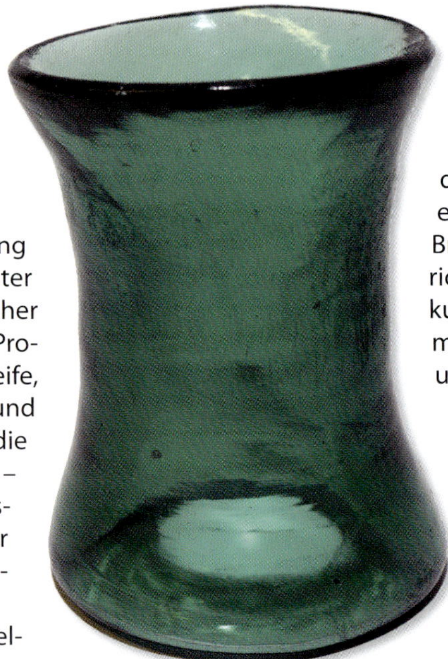

Zur Herstellung von Waldglas war Pottasche nötig. Hier sieht man eine Glockenseildurchführung aus Waldglas.

(Bild: BOKU)

Pottasche

Pottasche wurde zur Bereitung von Lauge verwendet, später für die Herstellung zahlreicher Chemikalien und anderer Produkte (Salpeter, Alaun, Seife, für die Färberei, Bleicherei und Töpferei, aber auch für die Medizin und als Backpulver – Blau 1917, Palla 1994). In erster Linie war es ein wichtiger Hilfsstoff in der Glasfabrikation (Brodhuber et al. 1861).

Grundlage für die Herstellung von Pottasche war lange Zeit Pflanzenasche. Herumziehende Kleinhändler in der Schneebergregion (Niederösterreich), so genannte Aschenmänner (Palla 2010), sammelten Holzasche aus den Haushalten und kündigten ihre Ankunft mit dem Kaufruf: „An Åschn!" an. Ferdinand Raimund machte den Aschenmann in dem Stück „Der Bauer als Millionär" zu einer volkstümlichen Figur (Ast und Winner 2011j). Jedoch wurde auch Asche durch direktes Verbrennen im Wald gewonnen – dies sollte wegen der Brandgefahr erst im Herbst gestartet werden (Pfeil 1831b).

Blau (1917) beschreibt die Weiterverarbeitung von Pottasche aus Holzasche wie folgt: *„Die Asche wird gegen 24 Stunden gesotten, bis sie zu einem festen Körper wird, dann wird sie verbrannt, respektive kalziniert, sodann wird sie wieder zerklopft und wieder kaltes Wasser daran gegossen, dann trocknet sie zu einem festen Körper und so ist sie zum Glase tauglich."*

Die Ausbeute war sehr gering – bei Fichtenholz 0,045 % und bei Buchenholz 0,145 % (Meyer 1907, Cílová und Woitsch 2012). Für ein Kilogramm Glas musste rund ein Raummeter Holz veranschlagt werden. Jede Wanderglashütte benötigte 3.000 bis 6.000 Festmeter Holz im Jahr – also etwa 20–30 ha Wald. Der Holzbedarf für die Pottaschenherstellung war wesentlich größer (70–90 %) als für den Schmelzvorgang. Die riesigen Mengen an Weichholzasche, welche in der Sudhütte der Saline Hallstatt anfielen, wurden von Seifensiedern abgenommen.

Bringung und Transport

Erst durch die Bringung des gefällten Holzes zu Stätten des Verkaufs oder der weiteren Be- und Verarbeitung kann eine nutzbringende Verwertung erfolgen (Pöttler 1997). Die Bringung erfolgte mittels ständiger oder nichtständiger Einrichtungen, entweder ganz oder teilweise unter der Einwirkung der Schwerkraft oder unter Zuhilfenahme bewegender menschlicher, tierischer oder mechanischer Kräfte (Hafner und Trzesniowski 1994).

Die Inbetriebnahme der Pferdeeisenbahn Budweis–Linz im Jahr 1832 n. Chr. oder die Eröffnung der ersten dampfbetriebenen Bahnverbindung Mitteleuropas, der Kaiser Ferdinands-Nordbahn 1838 n. Chr., boten erstmals alternative Transportmöglichkeiten (Pfeffer 1951, Czeike 2004).

Die Städte des frühen Mittelalters konnten ihren immer größer werdenden Holzbedarf aus der stadtnahen Umgebung nicht mehr decken und griffen auf weiter entfernte Holzreserven zurück. Holz als Bau- und Brennmaterial wurde meist in Form von Rundholz, oft aber auch in Form von Halbbäumen oder Brettern in die Städte gebracht (Neweklowsky 1952). Dieses Bauholz lässt sich noch in vielen Gebäuden dendrochronologisch nachweisen (Grabner et al. 2018).

Bild: Österreichisches Forstmuseum Silvanum Großreifling; Bearbeitung: BOKU

Das Gedenk-Marterl zeigt, dass auch eine Pferdeeisenbahn zum Holztransport genutzt wurde.

Bild: BOKU

Es wurden verschiedenste Güter (z. B. Salz) mit Booten (Zillen, Plätten) nach Wien gebracht. Diese wurden großteils zerlegt und als Bau- oder Brennholz verkauft. Ein Beweis ist hier in einem Dachstuhl in Klosterneuburg gefunden worden – es sind deutlich die Spuren des „Schoppens" (Abdichtens) zu sehen.

Bild: Österreichisches Freilichtmuseum Stübing/UMJ; Foto: BOKU

Die Rückung der Bloche wurde kleinräumig mit Menschenkraft oder mit Pferden vorgenommen.

Lokaler Transport

Die Rückung ist die erste Phase der Holzbringung. Sie umfasst die Bringung vom Stock bis zu den Hauptbringungseinrichtungen. Brodhuber et al. (1861) schreiben: *„Das in den Bergwäldern geschlagene Holz bleibt bis zur Winterszeit daselbst liegen und wird dann auf Rutschbahnen die aus Eise gebildet sind* (Riesen genannt) *von dem Berge ins Thal herunter geschleift."* Die Überquerung von Wasserscheiden war, bis auf wenige Ausnahmen, wie den Holzaufzug auf den Kreuzberg bei Mariazell (Wiesenhofer und Wiesenhofer 2015) oder im äußeren Weißenbach (Oberösterreich, Koller 1954), nicht möglich. Die Verfahren der Rückung beschränken sich durchwegs auf Landbringung (Hafner und Trzesniowski 1994). Brennholz und leichte Hölzer wurden über kurze Strecken getragen. Bei schwereren Rundhölzern erfolgte in flacherem Gelände auch das Schleifen durch Zugtiere. Um den Schleifwiderstand zu verringern, kamen Schlitten und Karren zur Anwendung – oftmals unter Ausnutzung einer dünnen Schneeschicht. Walther (1796) schreibt: *„Ist die Bahn gut, so kann ein einziger Mann auf einem solchen Schlitten, eine ganze Klafter Holz alleine führen* (3,4 Festmeter). *Nach Lichtmess (6. Februar), da ab dem Tag die Sonne schon anfängt*

Bild: Österreichisches Freilichtmuseum Stübing/UMJ; Foto: BOKU

Für noch größere Distanzen und Mengen und geringerem Gefälle wurden Riesen aus Holz gezimmert und mit Wasser betrieben – Wasserriesen. Hier ein Beispiel aus dem Schöttelgraben bei Oberwölz, aus Fichtenholz gebaut. Diese war 7 km lang und transportierte täglich 200 Festmeter Holz.

(Bild: Österreichisches Forstmuseum Silvanum Großreifling; Bearbeitung: BOKU)

Die Riesen wurden für den Transport über etwas größere Distanzen verwendet – vor allem bei großen Mengen und unwegsamen Gelände. Hier ist eine solche Holzriese als Rekonstruktion zu sehen.

die Bahn zu schmelzen, fährt man bei Mondschein, oder wenn der Mond nicht scheint mit Fackeln."

Die Bauern brachten das Holz im Winter mit den Pferden (Grieser 1992). In steil geneigtem Gelände erfolgte das selbständige „Liefern" von Rundholz am Boden. Hierzu wurden zum Teil so genannte Riesen angelegt. Erdriesen bzw. Rieswege waren Waldwege, die von Hindernissen befreit und zum Teil mit Rundholz ausgebaut wurden. Trockenriesen waren aus Stangen halbkreisförmig zusammengefügte Rinnen, in denen die Hölzer durch selbsttätiges Gleiten bergab geliefert

Bild: Österreichisches Forstmuseum Silvanum Großreifling; Bearbeitung: BOKU

Manchmal war es nötig, Geländestufen aufwärts zu überwinden. Hierzu wurden Holzaufzüge gebaut. Dieser hier stand in Großreifling.

Bild: Österreichisches Forstmuseum Silvanum Großreifling; Bearbeitung: BOKU

Im Pfarrhof in Josefsberg bei Mariazell wurden um 1829 Szenen aus der Waldarbeit an den Wänden festgehalten. Hier ist ein Ausschnitt mit dem Auswurf aus zwei Riesen zu sehen.

wurden (Hafner und Trzesniowski 1994). Nach Beendigung der Riesarbeiten wurden die Rieshölzer wieder abgebaut und abtransportiert. Die moderne Variante solcher Riesen sind kurzfristig aufgebaute Rinnen aus Halbschalen aus Kunststoff oder Metall.

Bei Wasserriesen gleiten die Hölzer nicht auf der Unterlage, sondern werden vom fließenden Wasser schwimmend fortgetragen. Solche Bauwerke mit geringem Gefälle werden Schwemmkanäle bezeichnet. Der Bau von Wasserriesen kam nur beim Transport großer Holzmengen bzw. für den Massentransport in Betracht.

So wurde z. B. der 51 km lange Schwarzenbergkanal vom Böhmerwald zum Zwettlbach und Mühlfluss in den Jahren 1789 bis 1822 n. Chr. gebaut. Mit Hilfe eines 419 m langen Tunnels war es möglich, die Europäische Wasserscheide zu überwinden. Jährlich wurden hier 177.000 Raummeter Brennholz nach Wien geschwemmt. Keeß (1823) gibt den jährlichen Brennholzbedarf von Wien mit 240.00 Wiener Klafter (800.000 Festmeter) an. Neben der Scheitertrift wurde der Kanal Ende des 19. Jahrhunderts n. Chr. auch zum Schwemmen von Langholz (20 m) eingerichtet (Zaloha 1975, Fritsch 1993, Hafner und Trzesniowski 1994).

Bereits im 18. Jahrhundert n. Chr. wurden Schienenaufzüge im oberösterreichischen Salzkammergut gebaut – 1716 n. Chr. der Gastachaufzug in Pinsdorf und 1721 n. Chr. im äußeren Weißenbachtal. Ein technisches Wunderwerk war der Holzaufzug auf den Kreuzberg bei Mariazell, der über 565 Stufen hoch das Scheitholz, mit einem Wasserrad angetrieben, transportierte (Waid 1979). Dieser Aufzug wurde zwischen 1796 und 1801 n. Chr. errichtet und transportierte täglich rund 40 Kubikklafter (136 Festmeter) Brennholz. Der beladene Waggon ging bergauf, der leere bergab zum Beladen (Hafner und Trzesniowski 1994).

Erst im 20. Jahrhundert entwickelten sich dann Bringungssysteme, die mit Hilfe von Seilen funktionierten (Drahtriesen, Seilanlagen). Auf Anregung des Bergbaus kam es zum Bau von Waldeisenbahnen. 1854 bis 1856 wurde etwa eine in Langau (Niederösterreich) gebaut.

Aus dem bronzezeitlichen Bergbau in Hallstatt sind zwar keine eindeutigen Holztransportanlagen bekannt, allerdings kann man an den Grubenhölzern ein paar Transporthinweise erkennen. An vielen Enden von Grubenhölzern (die Durchmesser liegen bei wenigen Zentimetern bis rund 38 cm) finden sich besondere Bearbeitungen. Eine Seite des Stammes ist kufenartig angearbeitet. Diese Kufenflächen sind zum Teil grob zerfasert, was allerdings nicht auf die Herstellung schlie-

Bild: NHM Wien, Brandner

Schüler versuchen durch das Ziehen von Bäumen, ähnliche Abnützungsspuren wie auf den Originalfunden zu erzeugen.

Link zur Webseite des Schulprojektes

ßen lässt, sondern auf eine Abnützung. Zusätzlich befinden sich auf den Kufenflächen tief eingedrückte Kalksteine, welche nur von der Oberfläche (obertags) stammen können und mit großer Wucht eingedrückt werden mussten. Auf der gegenüberliegenden Seite dieser Fläche befindet sich ein vierkantig ausgehacktes Loch. An manchen Stücken kann man noch erkennen, dass hier eine Wiede (in sich verdrehter Ast, siehe Kapitel Bähen, S. 155 ff.) mit einem Keil fixiert wurde. Dies lässt den Schluss zu, dass es sich hierbei um „Hilfestellungen" für

Bild: NHM Wien

An diesem bronzezeitlichen Fundstück eines Grubenholzes kann man die kufenartige Anarbeitung an der Unterseite und den Keil zum Fixieren der Wieden an der Oberseite erkennen.

den Transport der bis zu 8 m langen Baumstämme handelt. Jedoch ist die Unterseite kaum abgenützt. Nur in der Nähe der Kufe gibt es leichte Abnützungsspuren. Ansonsten ist auf der gesamten Länge der Unterseite die Rinde vorhanden. Innerhalb eines Sparkling Science Projektes (siehe: http://holz-fuer-salz.blogspot.com/) wurde mit Schülerinnern und Schülern begonnen, Rekonstruktionen dieser Baumstämme herzustellen. Diese wurden auf verschiedene Weise unterschiedlich lang durch den Wald transportiert. Bis jetzt war es noch nicht möglich, die Art des Transportes, die letztendlich zu diesen Abnützungen führte, zu rekonstruieren (Rudorfer und Reschreiter 2014). Die Baumstämme vom eisenzeitlichen Dürnnberg in Hallein weisen auch Transportspuren auf, die als Zug- oder Tragösen bezeichnet wurden (Lobisser 2005).

Ein Blick noch weiter in die Vergangenheit ist durch die Analysen der Hölzer der neolithischen Pfahlbausiedlungen (rund 4.000 bis 6.400 v. Chr.) möglich. Durch umfangreiche Untersuchungen der Holzarten und der dendrochronologischen Datierungen konnte man sehen, dass zu Beginn der Siedlungstätigkeit vor allem die sehr nahe am Seeufer wachsenden Baumarten, wie Weide, Pappel, Erle, verwendet wurden. Später, als diese Baumarten nicht mehr verfügbar waren, musste auch auf Bäume aus der „harten Au", wie Eiche und Esche, zurückgegriffen werden (Billamboz und Schlichtherle 1982, Billamboz 2001, Billamboz und Köninger 2008). Diese mussten dann transportiert werden. Die Dauer der Siedlungen war aber großteils kurz – möglicherweise auch aufgrund der Holzknappheit in direkter Nähe.

Die Holztrift

Der Begriff „Trift" oder „Schwemme" beschreibt den Transport von losen Baumstämmen in schmalen Bächen (Neweklowsky 1960). Dieser Transport war in den alpinen Gegenden Österreichs üblich. Zahlreiche Triftanlagen (Klausen zum Aufstauen des Wassers und Rechen zum Herausholen der Stämme aus dem Wasser) sind bekannt. Der Großteil des getrifteten Holzes war Brennholz oder Kohlholz (zur Herstellung von Holzkohle), welches zu den größeren Flüssen gebracht wurde (z. B. Enns und Steyr). Die Trift von Langholz (Bauholz) war seltener (Neweklowsky 1960, Hasitschka 2010). Eine Ausnahme stellte die ab 1872 n. Chr. betriebene Nutzholztrift auf der Großen Erlauf dar (Wiesenhofer und Wiesenhofer 2015), nachdem seit 1718 n. Chr. nur Brennholzscheiter geschwemmt worden waren (Hottenroth 1979). Die letzte Trift auf der Großen Erlauf fand im Frühjahr 1911 n. Chr. statt. Im Großarltal ist die Trift bis in das

Bild: BOKU

Der Auwald bietet viel Auswahl an Holzarten – nahe dem Wasser die „weichen Hölzer", wie Pappel, Erle, Weide, und weiter im Landesinneren finden sich die „härteren Holzarten", wie Esche und Eiche.

15. Jahrhundert n. Chr. zurückreichend bekannt (Fiala 1965). Am Donnersbach (Donnersbachwald, Steiermark) wurde am 15. August 1962 die letzte Trift vorgenommen (Kehr 1985).

In einigen Literaturwerken wird die Trift auch als „ungebundenes Flößen" oder als „Flößen von einzelnen Stämmen" beschrieben (Bechstein 1821). Triftpersonal entlang des Ufers sorgte dafür, dass sich das Holz nicht verfing und sich kein „Wolf" bilden konnte (Wiesenhofer und Wiesenhofer 2015). An den Flussmündungen oder an Orten mit großem Holzverbrauch wurden Holzrechen gebaut, mit denen die Bloche oder

Bild: Österreichisches Forstmuseum Silvanum Großreifling; Bearbeitung: BOKU

Die Holztrift war ein gefährliches Unterfangen. Die Holzknechte mussten auf den Steigen stehen und achten, dass die Stämme sich nicht verklausten. Hier ist der Triftsteig in der Noth bei Gams (Steiermark) zu sehen.

Die Klausen (Staumauern) waren zumeist als Holzkasten gebaut. D. h. ein Grundgerüst aus Rundholz, das mit Steinen verfüllt wurde. Hier als Modell zu sehen.

Klausen wurden vor allem in engen Schluchten, wo der niedrige Wasserstand keinen Holztransport erlaubte, gebaut – wie hier im Bruckgraben im Gesäuse (Steiermark).

Mit Rechen wurden die Baumstämme in den Flüssen zurückgehalten. Damit wurden zum Teil gewaltige Mengen abtransportiert – hier der Hauptrechen in Krampen.

(Alle Bilder: Österreichisches Forstmuseum Silvanum Großreifling; Bearbeitung: BOKU)

Bild: Gemeinfrei, https://commons.wikimedia.org/w/index.php?curid=6062927

Die Schwemme auf der Naarn in Oberösterreich (Neweklowsky 1962) (Ernst Rienmüller – *Oberösterreichische Heimatblätter*, April bis Juni 1962)

Scheiter aufgefangen und anschließend an Land gebracht wurden (Förster 1885).

Das größte Netzwerk an Triftanlagen befand sich im Gebiet des jetzigen Nationalparks Kalkalpen in Oberösterreich (Reichraminger Hintergebirge, Sensengebirge). Es bestand aus Dutzenden Klausen und Rechen – darunter die größte Klause Mitteleuropas, die Mitterwendt Klause (Grosse Klause) mit rund 20 m Höhe, die in den Forstordnungen von Rudolf II. 1604 n. Chr. erwähnt wurde (Weichenberger 1994). Die längste Triftstrecke war insgesamt 12 km lang und benutzte insgesamt sieben Klausen. Klausen waren Staudämme aus Holz, die mit Steinen verfüllt wurden oder später dann ganz aus Stein gebaut waren. Da die Wassermenge und -tiefe in diesen Bächen zum Holztransport nicht reichte, wurde Wasser von der Schneeschmelze und sommerlichen Gewittern hinter den Klausen aufgestaut. Das Rundholz wurde vor den Klausen in den Bächen aufgeschlichtet. Durch das schlagartige Öffnen der Stautore (das „Schlagen") wurde eine Flutwelle erzeugt, die die Baumstämme mit sich riss. Die Holzknechte versuchten dabei, mit langen Stangen Verklausungen zu verhindern. Durch zeitlich abgestimmtes Schlagen der Klausen war es möglich, Baumstämme durch das gesamte Netzwerk von sieben Klausen zu schleusen (Weichenberger 1994). Die Baumstämme wurden so bis an die Flüsse Enns und Steyr gebracht. Dort wurden sie an den großen Rechen aufgefangen. Nach dem Triften stapelten sich dort Tausende Baumstämme, die aus den Rechenanlagen gebracht werden mussten.

Wessely (1853) schreibt: *„Das Triftholz ist in der Regel zwei bis vier Jahre unterwegs, während dieser Zeit im Wasser oder an nassen, dumpfigen Orten, es leidet daher wesentlich und liefert um vier bis acht Prozent minder gute Kohle."* Das „Auswässern" durch den Wassertransport führte zur eben erwähnten Verringerung des Brennwertes, aber es führte auch zu einem geringeren Reißen des Holzes (Grebe 1861) und zu einer rascheren Trocknung (Knuchel 1947).

Von der Schwemme spricht man in erster Linie beim Transport von losem Brennholz in Form von 1 m langen Scheitern (Sponeck 1825). Zur Schwemme wurden kleine Bäche zum Teil auch mit Klausen oder Kanälen genutzt.

Die wohl bekannteste Schwemme fand im Schwarzenberg-Schwemmkanal statt. Der Bau des ersten Teiles wurde 1789 n. Chr. begonnen; der zweite 1821 n. Chr. Die gesamte Länge des Kanals betrug 51,3 km, er verband Wälder der Moldauregion zur Donau und überwand dabei die Europäische Hauptwasserscheide. Hierfür brauchte es einen 410 m langen Tunnel (Blau 1917). Dass aus der Wottawa und deren Nebenflüssen geschwemmte Holz wurde auf dem ausgedehnten Holzplatz Neulangendorf ausgeländet.

Bild: Österreichisches Forstmuseum Silvanum Großreifling; Bearbeitung: BOKU

Der Transport von 1 m langen Brennholzscheiten in Flüssen, Bächen und Kanälen bezeichnet man als Schwemme. Das zeigen auch die Bilder im Pfarrhof Josefsberg bei Mariazell (um 1829).

Eine andere Schwemmstrecke in Richtung Wien war im Weitental (Waldviertel, Niederösterreich – Raum Karlstift bis Weittenegg). Hier wurde ein knapp 3 km langer Tunnel gegraben, um die Wasserscheide zu überwinden (Raubal 1955).

Die Flößerei

Unter „Flößerei" versteht man den Transport von zu Flößen gebundenem Holz – Rundholz, behauenes Holz oder auch Bretter (Neweklowsky 1960). Erste Belege für die Flößerei stammen aus dem Gebiet um den Federsee in Baden-Württemberg. Ein Floß wurde in einem Moor entdeckt und wurde der Bronzezeit zugeordnet. Die verwendeten Stammdimensionen lassen allerdings auf eine Verwendung als Fähr- oder Lastfloß schließen (Ellmers 1983, Keweloh 1985).

Die Flößerei ist in Österreich seit dem 13. Jahrhundert n. Chr. bekannt (1207 n. Chr., Mönche von Raitenhaslach, Neweklowsky 1952) und war zum Transport großer Distanzen gedacht (Jägerschmied 1827, Neweklowsky 1959). Entsprechend der Fluss-Gegebenheiten waren die Flöße unterschiedlich

Bild: Schiffahrtsmuseum Spitz; Bearbeitung: BOKU

Hier ist der Bindplatz von Spitz an der Donau zu sehen. Das gelagerte Rundholz wurde im Fluss zu Flößen gebunden.

Bild: Schiffahrtsmuseum Spitz; Bearbeitung: BOKU

Die Donauflöße waren sehr groß und transportierten Holz, andere Waren sowie auch Personen. Dieses Floß in Spitz an der Donau war fertig zum Ablegen.

groß. Bei kleinen Flüssen wurden nur wenige Baumstämme zusammengebunden (Medicus 1802). An der Ybbs sprach man von „wahren Riesenschlangen" – 32 Baumlängen lang, mit über 600 Stämmen und von 11 Mann gesteuert (Palla 1994). Oftmals wurden die Flöße, von Regionalflüssen kommend (z. B. Enns, Steyr, Alm – hier waren die Stämme 12 m lang, Marschall 1954), an den großen Flüssen (wie z. B. die Donau) zu größeren Flößen zusammen- oder komplett neu gebunden (Eißing et al. 2012). Am Rhein wurden Flöße etwa mit einer Größe bis zu 400 m Länge, 80 m Breite und 5 m Höhe (d. h. einem Volumen von bis zu 12.000 Festmetern) beschrieben (Delfs 1985).

Die Hauptfloßzeit war zwischen März und Anfang Dezember. Die Flöße wurden oft zusätzlich zum Transport von Erz oder Baumaterial genutzt. Zwischen 1623 und 1860 n. Chr. konnte man aber auch wöchentlich mit dem „Ordinarifloß" von München nach Wien (und Budapest) als Passagier reisen (Keweloh 1985). Dieser Umstand vergrößerte das potentielle Einzugsgebiet von Floßholz, das in Wien verbaut wurde, weit in den Westen – z. B. auf die Flüsse Lech und Isar (Medicus 1802).

Für den Bau von Flößen entwickelten sich verschiedene Verbindungstechniken. Vor dem 19. Jahrhundert n. Chr. wurden vorwiegend Holznägel, Keile und Wieden (Sponeck 1825), später auch Eisennägel, Klammern und Drahtseile verwendet, um die einzelnen Bloche zu Flößen zu verbinden. Wieden sind ein aus Ästen oder jungen, dünnen Stämmen verschiedener Holzarten hergestelltes Bindematerial, welches unter anderem in der Flößerei Verwendung fand (Keweloh 2014). Untersuchungen des in der Wiener Hofburg verbauten Bauholzes zeigten, dass vor allem Äste oder junge, dünne Stämme von Fichte, Tanne, Weide, Pappel und zu einem kleinen Teil auch Haselnuss und Birke verwendet wurden (Wächter 2012). Wieden wurden zur Verbindung der einzelnen Bloche untereinander und zum Aneinanderhängen von Gestören verwendet. Gestöre sind Floßteile, welche aus Blochen der gleichen Länge und Dimension bestehen. Sie wurden zu so genannten Gestörflößen verbunden (Keweloh 2014). Die verschiedenen Verbindungstechniken im Floßbau erforderten den Einsatz unterschiedlicher Keiltypen, die sich in Form und Dimension unterscheiden. In der Wiener Hofburg wurden flache Keile, die ohne Vorbohrung ins Holz eingeschlagen wurden, und vorgebohrte Flößerkeile gefunden. Diese wiesen entweder keine

Bild: Schifffahrtsmuseum Spitz; Bearbeitung: BOKU

An diesem Floß vor Sarmingstein ist die Bindung zwischen den Querhölzern und den Rundhölzern (vor allem ganz hinten) gut zu erkennen.

Wieden auf, sondern nur runde oder eckige Keile oder enthielten Wieden mit runden oder eckigen Keilen (Wächter 2012). In der Wiener Hofburg gefundene flache Flößerkeile sind fast ausschließlich aus Buche, runde und eckige Keile aus Buche, Fichte, Tanne, Pappel, Weide, Haselnuss, Birke, Lärche, Kiefer und Eiche. Grabner et al. (2018) fand, dass Wieden zu 57 % aus Fichte oder Tanne, zu 26 % aus Pappel oder Weide, zu 13 % aus Haselnuss und zu 4 % aus Birke bestehen. Die Spuren der Bindung sind in Form von Resten der Wieden und Keile im verbauten Bauholz zu erkennen, da sie im Zuge des Behauens zu Kantholz mitgeglättet wurden und somit erhalten geblieben sind (Eißing et al. 2012).

Eißing (2009) konnte in Thüringen und dem südlichen Sachsen-Anhalt flussspezifische Verbindungstechniken beschreiben. Dies konnte für die Donauzubringer anhand der gefundenen Flößerkeile in Wien noch nicht nachgewiesen werden (Grabner et al. 2018).

Aus wirtschaftlichen Gründen wurden die kleineren Flöße der Donauzuflüsse, sobald es die Flussgegebenheiten zu-

Bild: BOKU

Die in Wien gefundenen Haupttypen an Flößerkeilen

ließen, zu größeren Flößen zusammengefügt oder auch von Grund auf neu gebunden (Ebner 1912). An der Traunmündung wurden die Almflöße zu größeren Donauflößen verbunden (Ebner 1912). Ebenso geschah dies an den Mündungen von Lech und Iller (Neweklowsky 1952). Flöße, welche von der Enns in die Donau kamen, wurden in Au an der Donau zerlegt und die Bloche zu so genannten „Baumflößen" neu zusammengesetzt (Ebner 1912). Beim Zusammensetzen oder Umbinden der Flöße kam es somit zu einer Durchmischung der Bloche, jedoch nicht zu einer Zusammenstellung von Blochen unterschiedlicher Herkunft. Über die Organisation des Holzverkaufs in Wien ist wenig bekannt. Es besteht die Möglichkeit, dass das Holz der geländeten Flöße beim „Fletzstadel" in der Nähe des Wiener Donaukanals bis zum Verkauf zwischengelagert wurde und sich dabei Bloche unterschiedlicher Herkunft vermischten, oder aber, dass das Holz „floßweise" verkauft wurde.

Ob und in welchem Ausmaß ein Fluss für die Flößerei geeignet war, hing in erster Linie vom Flusslauf ab. Hindernisse, wie Felsen, Sandbänke und enge Kurvenradien, beschränkten die Floßgröße, Flussabschnitte mit großem Gefälle mussten mit Kanälen umgangen werden. An dieser Stelle kann der „gute Fall", ein Kanal, der das Passieren des Traunfalls (vom Fallmeister betrieben; Palla 1994) mit Schiffen und Flößen ermöglichte, als Beispiel genannt werden (Federspiel 1992). Förster (1885) beschreibt eine notwendige mittlere Mindestwassertie-

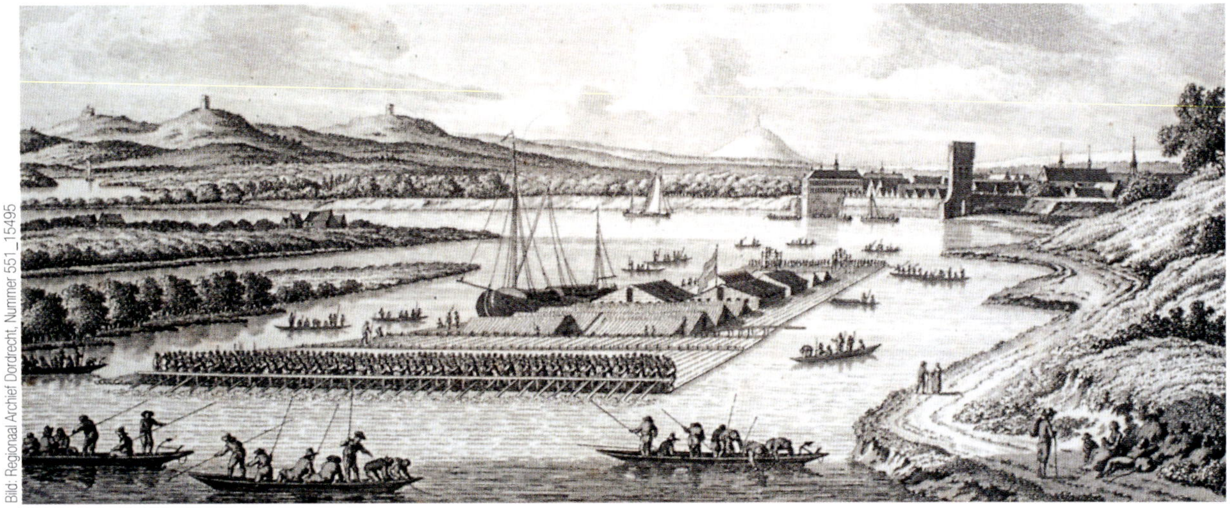

Bild: Regionaal Archief Dordrecht, Nummer 551_15495

J. E. Grave zeichnete 1796 anhand von Vorgaben von J. Bolthuis ein Holzfloß am Rhein bei Bonn.

Bild: Österreichisches Forstmuseum Silvanum Großreifling; Foto: BOKU

Hier ist das Beispiel einer verkeilten Wiede im Modell zu sehen. Dieser Typ hinterlässt nach dem Behauen eckige Keile mit Wieden.

Bild: Schifffahrtsmuseum Spitz; Bearbeitung: BOKU

Das Flößen auf den kleineren Flüssen war eine waghalsige Angelegenheit. Hier ist ein Floß in der Salza zu sehen.

Bild: Österreichisches Forstmuseum Silvanum Großreifling; Bearbeitung: BOKU

Ein Floß auf der Mur

fe von 0,4 bis 0,6 m, Jägerschmid (1827) von 2 Fuß (57 cm, ausgehend vom Württemberger Fuß), um Bauholz mittlerer Dimension flößen zu können. Bei zu geringem Wasserstand wurden die meist unregulierten Flussbette verschmälert und auf diese Weise die Wassertiefe erhöht. In Einzelfällen erzeugte man mit Hilfe von Klausen einen künstlichen Wasserschwall. Auf der Salza konnte mit der ursprünglich für die Brennholztrift errichteten Prescenyklause der Wasserstand um 35, stellenweise sogar um 60 cm erhöht werden (Peschaut 1926).

Das Floß war demnach sowohl Transportmittel als auch Transportgut. Das Be- und Entladen von Fässern wurde von „Fassziehern“, einem eigenen Berufsstand, bewerkstelligt (Palla 1994). Bechstein (1821) beschreibt den Holztransport per Schiff für den Fall, dass Holz stromaufwärts oder über Seen gebracht werden sollte. Doch auch der Holztransport über Seen passierte zum Teil in enormen Mengen als Floß – bis zu 600 Festmeter pro Floß am Millstätter See (Prasch 1980).

Holzauswahl

„Das rohe Holz hat bekanntlich je nach den verschiedenen Arten und Teilen der Bäume auch sehr verschiedene Eigenschaften, die bald dieses, bald jenes Stück für den einen, oder den anderen Gebrauch geeigneter und wertvoller machen." schrieb Grebe (1851). Die jeweiligen Eigenschaften hängen dabei vom anatomischen und chemischen Aufbau des Holzes, vom Alter, vom Stammteil sowie vom Standort des Baumes ab (Gayer 1928). Dabei kann man nicht sagen, dass die eine oder andere Holzart generell gute Eigenschaften aufweist, da es immer darauf ankommt, für welchen Zweck die Holzart herangezogen wird. Die Härte beispielsweise ist eine geschätzte Eigenschaft, wenn das Werkstück abriebfest sein soll, und steht in engem Zusammenhang mit der Dichte und der Festigkeit (Niemz 1993). Trotzdem kann man nicht generell behaupten, dass die harten Holzarten die besseren wären.

Wünscht man sich gute Bearbeitbarkeit und wenig Eigengewicht, so sind es die weichen, weniger dichten Holzarten, die wertvoll erscheinen (Radkau 2007).

In den meisten Fällen ist es nicht nur eine Eigenschaft, die ausschlaggebend für die Funktionalität eines hölzernen Werkstücks ist, sondern die Kombination von zwei oder mehreren Holzeigenschaften. Beispielsweise wird man für ein Zahnrad oder eine Wagenachse eine andere Holzart bevorzugen als für die Bildschnitzerei. Josef Blau (1917) betont, dass auf den Höfen des Böhmerwaldes jedes Holz nach Herkunft und Eigenschaft unterschieden und für den passenden Gebrauch ausgewählt wurde.

Die Frage im historischen Kontext ist jene nach der Art und Anzahl der früher verwendeten Holzarten. Waren es dieselben wie heute? Waren es mehr oder weniger Holzarten?

Bild: Sancrai, Rumänien; Foto: BOKU

In Sancrai, Rumänien, werden Einfahrtstore aufwändig geschnitzt. Da sie frei bewittert werden, wird das dauerhafte Eichenholz verwendet. Dies erfordert von den Schnitzern viel Kraft und handwerkliches Geschick.

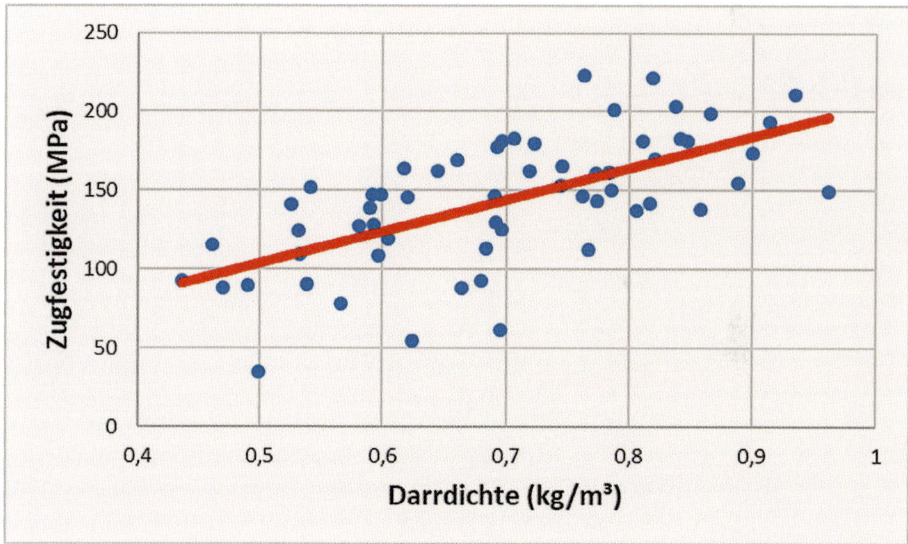

Grafik: BOKU

Hier sind die Parameter Holzdichte und Zugfestigkeit als x-y-Diagramm dargestellt. Die Datenbasis sind Mittelwerte von 60 einheimischen Holzarten. Es wird deutlich, dass Holzarten mit hoher Holzdichte eine hohe Zugfestigkeit aufweisen.

Das Holz der Berberitze ist gelb gefärbt und sehr zäh. Eine häufige Anwendung waren daher Rechenzähne. (rechts)

Die Holzarten-verteilung von 8.985 Proben aus österreichischen Museen. Fichte ist die häufigste Holzart; aber es finden sich unter den analysierten Proben auch sehr viele heute „unbekannte" heimische Holzarten. (ganz rechts)

Bild: BOKU

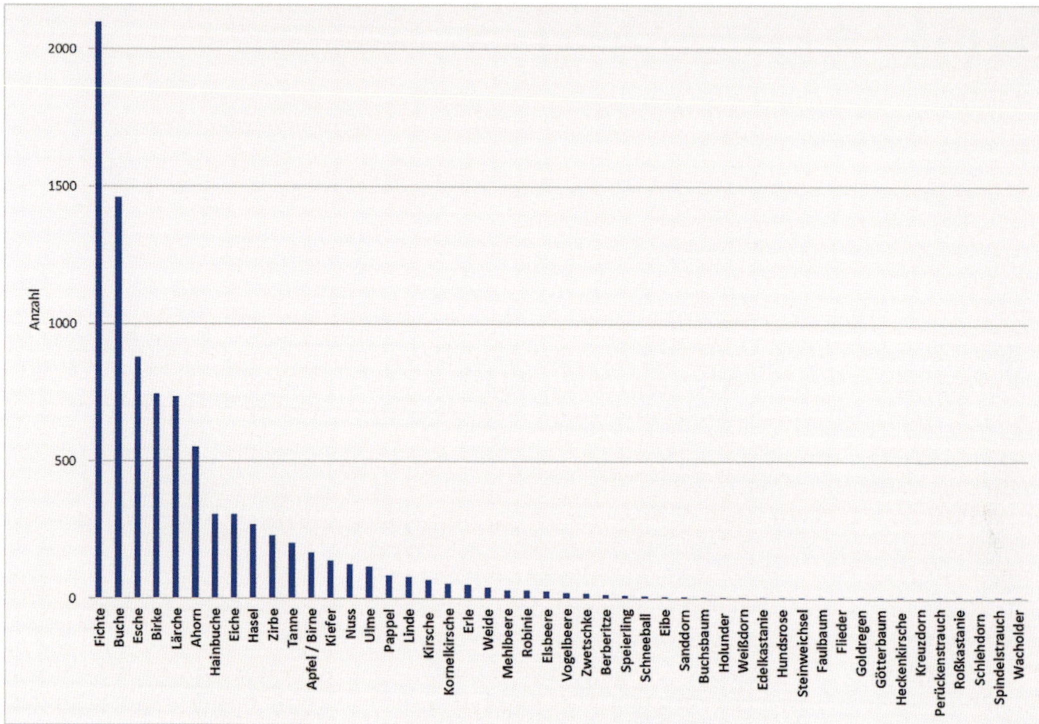

Grafik: BOKU

Vorweg kann man sagen, dass der Auswahl der richtigen Holzart früher eine wesentlich höhere Bedeutung zuteil wurde als heute. Die Anforderungen an den Werkstoff wurden vor allem durch eine bedachte Auswahl der richtigen Holzart erfüllt. Darum waren auch wesentlich mehr verschiedene Holzarten in Verwendung, als wir es heute kennen.

Besonders erwähnenswert ist die hohe Anzahl an verwendeten Sträuchern und fruchttragenden Bäumen. Die aufwändige Ernte und Verarbeitung dieser Holzarten haben deren Einsatz in moderner Verwendung selten gemacht. Dies scheint auch dadurch bedingt, dass Holz in einigen Einsatzmöglichkeiten, wie beispielsweise bei Maschinenteilen, durch andere Werkstoffe ersetzt wurde. Gayer (1928) kritisiert bereits die Reduktion der Holzartenvielfalt in der Anwendung, da in seinen Augen dies zu einer Minimierung der potentiellen Eigenschaften des Werkstoffs Holz führe. Gerade das Holz der Sträucher weist häufig eine hohe Dichte, Härte und Abriebfestigkeit auf und war darum häufig bei Wellen, Achsen und Zahnrädern zu finden. Dazu kommt, dass Maschinen selten aus nur einer Holzart hergestellt wurden.

In einer groß angelegten Untersuchung wurden insgesamt 8.985 Teile von 4.335 Objekten in verschiedenen Museen in Österreich untersucht. Dabei konnten 48 verschiedene Holzarten unterschieden werden (Klein 2015, Klein et al. 2016, Grabner et al. 2017). Die Holzart mit den meisten Bestimmungen ist die Fichte, gefolgt von Buche, Esche und Birke.

Die nachfolgenden Kapitel beziehen sich großteils auf diese Datenbasis, die in unterschiedlicher Weise ausgewertet und dargestellt wird.

Gebrauchsgegenstände

Besonders vielfältig ist die Holzartenwahl bei den Gebrauchsgegenständen des täglichen Lebens.

Generalisten und Spezialisten

Das Holz der Buche war bereits in den vergangenen Jahrhunderten die Holzart mit dem breitesten Anwendungsspektrum und den meisten Verwendungsmöglichkeiten (z. B. in der Landwirtschaft oder als Werkzeug und Werkbank). Von den untersuchten Objekten waren 20 % aus Buchenholz gefertigt. Ausschlaggebend dafür dürfte die gute regionale Verfügbarkeit sowie die hohe Dichte und die hohe Festigkeit gewesen

Buche ist bei vielen Werkzeugen im Einsatz – auch bei den Hobelkörpern.
(Bild: Waldbauernmuseum Gutenstein; Foto: BOKU)

Das feine und feste Holz der Birke wurde oft für Spindeln verwendet: einerseits für kleine Werkzeuge, aber andererseits auch für die großen Spindeln der Obstpressen. (Bild: Österreichisches Freilichtmuseum Stübing/UMJ; Foto: BOKU)

Ahornholz ist sehr fein zu bearbeiten und wird bei Benutzung „spiegelblank" – hier als Tischplatte zu sehen.
(Bild: Österreichisches Freilichtmuseum Stübing/UMJ; Foto: BOKU)

sein. Die Buche war in allen Einsatzbereichen zu finden, wurde jedoch nie als Spezialist gesehen.

Eine Holzart, der sehr wohl eine Spezialisierung zugesprochen wurde, ist die Birke. Beispielsweise wurden Schusternägel aus kaum einer anderen Holzart hergestellt. Nahezu 40 % aller Spindeln waren aus Birkenholz gefertigt, ungeachtet dessen, ob es sich dabei um eine kleine Spindel eines Spinnrades oder um eine massive Spindel einer wasserbetriebenen Mühle handelte. Heute wird die Birke wenig geschätzt. Nicht zuletzt, weil die Forstwirtschaft die Birke mit ihren dünnen peitschenden Ästen zeitweise als störende oder dem Hauptbestand hinderliche Baumart empfindet (Stahl und Gauckler 2009, Meyer et al. 2011). In der Vergangenheit wurde die Birke jedoch häufig verwendet. Nahezu 10 % aller untersuchten Objektteile waren aus Birkenholz gefertigt. Mit dem Birkenholz sind Eigenschaften, wie hohe Biegefestigkeit, hohe Torsionsfestigkeit, gute Gleitreibung, gute dämpfende Eigenschaften und geringer Abrieb verbunden (Grabner 2017). Die neuere Literatur bestätigt vor

Bild: Österreichisches Freilichtmuseum Stübing/UMJ; Foto: BOKU

Eschenholz wurde und wird sehr oft als Werkzeugstiel eingesetzt. Das derzeitige Eschentriebsterben macht diese Anwendung in Zukunft schwierig. Man wird hierfür Ersatzmöglichkeiten suchen müssen. Wie in der Vergangenheit könnten auch wieder Sträucher zum Einsatz kommen – zum Beispiel Kornelkirsche/Dirndl.

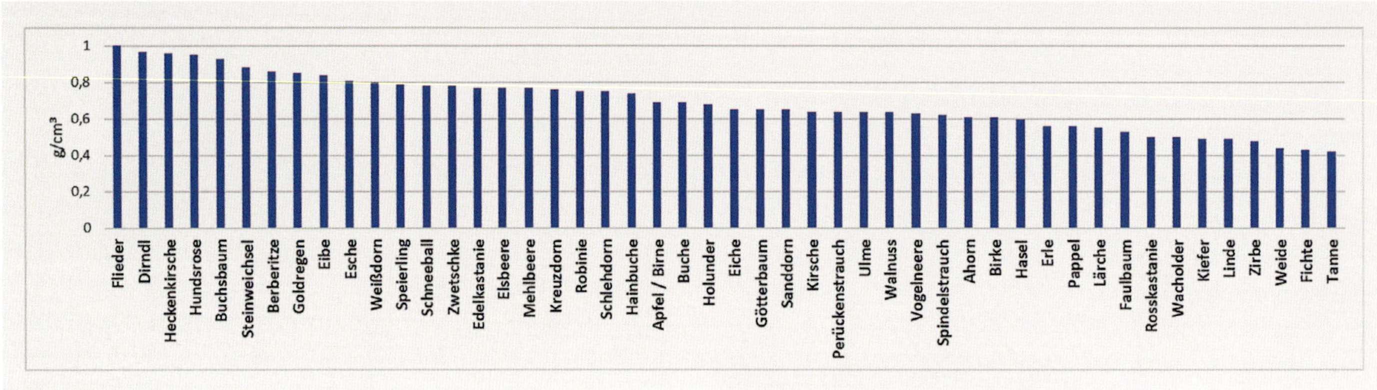

Grafik: BOKU

Die Verteilung der Holzdichte der 48 gefundenen Holzarten (Rohdichte bei Normfeuchtigkeit von 12 %)

allem den hohen Abnützungswiderstand der Birke und gibt sie im Vergleich zur Eiche mit 1 : 0,6 an (Wagenführ 1996).

Früher wie noch heute wird das Holz des Bergahorns wegen seiner Härte, hohen Schlagzähigkeit und seines hohen Abnützungswiderstandes (Grabner 2017) geschätzt. Aus diesem Grund waren 40 % aller Tischplatten aus Ahornholz gefertigt. Heute noch ist Ahorn ein bewährtes Holz für Fußbodendielen. Häufig zu finden war Ahorn außerdem als Spindeln, Zahnräder, Achsen und Zylinder – allesamt Maschinenteile, die das Material herausfordern. In der neueren Literatur finden diese Anwendungsbereiche jedoch kaum mehr Erwähnung. In der volkskundlichen Literatur wurden zusätzlich zu den Bestimmungen in den Museen auch noch Holzschuhe (Holaubek-Lawatsch 1971) und Flöten (Liesenfeld 1987a, 1987b) aus Ahorn erwähnt.

Eine weitere, häufig eingesetzte Holzart war die Esche. 12 % aller analysierten Objekte wurden aus Eschenholz hergestellt. Auch heute noch wird die Esche wegen ihrer elastischen Eigenschaften bei der Herstellung von Werkzeuggriffen oder Sportgeräten eingesetzt. Daher wurde Eschenholz auch früher im Wagenbau und als Werkzeugstiel in allen Regionen verwendet. Eschenspäne fanden außerdem zur Herstellung von Körben weite Verbreitung.

Die Verwendung von Sträuchern

Aktuell sind etwa 2,5 % der österreichischen Waldfläche mit Sträuchern bedeckt. Sträucher nehmen somit etwa die gleichen Flächenanteile wie Tanne (2,3 %) und Eiche (2 %) ein (Prem 2008). 1812 spricht Bechstein (1812) von Werkholz, das gewöhnlich aus Hochwäldern entnommen wird, und von Nutzholz, welches vorrangig in niederen Buschwaldungen

Bild: BOKU

Windschutzgürtel innerhalb der landwirtschaftlichen Flächen von Ostösterreich weisen zum Teil eine sehr hohe Vielfalt an Sträuchern auf – eine Ressource, die man nutzen kann.

Bild: Waldbauernmuseum Gutenstein; Foto: BOKU

Das Holz der Kornelkirsche ist sehr fein und fest und wurde unter anderem für hoch-beanspruchte Werkzeuggriffe und -stiele verwendet.

Bild: Rumsiskes Freilichtmuseum, Litauen; Foto: BOKU

Hasel bildet sehr raschwüchsige Schösslinge aus. Das Holz ist biegsam und elastisch und wurde daher schon seit der Steinzeit als Flechtwerk für Holzkonstruktionen genutzt, die mit Lehm verschmiert wurden. Hier ist die historische Anwendung zu sehen.

Bild: Österreichisches Freilichtmuseum Stübing/UMJ; Foto: BOKU

Rechenzähne sind einer starken Abnutzung ausgesetzt – Berberitze hat sich hierfür sehr bewährt.

wächst. Diese Aussage spricht dafür, dass Sträucher die damaligen Waldbilder mitprägten und sogar eine eigene Bewirtschaftungsform darstellten. Spiecker (2006) weist auf das Potential dieser Holzarten und auf eine Ausweitung der Anteile in den Wäldern hin. D. h., den Sträuchern könnte in Zukunft wieder eine höhere Bedeutung innerhalb der nachhaltigen Forst- und Holzwirtschaft zukommen.

Es fällt auf, dass viele Sträucher hohe Rohdichtewerte zwischen 0,8 g/cm^3 und 1 g/cm^3 aufweisen und somit die Reihe der dichtesten Holzarten anführen (Grabner 2017).

Im Folgenden werden drei Straucharten beschrieben, die früher besonders häufig Einsatz fanden:

Kornelkirsche oder Dirndl zählt zu den Sträuchern mit den höchsten Holzdichtewerten. Diese Holzart wurde dann gewählt, wenn hohe Schlagzähigkeit, gute dämpfende Eigenschaften und hohe Dimensionsstabilität gefordert waren. Das

Für Gleitlager wurde sehr häufig das feine Holz der Birne bzw. des Apfels verwendet. Hier die Lagerung des Grindels der Getreidemühle aus Feistritz bei Birkfeld.

Dirndlholz wurde daher für Werkzeuggriffe, Leitersprossen, Webschiffchen, Dreschflegel oder Schlegel verwendet. In der alten holzwissenschaftlichen Literatur wird das Holz der Kornelkirsche hochgepriesen (Moeller 1883). Es wird als kaum spaltbar, hart und feinfaserig beschrieben (Graef 1905). Aus der Literatur können Einsatzbereiche wie Kammzähne (Böhmer 1799) und Uhrmechanismen (Bechstein 1812) hinzugefügt werden.

Berberitze wurde wegen ihres hohen Abnützungswiderstands geschätzt. Rechenzähne wurden u. a. aus Berberitze gefertigt, was auch in der volkskundlichen Literatur bestätigt wird (Moser 1980). Interessanterweise fehlt diese Anwendung in allen analysierten Büchern der älteren holzwissenschaftlichen Literatur.

Haselnuss hebt sich ein wenig von der Gruppe der Sträucher ab. Haselnuss ist an achter Stelle der im Museum zugewiesenen Holzarten und ist somit der am häufigsten verwendete Strauch. Im Gegensatz zu den anderen Straucharten war die Haselnuss nicht wegen ihrer hohen Dichte im Einsatz, sondern wegen ihrer hohen Flexibilität und guten Spaltbarkeit. Daher war sie als Fassreifen und für alle Flechtarbeiten geschätzt. 50 % aller untersuchten Flechtarbeiten sind aus Haselnuss gefertigt. Des Weiteren war das Holz der Haselnuss als Werkzeuggriff, bei Wanderstöcken und Skistöcken zu finden.

Bild: Österreichisches Freilichtmuseum Stübing/UMJ; Foto: BOKU

Das Holz der Zwetschke ist fest und schwer – sehr gute Voraussetzungen für Schlägel. Hier sind die Werkzeuge zum Schindelklieben (Spalten) zu sehen.

Die Verwendung von fruchttragenden Bäumen

Nicht nur die Verwendung des Holzes von Sträuchern ist nahezu verschwunden, auch andere hochwertig einsetzbare Holzarten werden heute wirtschaftlich kaum mehr genutzt. Dies sind vor allem fruchttragende Bäume, wie Kirsche, Zwetschke, Apfel und Birne, sowie Arten der Gattung *Sorbus* (namentlich Vogelbeere, Elsbeere, Mehlbeere, Speierling).

Apfel und Birne sind nach Jahren der Bewitterung mit mikroskopischen Untersuchungsmethoden nur schwer zu unterscheiden und werden hier gemeinsam behandelt. Das Holz der beiden Arten ist auch heute noch für die Herstellung von Möbeln und Furnieren geschätzt, das Holz kann jedoch wesentlich mehr leisten. Früher wurde das Holz von Apfel und Birne wegen seines hohen Abnützungswiderstandes, seiner hohen Härte, seiner hohen Torsions- und Scherfestigkeit sowie seiner geringen Gleitreibung bevorzugt zur Herstellung von Hobeln, Spindeln, Stiften, Achsen und Rollen genutzt. Gute Schmiereigenschaft ist eine jener Eigenschaften, die schwer gemessen und nur im Langzeitversuch eruiert werden kann. Die Museumsobjekte belegen jedoch, dass diese Eigenschaft gut durch die Verwendung von Apfel und Birne abgedeckt werden kann. Volkskundliche Literatur erwähnt Apfel oder Birne auch als Rosenkranzkugeln (Liesenfeld 1987a), Mörser (Schöbitz 1969), Pflüge (Simon 1981), Ölpressen (Gamerith 1979) und Windmühlen (Simon 1981).

Bild: Österreichisches Freilichtmuseum Stübing/UMJ; Foto: BOKU

Die Vogelbeere ist heutzutage aufgrund ihrer Früchte und dem daraus gebrannten Schnaps bekannt. Das Holz wurde früher hochwertig genutzt.

Bild: Rumsiskes Freilichtmuseum, Litauen; Foto: BOKU

Das Bauen mit Holz begleitet die Menschheit sehr lange. Sehr gerne wurden Bauteile auch verziert.

Kirsche und Zwetschke wurden vorrangig wegen ihres hohen Abnützungswiderstandes, ihrer hohen Biegefestigkeit, ihrer guten Dauerschwingfestigkeit und hohen Scherfestigkeit verwendet. Das Holz der Kirsche und der Zwetschke wurde häufig zur Herstellung von kleinen Maschinenteilen, wie Achsen, Zahnrädern und Radspeichen von Spinnrädern, genutzt. Außerdem war es für Zapfhähne und Tischplatten beliebt. In der volkskundlichen Literatur wurde Kirsche vor allem als Möbelholz für Betten und Sessel gepriesen (Lipp 1966) sowie für Rechen (Schöbitz 1969), Mörser (Gaál 1969) und Kufen (Bockhorn 1969). So wie es zur Herstellung von Spinnrädern (Simon 1981), Holznägeln, beim Wagenbau (Bockhorn 1973) und für Pressplatten (Gamerith 1979) erwähnt wird.

Die Gattung *Sorbus* beinhaltet hier die Arten Vogelbeere, Elsbeere, Mehlbeere und Speierling. Anatomisch sind diese Arten nur schwer voneinander zu unterscheiden und werden daher zusammen in einer Gruppe beschrieben. Heute werden höchstens noch die Früchte der Bäume zur Schnapsherstellung genutzt (Mayer und Klumpp 2013), das Holz bleibt bei den meisten Arten ungeachtet. Die Anwendungsgebiete sind ähnlich denen von Apfel und Birne, da die Eigenschaften, wie hoher Abnützungswiderstand, gute Gleitreibung, hohe Druckfestigkeit und hohe Biegefestigkeit, ähnlich ausgeprägt sind (Grabner 2017). Die *Sorbus*-Arten wurden für Hobel, Spindeln, Pressbalken oder für Gerätschaften mit Feuchtekontakt, wie Druckplatten oder Waschrumpeln, genutzt. Ferner waren diese Holzarten im Lebensmittelbereich geschätzt, beispielsweise für Bäckerbesteck und Fassauslässe. In der Textilindustrie wurden sie für Webschiffchen verwendet. Die Literatur erwähnt zusätzlich noch Musik- (Begemann 1963) und Messinstrumente (Dempp 1842).

Bauholz

Das Bauen mit Holz begleitet die Menschheit wohl schon sehr lange Zeit. In der Geschichte der Forstwirtschaft spielte Bauholz immer eine wesentliche Rolle, da hier neben der Verwendung als Energie- und Lichtquelle (siehe Kapitel Holz zur Energie- und Lichtbereitstellung, S. 21 ff.) die größten Mengen an Holz verbraucht wurden (Marquard 1928). Dies trifft auch heute auf die moderne Holzverwendung zu. Die Auswahl des richtigen Holzes (Holzart und Baumteil) ist daher sehr wichtig. Grebe (1861) unterteilt in „langes Zimmerholz“ (wie z. B. Schwellen, Sparren), welche „gestreckt erwachsen, schaftvoll und astlos sein müssen, sodass es mit dem wenigsten Abfall zweckmäßig verwendet werden kann“. Das „kurze Zimmerholz“ (wie z. B. Säulen und Streben) „wird von weniger glatten und geraden Stämmen, auch aus Wipfelstücken gemacht“.

Die bäuerlichen Objekte im Österreichischen Freilichtmuseum Stübing/UMJ

Zur Bewertung von Bauholz wurden 80 bäuerliche Gebäude aus dem Freilichtmuseum in Stübing (UMJ) untersucht. Die Gebäude repräsentieren ganz Österreich in einem Zeitraum zwischen 1452 und 1947. Neben bäuerlichen Wohnhäusern wurden auch deren Nebengebäude, Ställe, Mühlen und Getreidespeicher analysiert. Die Gebäude wurden vorwiegend als Blockbau ausgeführt.

Insgesamt wurden 1.218 Holzbalken beprobt. Im Freilichtmuseum Stübing sind nur wenige ausgestellte Gebäude nicht aus Nadelholz hergestellt. Dies sind einerseits Häuser aus der Oststeiermark, welche aus Eichenholz gebaut wurden, andererseits Häuser aus dem Burgenland, die mangels Nadelholz einen Pappeldachstuhl vorweisen. Die Tatsache, dass alle anderen Gebäude aus Nadelholz hergestellt wurden, ist vermutlich dem geraden Wuchs und dem geringen Gewicht bei gleichzeitig ausreichender Festigkeit geschuldet. Die Untersuchungen zeigen, dass die Holzartenverteilung sehr stark von

Bild: Österreichisches Freilichtmuseum Stübing/UMJ; Foto: BOKU

Diese Heuhütte wurde auf ganz einfache Weise gebaut. Das Holz wurde rund (d. h. nicht behauen) zu einem Blockbau verzimmert.

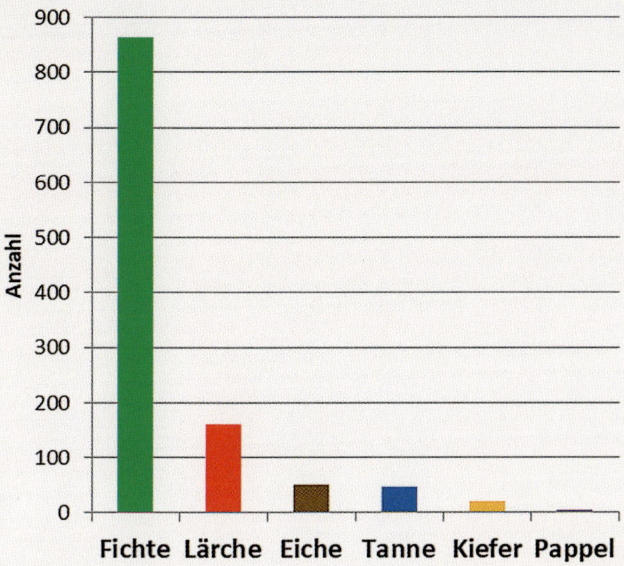

Die Holzartenverteilung der Gebäude im Österreichischen Freilichtmuseum in Stübing/UMJ – Fichte ist klar dominierend.

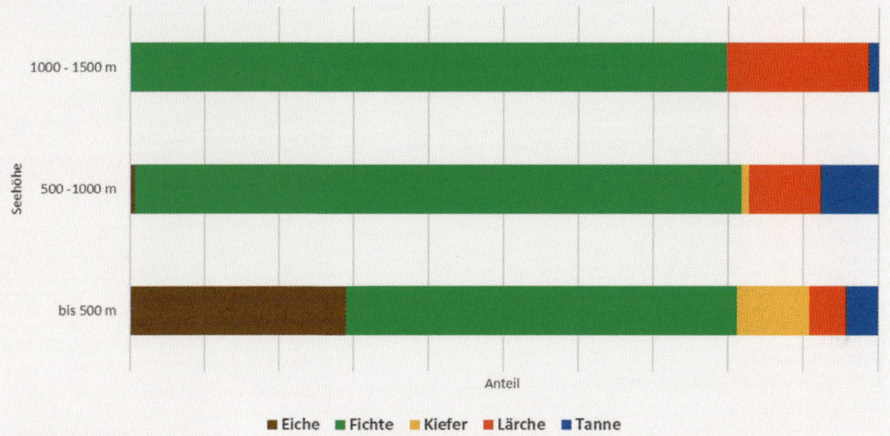

Vergleicht man die Bauholzarten der unterschiedlichen Regionen nach Höhenlage, kann man eine Verschiebung der Holzartenverteilung erkennen. Fichte bleibt klar Nummer eins. Im Alpenvorland, wo mehr Tannen wachsen, ist dieser Anteil höher. Im alpinen Bereich gilt dies für die Lärche.

Fichtenholz dominiert war. Dies bestätigt auch Eigl (1894) für den Pinzgau.

Die tatsächliche Holzartenverteilung ist immer auch ein Abbild des vorhandenen Baumbestandes und somit der forstlichen Wuchsregion. Dies sind Regionen mit vergleichbaren Klima- und Wuchsbedingungen.

Auswertungen bezüglich des Zusammenhangs zwischen Holzartenverteilung und Höhenlage der Gebäude zeigen, dass in den höheren Regionen der Alpen kaum mehr Tannenbalken zu finden waren, die Verwendung der Holzart Lärche jedoch zunahm. Ein Trend, der auf die natürliche Baumartenverteilung in Österreich und auf die regional verschiedene Wald- bzw. Landschaftsnutzung zurückgeführt werden kann (Schadauer 1994).

Bei der Zuordnung der Holzarten zu verschiedenen Gebäudetypen ist ebenfalls ein Trend ablesbar. Fichtenholz dominiert in allen Kategorien. Im Alpenvorland wurden jedoch vor allem die kleineren Gebäude, wie Hütten,

Bild: BOKU

Bild: BOKU

Mühlen und Getreidekästen, häufig aus Tannenholz gezimmert. Lärchen wurden eher für Stall und Stadel verwendet. In den alpinen Regionen wurden Gebäude zu mindestens 10 % aus Lärchenholz hergestellt.

Konzentriert man sich bei der Holzartenverteilung auf die Unterschiede zwischen den Jahrhunderten, so wird ein interessanter Trend bemerkbar. Ein Einbruch in der Nutzung von Fichtenholz im 19. Jahrhundert wird offensichtlich.

Die vorliegende Arbeit ist nicht die einzige Studie, die diesen Trend belegt. Für die Untersuchung von Triftanlagen in den Alpen konnte ein ähnliches Bild verzeichnet werden (Grabner et al. 2004). Die industrielle Revolution und die steigende Bevölkerungszahl im 19. Jahrhundert führten zu einer Holzverknappung und zum Anstieg des Holzpreises (Mantel 1990). Er beschreibt den Preisanstieg als besonders auffällig bei jenen Holzarten, die wirtschaftlich besonders stark genutzt

Das am häufigsten für den Holzbau genutzte Holz der Fichte ist heller als das dauerhaftere, rötliche Holz der Lärche.

Das Sägen wurde für Bauholz erst im 19. Jahrhundert eingesetzt. (*Hausbuch der Mendelschen Zwölfbrüderstiftung*, Band 1. Nürnberg 1426–1549. Stadtbibliothek Nürnberg, Amb. 317.2°)

Bild: Gemeinfrei, https://commons.wikimedia.org/w/index.php?curid=13131606

Bild: BOKU

Historische Dachstühle liefern Informationen über die statischen Tragsysteme, verwendete Holzverbindungen, aber auch über die verwendeten Holzarten.

wurden. Zwischen 1810 und 1913 stieg der Preis für Fichtenholz um das Fünffache an. Eine Interpretation der Ergebnisse lautet, dass der Rückgang von Fichtenholz in den bäuerlichen Bauten auf den hohen wirtschaftlichen Wert im Vergleich zu früheren Zeiten zurückgeführt werden kann.

Ein weiterer Grund für den Rückgang von Fichtenholz als Konstruktionsholz könnte im hohen Holzbedarf für den Bergbau, in Glashütten oder in den Salinen liegen. In der Steiermark wurde in dieser Zeit bis zu 80 % Fichtenholz zur Kohlegewinnung herangezogen (Lackner 1984). Theoretisch können fast alle Holzarten zur Kohlegewinnung verwendet werden. Praktisch musste ein Kohlenmeiler jedoch mit Holzarten ähnlicher Dichte gefüllt werden, um eine gleichmäßige Durchheizung zu gewährleisten (Berg 1860). Das bedeutete in der Praxis, dass Holz, das in großen Mengen verfügbar war, für die Kohleproduktion herangezogen werden musste. Darum wurde die Fichte besonders häufig verkohlt, obwohl die Verwendung von Holzarten mit hoher Dichte, wie Buche oder Eiche, eine zumindest gleichwertige Qualität der Kohlen ermöglicht hätte.

Mittelalterliche Kirchendachstühle in Österreich

In einem großen bauhistorischen Projekt wurden in den Bundesländern Salzburg, Kärnten, Oberösterreich, Steiermark und Niederösterreich (südlich der Donau und nördlich der Drau) mehr als 200 Kirchendachstühle untersucht (Grabner et al. 2020). Die Kirchengebäude sind alle im Mittelalter entstanden; somit erstreckte sich die Errichtungszeit der dazugehörigen Dachstühle von 1135 n. Chr. (als Einzelstück einer Schwelle) bis 1954 n. Chr. (als Reparaturmaßnahme). Es wurden hierbei insgesamt 7.722 Proben bearbeitet. Die Dominanz von Fichte als Bauholz, die wir bereits bei den bäuerlichen Objekten gesehen haben, hat sich auch hier bestätigt: Insgesamt wurde mit 82 % Fichtenholz mit Abstand am häufigsten verwendet. 11 % der Holzproben wurden als Tannen bestimmt. In 5 % der Fälle wurde Lärchenholz beprobt. Eichen, Kiefern und Zirben sind nur in wenigen Einzelfällen bestimmt worden (Grabner et al. 2020). Bei der Verwendung von Tannenholz gibt es eindeutige regionale Präferenzen, ihr Anteil ist im nördlichen Alpenvorland größer als im alpinen Bereich oder südlich der Alpen (wie dies auch schon die bäuerlichen Objekte zeigten).

Dachstühle der Wiener Innenstadt

In einem weiteren bauhistorischen Projekt wurden die Dachstühle von 73 Gebäuden der Wiener Innenstadt untersucht (Grabner und Wächter 2021). Von den 1.456 untersuchten Hölzern konnten 1.052 der Holzart Fichte zugeschrieben werden

(72,2 %), gefolgt von Tanne mit 393 Bestimmungen (27 %), Kiefer mit sieben Bestimmungen (0,5 %) und Lärche mit vier Bestimmungen (0,3 %). Die Datierungen mit Waldkante und somit dem Fällungsdatum der Bäume liegen zwischen 1296 n. Chr. und 1997 n. Chr.

Die Daten bestätigen die Dominanz des Fichtenholzes als Bauholz in Österreich. Jedoch ist die Situation hier in Wien anders: Das Bauholz konnte nicht aus Wien oder der näheren Umgebung bereitgestellt werden. Vielmehr wurde das Holz über die Donau nach Wien geflößt (Grabner et al. 2018; siehe Kapitel Die Flößerei, S. 91 ff.). Die Donau hat ein sehr großes Einzugsgebiet, vor allem entlang des nördlichen Alpenvorlands (bis zu den Flüssen Lech und Isar weit im Westen). Zusätzlich können auch Teile des Böhmerwaldes bis hin zum Waldviertel erschlossen werden.

Daher bestätigen diese Zahlen Fichte als Bauholz Nummer eins. Jedoch ist der Anteil an Tannenholz höher – dies dürfte am höheren Tannenanteil nördlich der Alpen liegen. Noch deutlicher zeigen dies Untersuchungen in den Dachstühlen der Wiener Hofburg (diese sind oben nicht inkludiert). Dort wurden 62 % Fichte und 36 % Tannen nachgewiesen (Wächter 2012). Eine Untersuchung an Dachstühlen im Waldviertel, aus dem 17. bis zum 20. Jahrhundert bestätigt diesen Trend (Buchinger und Grabner 2017). Dort wurden 2.688 Proben mit 41 % als Fichte, 27 % als Tanne, 13 % als Kiefer, 13 % als Eiche bzw. 6 % als andere Holzarten bestimmt.

Überlegungen zur Holzqualität im Blockbau

Bei der genaueren Betrachtung der hölzernen Gebäude im Österreichischen Freilichtmuseum in Stübing (UMJ) fällt bei den Getreidekästen die hochwertige Verarbeitung des Holzes auf. Die im Blockbau gefertigten Wände sind überwiegend scharfkantig bearbeitet. Die Verbindungen sind häufig als aufwändig gefertigte Zierschrote realisiert. Auf den ersten Blick scheinen im Gegensatz dazu die Wohngebäude weniger sorgsam bearbeitet zu sein. Halbrunde Querschnitte mit deutlich vorhandener Waldkante treten bei den Wohngebäuden wesentlich öfter auf.

Um Unterschiede bezüglich der Holzqualität zu beurteilen, wurden versuchsweise vier Gebäude auf ihre Holzqualität hin untersucht. Dabei wurden die Richtlinien der österreichischen Holzhandelsusancen und die Sortierkriterien nach ÖNORM EN 338:2016 – Bauholz für tragende Zwecke – Festigkeitsklassen, als Bewertungskriterien gewählt. Zwei Getreidekästen wurden zwei Wohngebäuden gegenübergestellt.

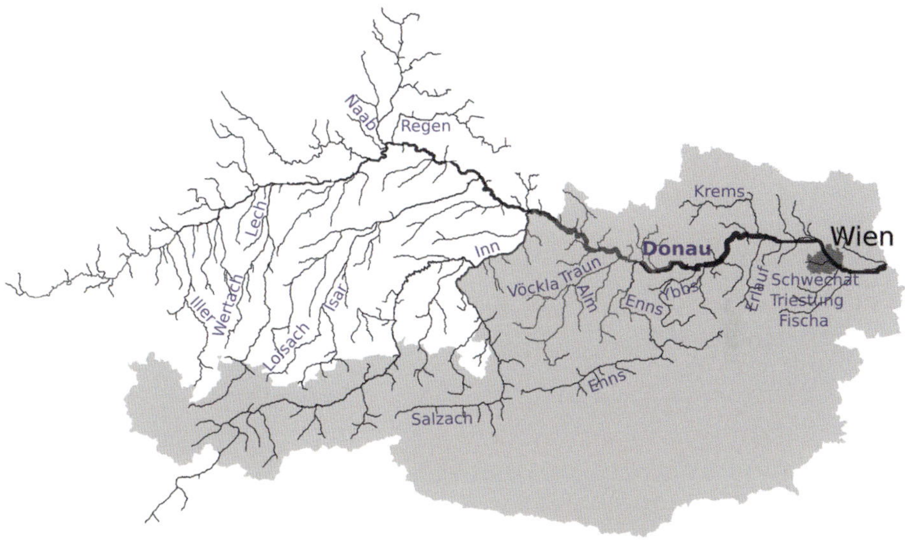

Grafik: BOKU

Wien wurde über die Donau mit Holz (Bau- und Brennholz) versorgt. Die Karte zeigt alle Zubringerflüsse zur Donau. Sehr viele von diesen wurden auch tatsächlich zur Flößerei genutzt (siehe Kapitel Die Flößerei, S. 91 ff.).

Bild: Österreichisches Freilichtmuseum Stübing/UMJ; Foto: BOKU

Beim Einhof Säuerling aus Einach an der Mur (1592 n. Chr. errichtet) zeigt sich eine sehr unterschiedliche Bearbeitungsgüte der verwendeten Holzbalken. Im Bereich der Kammer im Erdgeschoß rechts wurden die Stämme nicht komplett ausgehackt.

Es zeigt sich bei der visuellen Einordnung nach Festigkeitsklassen kein Unterschied zwischen den beiden Gebäudearten. Es wurden fast alle untersuchten Balken (insgesamt 56) derselben Klasse zugeordnet. Somit ist die Sortierung nach der Norm EN 338 nicht der geeignete Weg, um die Holzqualität an historischen Gebäuden zu beurteilen bzw. um Unterschiede in verschiedenen Haustypen festzustellen.

Bild: Österreichisches Freilichtmuseum Stübing/UMJ; Foto: BOKU

Anhand der Risse, der Größe und der Anzahl der Äste kann man die Holzqualität des verwendeten Bauholzes ansprechen. Schräg verlaufende Risse zeigen einen starken Drehwuchs – geringere Qualität. Kleine und wenige Äste sind ein Zeichen hoher Qualität.

Bei der Klassifizierung entsprechend der Österreichischen Holzhandelsusancen wird der Eindruck verstärkt, dass für Getreidekästen eine höhere Holzqualität verwendet wurde. Bei den Wohngebäuden konnten keine Balken der besten Klasse zugeordnet werden, jedoch 15,4 % der schlechtesten Klasse. Bei den Getreidekästen wurden 11,8 % der besten Klasse, doch ebenso 11,8 % der schlechtesten Klasse zugewiesen. Prasch (1980) bestätigt in seinem Werk, dass für die Getreidekästen höherwertiges Holz benutzt wurde. Als eine Erklärung für die tendenziell höhere Holz- und Verarbeitungsqualität bei Getreidekästen kann deren enorme Wichtigkeit für die sichere Aufbewahrung von Nahrungsmitteln, des Getreides und Saatgutes und damit des Fortbestandes eines Hofes und seiner Bewohnerinnen und Bewohner gesehen werden.

Bild: Österreichisches Freilichtmuseum Stübing/UMJ; Foto: BOKU

Hier ist die Rückseite des Ringhof „Paule" im Österreichischen Freilichtmuseum Stübing (UMJ) zu sehen. Es wurden die Ergebnisse der Untersuchung zur Waldkante eingetragen. Der Getreidekasten wurde scharfkantig und somit höherwertig verarbeitet als das Wohngebäude.

Konzentriert man sich auf einige wenige Parameter (Scharfkantigkeit, Drehwuchs, Astigkeit und Rissigkeit) kann man erkennen, dass die Holzqualität beim historischen Bauholz generell gut war. Dies trifft vor allem auf die Rissigkeit und den Drehwuchs zu. Eine Untersuchung des Ringhofes Paule im Österreichischen Freilichtmuseum Stübing (UMJ) an 298 Balken brachte im Vergleich Wohngebäude – Getreidekasten folgende Ergebnisse: Bei der Untersuchung des Drehwuchses zeigt sich kein signifikanter Unterschied zwischen den verschiedenen Bauphasen und Baugruppen des Gebäudes. Insgesamt halten sich Balken mit keinem Drehwuchs (51 %) und vorhandenem Drehwuchs (49 %) die Waage. Betrachtet man das Qualitätsmerkmal Scharfkantigkeit, so zeigt der älteste Gebäudeteil, der Getreidekasten, die beste Verarbeitungsqualität – es ist beinahe keine Waldkante vorhanden. Dies könnte ein Hinweis darauf sein, welcher Stellenwert einem Getreidekasten in der damaligen Zeit gegeben wurde. Interessanterweise schneidet der Getreidekasten in puncto Astigkeit schlechter ab als das Wohngebäude – nur 9 % der Balken des Getreidekastens hatten „kleine und wenige Äste".

Holz als Dachdeckung

Lange vor der Verwendung von so genannten harten Bedachungsstoffen (Stein, Metall) wurden Häuser mit Stroh und Holz gedeckt (Carstensen 1937). Die Holzdächer, die sich aus langen, schmalen Brettchen zusammensetzen, werden Schindeldächer genannt (Gayer und Mayr 1903, Carstensen 1937).

Diese Dachdeckungsform ist schon sehr alt: So konnten in Zürich Tannenschindeln aus 980 v. Chr. gefunden werden (Eberschweiler 2004). Auch aus Hallstatt gibt es alte Funde, die auf 425 v. Chr datieren (Grabner et. al 2021).

Schindeln werden in erster Linie gespalten (Phleps 1942; siehe Kapitel Spalten, S. 131 ff.). Da die Spaltbarkeit bei älteren Bäumen besser ist, sollten für die Schindelherstellung nur diese genutzt werden (Florinus 1721). Es können zur Deckung auch gesägte Bretter verwendet werden (Milan 2000), die Qualität der Oberfläche von gespaltenem Holz ist jedoch höher, da die Fasern nicht angeschnitten sind und somit das Wasser weniger leicht eindringen kann (Ast und Winner 2011m). Schindeln werden zwei- oder dreifach gedeckt, d. h., dass zwei oder drei Schindeln übereinander zu liegen kommen. *„Gute Schindeldächer auf einem Kirchendach müssen 100 Jahre halten."* schreibt Haid (1991). Diese Schindeln müssen als Riftschindeln aus ca. 100-jährigen Lärchen händisch gespalten werden. Auch Duhammel du Monceau (1767) bezeichnet sie als kleine Brettchen, die wie das Fassdaubenholz gespalten werden. Auch alte Fassdauben können für diesen Zweck genutzt werden. Die Schindeln werden mit einem Nagelbohrer vorgebohrt, damit sie beim Nageln nicht reißen (Duhammel du Monceau 1767).

Bild: AATG, Steiner

Brettschindel aus Weißtanne mit Brandspuren von der jungsteinzeitlichen Grabung Arbon-Bleiche 3 (3384–3370 v. Chr.) im Kanton Thurgau am Bodensee.

Die Holzarten der Schindel

Krünitz (1826) nennt für Holzschindeln generell die Holzarten Eiche, Tanne oder Fichte von Bäumen, die im Herbst oder Winter geschlagen werden.

Man kann mehrere Typen von Holzschindeln beschreiben, die zum Teil unterschiedlicher Holzarten bedurften.

Die Legschindeln wurden ursprünglich nur gelegt und nicht genagelt (Moser 1985). Sie wurden mit Holzstangen und „Schwersteinen" am Dach fixiert. Hierfür sind längere und dickere Schindeln notwendig (80 cm lang und 2–3 cm dick).

Die Legschindel ist vor allem im alpinen Bereich zu finden und wird aus Lärchenholz hergestellt. Diese werden immer wieder gedreht und neu verlegt. Das hier zu sehende Dach ist mehr als 15 Jahre alt. (links)

(Bild: Österreichisches Freilichtmuseum Stübing/UMJ; Foto: BOKU)

Die Scharschindel ist der Typ, der heute noch am häufigsten zu finden ist. Auch dieser Typ stammt aus dem alpinen Bereich und wird aus Lärchenholz gefertigt. Das hier abgebildete Dach ist 4 Jahre alt. (rechts)

(Bild: Österreichisches Freilichtmuseum Stübing/UMJ; Foto: BOKU)

Die Schieferschindel ist ein spezieller Typ aus manchen Teilen der Steiermark. Ihr spezieller Aufbau macht die Verwendung von Fichtenholz möglich. Das hier abgebildete Dach ist 11 Jahre alt. (Bild: Österreichisches Freilichtmuseum Stübing/UMJ; Foto: BOKU)

Die Nutschindel ist in den östlichen Regionen Österreichs, aber bis nach Rumänien hin und auch im Erzgebirge bekannt. Sie wurde aus Fichten- oder Tannenholz gefertigt. Das hier abgebildete Dach ist 28 Jahre alt. (Bild: Österreichisches Freilichtmuseum Stübing/UMJ; Foto: BOKU)

Dieser Schindeltyp wurde ausschließlich aus Lärchenholz gefertigt (Phleps 1942, Milan 2000). Im Großarltal verschwanden bereits zwischen 1900 und 1920 n. Chr. die Legschindeldächer und wurden gegen Scharschindeln ausgetauscht (Fiala 1965).

Alle anderen Schindeltypen wurden mit Nägeln befestigt (Moser 1985). Vancsa (1899) berichtet über die Reparaturarbeiten an der Burg zu Laa/Thaya zu dieser Zeit. Hierfür wurden 10.000 Schindeln (vermutlich Nutschindeln) und 15.000 Schindelnägel bestellt. Dieser historische Hinweis zeigt den hohen Bedarf an Eisennägeln, die damals sehr teuer waren. Phleps (1942) und King und Lohrum (2000) erwähnen zusätzlich die Variante, dass Schindeln mit Holznägeln befestigt wurden.

Es gibt viele regionale Schindel-Typen; sie sind z. B. auch in Skandinavien, im Baltikum oder in Japan bekannt. Bei den in Österreich bekannten Formen handelt es sich in erster Linie um die Scharschindel (zumeist 60 oder 80 cm lang, rund 1 cm dick und einige cm breit; wird dreifach überdeckt vertikal verlegt), die durchwegs aus Lärchenholz hergestellt wird (Milan 2000).

Bei anderen Typen kann auch auf Fichten- oder Tannenholz zurückgegriffen werden: Die Schieferschindel oder Spanschindel ist aus der Steiermark bekannt (Moser 1985). Dieser Typ wird leicht schräg zur Vertikalen – und dies mit jeder Reihe wechselnd – verlegt. Dadurch weist diese Deckung viele Hohlräume auf. Der Umstand, dass die Wassertropfen beim Herunterrinnen aufgrund der schräg verlaufenden Orientierung „springen" müssen, führt dazu, dass die Schindeln nicht so nass werden. Gleichzeitig sorgt der „luftige" Aufbau für ein schnelleres Abtrocknen.

Die Nutschindel (60 cm lang, rund 1 cm dick, wenige cm breit; mit einer Nut an der einen Längsseite und einer Anfasung auf der anderen; dreifach überdeckt) wird jeweils seitlich in die Nut der Nachbarschindel eingeschoben und somit sehr dicht verlegt. D. h., hier werden nur die obersten Schindeln der Dreifachdeckung mit Wasser benetzt. Diese können dann wiederum schnell abtrocknen, was auch die Nutzung der weniger dauerhaften Holzarten (wie Fichte und Tanne) ermöglicht (Enigl 1987).

Bild: Österreichisches Freilichtmuseum Stübing/UMJ; Foto: BOKU

Das Bretterdach ist eine modernere Variante eines holzgedeckten Daches. Hier kommt üblicherweise Lärchenholz zum Einsatz. Das hier abgebildete Dach ist 5 Jahre alt.

Der Getreidekasten aus Silberberg (1452 n. Chr. erbaut) weist ein zugezimmertes Dach mit abgesetzter Dachhaut auf – ein Kaltdach. (oben)

(Bild: Österreichisches Freilichtmuseum Stübing/UMJ; Foto: BOKU)

Die Holzreste der Schindelerzeugung wurden zum Herstellen von Leuchtspänen verwendet (Fiala 1965). Dafür wurden eigene Hobel entwickelt.

Holzdach und Innenraumtemperatur

In Österreich wurde Getreide einerseits in den großen Magazinen der herrschaftlichen Anwesen, der Städte und Klöster gelagert. Andererseits wurde es nahe dem Ernteort in den Speichergebäuden der Bauernfamilien aufbewahrt, in den so genannten Getreidekästen. Im Österreichischen Freilichtmuseum Stübing (UMJ) finden sich neun Getreidespeicher aus dem Burgenland, der Steiermark, Kärnten und Tirol. Auch das älteste, dendrochronologisch bestimmte Gebäude im Museum ist ein Getreidespeicher, der Silberberger Kasten aus dem Jahr 1452 n. Chr. Und bereits hier tritt eine den Speichergebäuden eigene Bauart auf: das Kaltdach.

Dabei handelt es sich um eine doppelte Dachhaut. Der Innenraum schließt mit einer im Blockbau gezimmerten Decke

Bild: Österreichisches Freilichtmuseum Stübing/UMJ; Foto: BOKU

Auch der Getreidekasten aus Wenigzell (1837 n. Chr. erbaut) weist ein mit Stroh gedecktes Kaltdach auf. (links)

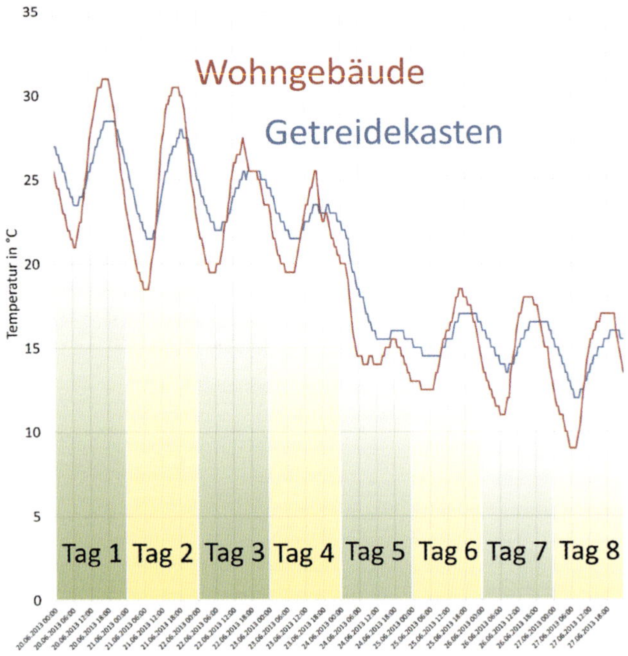

Ein Kaltdach minimiert die Temperaturschwankung am Dachboden im Tagesverlauf. Dies verbessert die Lagerbedingungen in der bäuerlichen „Schatzkammer" – dem Getreidekasten.
(Grafik: BOKU)

ab, darüber liegt ein Schindeldach. Die Ausführungen können variieren, es kommen auch untenliegende Bretterdächer mit aufgesetzten Strohdächern vor.

Es fällt auf, dass Speicherbauten im Gegensatz zu anderen Gebäudetypen überwiegend mit einem doppelt gedeckten Dach (Kaltdach) ausgestattet sind. Durch diese Bauart entsteht zwischen den beiden Dachhäuten ein hinterlüfteter Zwischenraum – und somit eine Isolationsschicht. D. h., im Sommer trägt der Zwischenraum der beiden Dachhäute der Kühlung des Innenraumes bei, die durchstreifende Luft und die Isolierung des Innendaches halten die Räume wesentlich kühler, als es bei einfach gedeckten Häusern der Fall ist. Dies wurde in einer zeitgleichen Temperaturmessung in beiden Bauformen über den Zeitraum von zwei Monaten nachgewiesen. Im Freilichtmuseum Stübing/UMJ wurde ein Getreidekasten (Silberberger Getreidekasten) beprobt. Hier stellte sich heraus, dass der Dachraum um bis zu 3,5 Grad Celsius kühler bleibt als der nebenan gelegene Dachraum des Hofes Großschrotter, der kein Kaltdach aufweist. Die Lagerfähigkeit von Getreide ist abhängig von Temperatur und Feuchtegehalt – damit erscheint die Ausführung der Getreidekästen mit Kaltdach als sinnvoll. Zusätzlich bietet die Ausführung mit doppelter Dachhaut Schutz vor dem Eindringen von Regenwasser und Schädlingen sowie eine längere Widerstandsfähigkeit bei Brandereignissen. Die beiden Dachstühle wurden ausgewählt, da ihre Dachflächen ähnlich orientiert sind, und somit die Sonneneinstrahlung über den Tagesverlauf annähernd gleich ist. Der Aufzeichnungszeitraum reichte von Anfang Juni bis Anfang August 2013, in diesem Zeitraum erreichten die Temperaturen hochsommerliche Höchstwerte (38,1 Grad Celsius in Graz), kombiniert mit geringen Niederschlagswerten (Juni: 69 mm, Juli: 42 mm) – also gute Bedingungen für den Messversuch (Zamg, 2013).

Holz in Gebäudedecken

Anhand von Untersuchungen von Deckenkonstruktionen in 142 Gebäuden (1.538 Proben) in Österreich konnten drei Haupttypen von Gebäudedecken und deren Holzarten festgestellt werden (Grabner et al. 2016).

Die älteste Form ist die Balkendecke. Die Balken spannen über zwei Wände und die Bretter werden im rechten Winkel dazu verlegt. Dieser Typ ist der älteste, er kommt jedoch auch

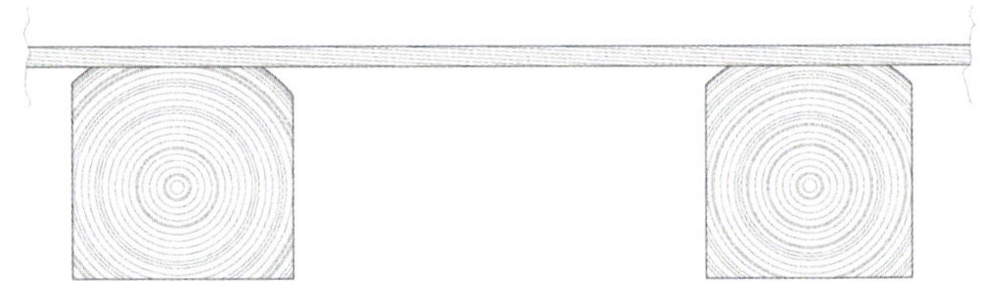

Grafik: BOKU

Die Balkendecke ist die älteste (seit dem 13. Jahrhundert n. Chr. bekannt) und einfachste Form der Holzdecke. Auf die im Mauerwerk liegenden Balken werden im rechten Winkel Bretter verlegt.

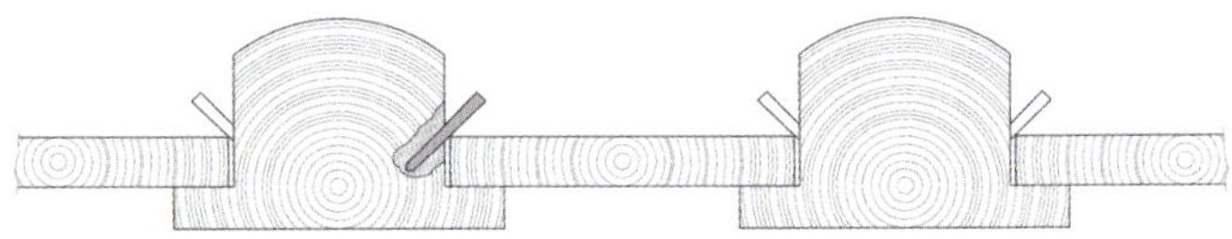

Grafik: BOKU

Die Riemenbalkendecke ist eine sehr spezielle Art der Holzdecke, die nur im Zeitraum vom 14. bis zum 17. Jahrhundert vorkommt. Hierbei liegen Pfosten parallel zu den Balken in eigens gehackten Fasen.

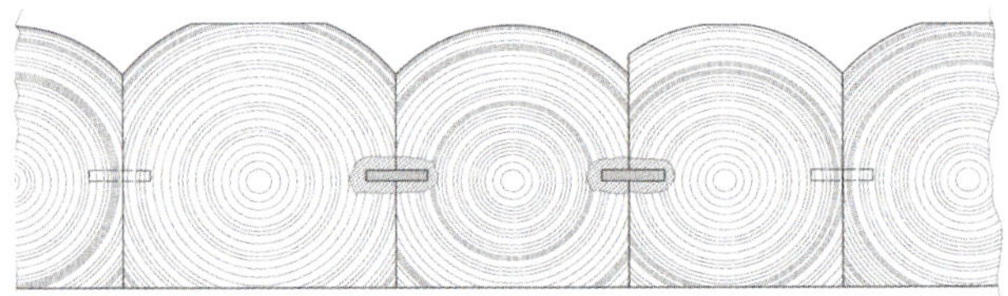

Grafik: BOKU

Die Dippelbaumdecke ist ab dem 18. Jahrhundert bekannt. Hier liegen geringfügig behauene Balken direkt nebeneinander und werden mit Dübeln verbunden.

bis heute noch vor (ab 1137 n. Chr.). Hierfür wurde vor allem Fichten- und Tannenholz verwendet (49,7 und 37,6 %).

Eine spezielle Form stellt die Riemenbalkendecke dar. Diese konnte zwischen 1369 n. Chr. und 1685 n. Chr. nachgewiesen werden. Hierbei wird ein Brett (Pfosten) zwischen zwei speziell ausgeformte Balken gelegt (parallel dazu). Auch hier überwiegt das Fichtenholz (61,4 %) vor der Tanne (35,6 %).

Als dritte Form wurde die Dippelbaumdecke beschrieben. Hierbei werden Bäume nur minimal bearbeitet und direkt nebeneinanderliegend auf die Wände aufgelegt. Die Balken untereinander sind verdübelt – daher der Name. Diese konnte im Zeitraum von 1441 n. Chr. bis 1906 n. Chr. nachgewiesen werden. Auch hier dominiert Fichtenholz (63 %) vor Tannenholz (33,5 %).

Bauholz im prähistorischen Hallstatt

Aufgrund der konservierenden Wirkung von Steinsalz sind im prähistorischen Salzbergbau Hallstatt sehr viele organische Gegenstände erhalten geblieben – vor allem Holz (siehe z. B. Grabner et al. 2019, Grabner et al. 2021).

Als Bauholz kann man das Holz der Blockbauten und das Grubenholz verstehen. Im Salzbergtal stieß man insgesamt bisher auf acht in den Boden eingetiefte Blockbaukonstruktionen (Pucher et al. 2013, Barth und Lobisser 2002). Zwei davon wurden archäologisch untersucht und dokumentiert bzw. befinden sich Holzstücke dieser Blockbauten in der Sammlung des Naturhistorischen Museums in Wien und im Museum Hallstatt. Die 84 bronzezeitlichen und fünf latènezeitlichen Blockbauteile konnten als Fichten-, Lärchen- und Tannenholz bestimmt werden. Der bronzezeitliche Blockbau 1877 (dieser wurde 1877 gefunden) besteht vorwiegend aus Lärche (77 %) und aus Fichte (23 %). Der Blockbau 1939 (1939 entdeckt), ebenfalls aus der Bronzezeit, besteht vorwiegend aus Fichte (64 %) und aus Tanne (26 %). Der latènezeitliche Blockbau von der Dammwiese besteht aus 80 % Fichten- und 20 % Tannenholz. Bei den an der Oberfläche gefundenen Blockbauen sticht vor allem der relativ hohe Anteil an Lärchenholz heraus. Im Vergleich dazu ist zu erwähnen, dass bei den Grubenhölzern Lärche nur mit 0,5 % vertreten ist.

Die Fundgruppe Grubenholz beinhaltet alle Rundhölzer oder geringfügig bearbeitenden Hölzer (Grabner et al. 2019) zur Auszimmerung der Schächte und Strecken sowie Einbauten des Bergwerks. In den meisten Fällen handelt es sich um verstürzte Einbauten aus den Schächten (Bühnen und Stiegen) (Reschreiter und Kowarik 2019). Als bisher einziges in situ gefundenes „Holzbauwerk" ist die bronzezeitliche Holzstiege (Reschreiter 2005) zu nennen, welche 1143 v. Chr. errichtet wurde (Grabner et al. 2021). Es finden sich jedoch zwischen den anderen verstürzten Grubenhölzern auch Teile anderer Stiegen.

Bild: Museum Hallstatt

Historische Aufnahme eines ausgegrabenen Blockbaues in Hallstatt. An dem aus der Bronzezeit stammenden Bauwerk kann man die damals bereits übliche Verkämmung als Eckverbindung sehen.

Der Großteil der Proben stammt aus dem bronzezeitlichen Christian-von-Tusch-Werk. Neben diesem gibt es wenige weitere Grubenhölzer aus der Bronzezeit und einige aus der älteren Eisenzeit. Bisher wurden insgesamt 1.294 Grubenhölzer untersucht. Den größten Teil nimmt die Fichte mit 41,9 % ein, darauf folgt die Tanne mit 29,7 %. Mit geringerem Anteil folgen die Buchenhölzer mit 18,2 % (welche hauptsächlich in der Rutschmasse vorkommen und einheitlich datieren – dies dürfte eine „außerplanmäßige" Nutzung dieser Holzart gewesen sein). Des Weiteren konnten Ahorn, Esche und Lärche nachgewiesen werden.

Anhand der Analyse der Grubenhölzer kann man sehen, dass bereits urgeschichtlich weitestgehend dieselben Holzarten verwendet wurden, wie in historischer Literatur als auch in neuesten Usancen beschrieben wird (Grabner et al. 2009). Die Funde aus den Holzarten Ahorn, Esche und Hasel mit sehr geringen Durchmessern werden als Brechstangen interpretiert.

Bild: NHM Wien, Rausch

Die Fundsituation bei den archäologischen Ausgrabungen im Salzbergwerk von Hallstatt. Die verstürzten Grubenhölzer befinden sich an der Decke der modernen Sondierungsstollen.

Holzartenauswahl für Möbel

Zur Auswertung kamen mehr als 600 Holzartenbestimmungen von Bauernmöbeln aus ganz Österreich (Klein et al. 2014, Klein 2015). Davon konnten 283 Bretter von 107 Möbelstücken auf die Jahre zwischen 1524 n. Chr. und 1937 n. Chr. datiert werden. Die Bauernmöbel waren zum Teil bemalt und wiesen eine Jahreszahl auf. Interessanterweise waren die aufgemalte Zahl und die dendrochronologische Datierung nicht immer ident (siehe Kapitel Möbel, S. 164). Manchmal deutete der Vergleich der beiden Datierungen auf eine Übermalung hin (z. B. anlässlich einer Hochzeit – vgl. Bader 1998), in wenigen Fällen wies die Bemalung auf eine nachträgliche Aufbringung hin (z. B. als Erinnerung, vgl. Lipp 1964).

Insgesamt konnten 13 Holzarten als häufig verwendete identifiziert werden. Dominierend ist ähnlich wie beim Bau-

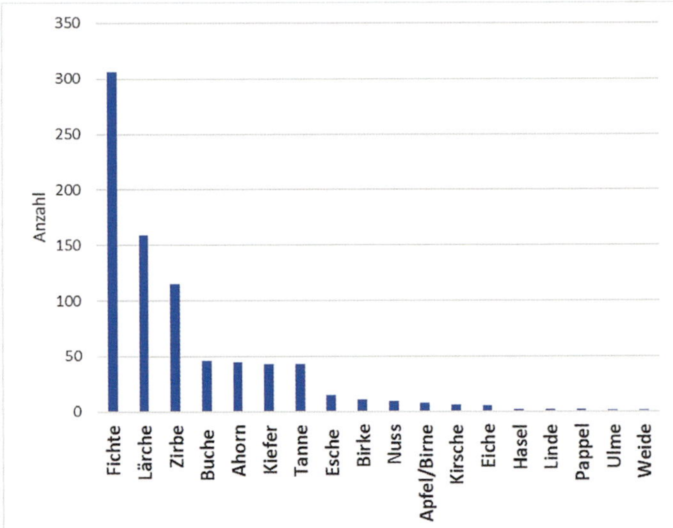

Grafik: BOKU

Die Grafik zeigt die Holzartenverteilung der untersuchten bäuerlichen Möbelstücke aus Österreich. Auch hierbei ist Fichtenholz die Nummer eins.

holz die Fichte, gefolgt von Lärche und Zirbe. Somit dürften jene Holzarten, die in der Region leicht verfügbar waren und ein geringes Gewicht aufwiesen, zur Herstellung von Möbeln verwendet worden sein.

Die tatsächliche Verwendung ist oft auch ein Abbild der Holzartenverteilung in der jeweiligen Wuchsregion. So wurde in Salzburg besonders viel Lärchenholz verwendet, ebenso wie in Kärnten und in der Steiermark. Fichte war nahezu in allen Bundesländern im Einsatz. Die Zirbe war eine beliebte Möbel-

Bild: Österreichisches Freilichtmuseum Stübing/UMJ; Foto: BOKU

Bild: Österreichisches Freilichtmuseum Stübing/UMJ; Foto: BOKU

Die Zirbentäfelung im Hanslerhof aus Alpbach (links)

Ein Beispiel eines bäuerlichen Kastens aus der Steiermark (rechts)

holzart in Vorarlberg, Tirol und Kärnten. In anderen Bundesländern mit fehlenden Zirbenwaldbeständen, wie beispielsweise in Niederösterreich und Oberösterreich, fehlt die Holzart auch bei Möbeln komplett. In der Literatur kann man Hinweise auf die Verwendung von Zirbenholz als Möbelholz für Tirol finden (Bader 1998).

Legt man den Fokus auf bestimmte Möbelgruppen, wie Kästen, Truhen, Kommoden, Tische, Bänke und Betten, so fällt auf, dass Fichte zwar in allen Gruppen dominiert, für einige Objektteile jedoch gezielt andere Holzarten verwendet wurden. So wurde zum Beispiel für Tischplatten das Holz des Ahorns häufig gewählt. Es war sogar die am häufigsten verwendete Holzart für diesen Anwendungsbereich. Dies dürfte der höheren Abriebfestigkeit und der besseren Standfestigkeit geschuldet gewesen sein.

Holzartenauswahl für Maschinenteile

Gerade im ländlichen Bereich wurden fast alle Geräte des täglichen Lebens aus Holz hergestellt (Engelbrecht 1933). Holz war demnach zum Teil hohen Beanspruchungen ausgesetzt. Sogar Maschinenteile, die heute aus Metallen und anderen hoch-festen Materialien hergestellt werden, wurden aus Holz gefertigt. Umso mehr Beachtung musste daher auf eine sorgfältige Auswahl der Holzart gelegt werden.

In einer Studie wurden über 300 hochbeanspruchte Maschinenteile, wie Achsen, Auflager, Spindeln, Stifte, Wellen und Zahnräder, untersucht (Klein 2015, Klein et al. 2016). Die Gerätschaften kamen aus ganz Österreich und zeichnen ein interessantes Bild der damaligen Holzverwendung.

In dieser Kategorie findet man erstmals Fichtenholz nicht ganz oben in der Liste der am häufigsten verwendeten Holzarten. Für Maschinenteile ist eine hohe Härte, ein hoher Abnützungswiderstand und eine geringe Gleitreibung ausschlaggebend. Einige Holzarten stellen sich dabei als wahre Spezialisten dar.

Birke war die am häufigsten verwendete Holzart bei kleinen Maschinenteilen. Sie wurde für Spindeln, Achsen und Auflager geschätzt. Besonders auffällig war dies bei Spindeln, egal in welcher Größe. Angefangen von Spindeln in Spinnrädern, über Spindeln in Beerenpressen bis zu großen Spindeln in Mühlen oder Weinpressen. Die weiteren Holzarten waren

Bild: Österreichisches Forstmuseum Silvanum, Großreifling; Foto: BOKU

An diesem Zahnrad eines Lastenaufzuges kann man die Abnützung des Holzes gut erkennen. Hierfür wurden üblicherweise hoch-feste Holzarten verwendet.

Hainbuche, Buche, Ahorn, Apfel/Birne und die Holzarten der Gattung *Sorbus*. Pfeil (1831a) schreibt, dass Zimmerleute Apfel und Birne am meisten für Spindeln gesucht haben, außerdem Hainbuche und Eiche. Für Kämme und Pflöcke von Mühlrädern wurden Hainbuche, Buche, Feldahorn, Birne und Apfel verwendet (Pfeil 1831a). Auch Buchsbaum wird in der Literatur oftmals für solche Anwendungen erwähnt. Diese Holzart hat auch eine sehr spezialisierte Verwendung als Haarkamm (Palla 1994).

Apfel- und Birnenholz war besonders häufig für Auflager und Zahnräder in Verwendung. Für Zahnräder waren eine hohe Härte und ein hoher Abnützungswiderstand besonders wichtig. Hier waren weiters die Holzarten Buche, Birke, Esche, Walnuss und Kirsche häufiger in Verwendung. Die Kammräder als eine Art Winkelgetriebe sind eine der ältesten Formen von

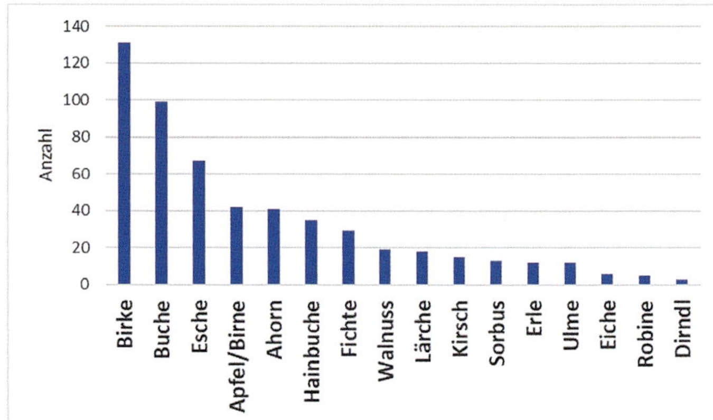

Grafik: BOKU

Die Holzartenverteilung bei Maschinenteilen weist auch eine relativ hohe Anzahl an unterschiedlichen Arten auf. Interessant ist der hohe Anteil an Birkenholz.

Maschinen und dürften bereits 300 v. Chr. in Ägypten im Einsatz gewesen sein (Wiesauer 1999). In Innichen (Südtirol) wurde bereits im 8. Jahrhundert eine Mühle erwähnt. Das Wissen für die Holzartenauswahl für diese Maschinenteile konnte sich so über Jahrhunderte aufbauen.

Für Achsen und Auflager war neben der hohen Härte und dem Abnützungswiderstand auch eine hohe Druckfestigkeit und gute Gleitreibung erforderlich. Diese Eigenschaften wurden vor allem der Buche, bei kleineren Achsen auch der Fichte, der Esche, der Birke und Apfel/Birne zugeschrieben.

In diesem Zusammenhang soll auch der Bogen- und Armbrustbau erwähnt werden. Die Bogner fertigten die Bögen vor

Bild: Waldbauernmuseum Gutenstein ; Foto: BOKU

Wagenräder als auch deren Achsen sind hoch-belastete Bauteile. Bei der Achse ist aber auch die Schmierbarkeit von großer Bedeutung – hierfür wurde oft Ahorn verwendet.

allem aus jungen Eiben an (Palla 1994, 2010). Die Pfeile wurden aus Birke (Palla 1994) oder wolligem Schneeball gefertigt. Auch der Mann aus dem Eis hatte schon vor über 5.000 Jahren einen Eibenbogen und Pfeile aus wolligem Schneeball dabei (Egg und Goedecker-Ciolek 2009). Funde von Pfeilen und Bögen aus dem Eis der Berner Alpen zeigen dasselbe Bild (Junkmanns et al. 2015).

Holzartenauswahl für Werkzeugstiele und -griffe

Kaum ein Werkzeug kann auf einen Stiel oder Griff verzichten. Insgesamt wurden fast 1.000 Werkzeugstiele und -griffe aus allen Bundesländern Österreichs untersucht (Klein 2015).

Bei den Werkzeuggriffen dominiert die Buche, gefolgt von Esche und Ahorn. Erwähnenswert ist hier die Verwendung von Dirndlholz zur Herstellung von Griffen, sie stellen eine der Einsatzmöglichkeiten von Sträuchern dar.

Werkzeuggriffe sollten möglichst angenehm in der Hand liegen und auch bei längerem Arbeiten keine Blasen verursachen. Für Werkzeugstiele ist zusätzlich eine hohe Elastizität und Schlagzähigkeit sowie ein gutes Vermögen, die Schlagkraft zu absorbieren, wesentlich.

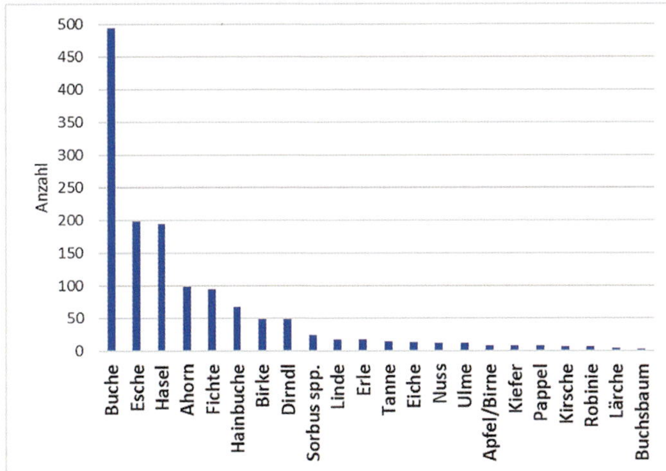

Grafik: BOKU

Bei den für Werkzeugstiele und -griffe verwendeten Holzarten sind viele feste Hölzer zu finden – daher auch viele Straucharten.

Bild: Weber

Ein Sportgerät, das in keinem Turnsaal fehlt und das ohne Eschenholz fast nicht auskommt: die Sprossenwand.

Bei den Werkzeuggriffen und -stielen ist die Buche dominierend; allerdings zusammen mit der Haselnuss. Der Haselnussstrauch bildet sehr gerade Triebe aus, die sehr gut ohne weitere Bearbeitung als Werkzeugstiel Verwendung fanden. Häufig in Verwendung ist auch heute noch das Holz der Esche, es zählt zu den zähesten und elastischsten heimischen Hölzern und war aus diesem Grund auch im Wagenbau im Einsatz und wird auch heute noch für den Sportgerätebau verwendet (Grabner 2017). Pfeil (1831a) erwähnt für Werkzeugstiele vor allem Hainbuche und Buche und *„alle harten, festen, zähen Holzarten"*. Für lange Stiele (Rechen, Besen) wurde feinspaltiges Fichtenholz verwendet (Liesenfeld 1987a).

Ein Spezialist in der Kategorie Werkzeuge stellt die Hainbuche dar. Sie war und ist auch noch heute die am besten geeignete Holzart zur Herstellung von Hobelkörpern. Über die Hälfte der untersuchten Hobel waren aus Hainbuche hergestellt.

Bild: Waldbauernmuseum Gutenstein; Foto: BOKU

Präzisionswerkzeuge und Messgeräte erfordern spezielle Holzarten. Sie dürfen sich vor allem kaum verformen und müssen trotzdem stabil sein.

Dies ist auch vollkommen verständlich, ist doch die Hainbuche eine der härtesten heute noch verwendeten Holzarten. Als Alternative zur Hainbuche wurden Buche und Apfel/Birne für die Herstellung von Hobeln verwendet, selten auch Ahorn und die Holzarten der Gattung *Sorbus*.

Eine Werkzeuggruppe mit besonderen Anforderungen sind Präzisionswerkzeuge, wie Zirkel, Maßstäbe, Kluppen, Reißlehren, Wasserwaagen und Winkel. Diese Geräte mussten neben der erforderlichen Härte auch formstabil sein und einen hohen Abnützungswiderstand aufweisen. In unseren Untersuchungen wurden für diesen Anwendungsbereich vor allem Buche, Hainbuche und Ahorn gefunden. Obwohl die Buche durch ein hohes Schwindmaß keine hohe Formstabilität besitzt, ist sie die am häufigsten verwendete Holzart. Hier ist es vermutlich eine Kombination aus den geforderten Werkstoffeigenschaften, welche die Buche gut geeignet erscheinen lässt.

In die Gruppe der landwirtschaftlichen Geräte fallen Eggen, Pflüge, Rechen, Sensen und Ähnliches. In den allermeisten Fällen wurden die Geräte für die landwirtschaftliche Arbeit von den Bauern selbst hergestellt. Birke, Esche und Buche führen die am häufigsten verwendeten Holzarten an, aber auch Fichte, Ahorn, Lärche, Hasel, Berberitze und Eiche waren für den Bau von landwirtschaftlichen Geräten häufig im Einsatz. In der Viechtauer Hausindustrie (Oberösterreich) wurde Ahorn- und Buchenholz für Heugabeln, Schaufeln und für die Rechenholme verwendet (Liesenfeld 1987a).

Die Birke war häufig bei landwirtschaftlichen Geräten zur Herstellung von Pflügen, Eggen und Jochen verarbeitet. Esche war vor allem bei Sensen, Pflügen und Eggen als Stiel, Holm oder Speiche in Verwendung, aber auch als Rechenzähne.

Als wahrer Spezialist wurde das Holz der Berberitze angesehen. Rechenzähne aus allen Bundesländern wurden gerne aus dem gelben Holz der Berberitze geschnitzt. Liesenfeld

Bild: NHM Wien

Ein Originalfund einer bronzezeitlichen Kratze. Mit diesem Werkzeug wurde das Hauklein (kleine Salzbrocken) auf die Schwinge gezogen.

(1987b) beschreibt für Rechenzähne die Holzart Esche, die jedoch mit dem Rindensud der Berberitze gelb gefärbt wurden.

Im prähistorischen Salzbergbau in Hallstatt konnten viele verschiedene Werkzeuggriffe bzw. -stiele und auch Werkzeuge gefunden werden. Die Holzartenbestimmungen zeigten, dass viele Holzarten bereits in der Bronzezeit dafür verwendet wurden.

Bild: Österreichisches Freilichtmuseum Stübing/UMJ; Foto: BOKU

Viele landwirtschaftliche Geräte sind hochbeansprucht. Daher sind feste Holzarten, wie Birke und Esche, häufig zu finden. Bei diesem Pflug ist es vor allem Birkenholz.

Bild: NHM Wien

Ein originaler Holzschlägel aus dem eisenzeitlichen Bergbau in Hallstatt. Der Kopf wurde aus Buchenholz hergestellt. (links)

Bei diesen lanzettförmigen Werkzeugen handelt es sich um eine bronzezeitliche Fundgruppe, die noch keiner exakten Funktion zugeordnet werden konnte. (unten)

Bild: NHM Wien

Dies sind vor allem die Knieholzschäftungen (siehe Kapitel Ast und Ast-Stamm-Anbindung, S. 62 ff.) aus Buchen und Eichenholz. Mit der Kratze wurde das Hauklein auf die Schwinge (siehe Kapitel Überwallungen, S. 67 f.) gezogen – gekratzt. Dieses Werkzeug kommt nur in der Bronzezeit vor und wurde vor allem aus Buchen- und Eschenholz (Kratzenblatt) bzw. Tanne, Esche und Ahorn (Stiel) gefertigt. Bei den lanzettförmigen Werkzeugen handelt es sich um eine bronzezeitliche Fundgruppe, die noch keiner exakten Funktion zugeordnet werden konnte. Sie kommen lang und schmal sowie breit mit Stemmloch vor. Da bisher insgesamt 69 Stücke gefunden wur-

Das Wasserrad des Sägewerkes aus dem Kindthalgraben im Mürztal ist aus Lärchenholz gebaut.

Holz vermorscht vor allem, wenn es ständig ein wenig feucht ist – wie z. B. beim Zaunstempel in der so genannten Tag-Nacht-Zone, also wo er aus der Erde ragt.

den, muss es sich um ein „Gerät" handeln, welches häufig zum Einsatz kam. Diese wurden aus Esche, Buche, Ahorn, Eiche und Hasel hergestellt (Grabner et al. 2019).

Es gibt ältereisenzeitliche Werkzeuge aus Nadelholz, die als Kochlöffel angesprochen werden. Aus der Bronzezeit stammend, gibt es Funde, die als Schaufel interpretiert werden und aus Ahorn, Buche und Fichte hergestellt worden sind. Bisher wurden drei eisenzeitliche Schlägel aus Buchenholz gefunden (Grabner et al. 2019).

Holz im Wasserkontakt

Fließendes Wasser bot bereits in der Vergangenheit die Möglichkeit, Muskelkraft zu sparen und die enthaltene Energie für Verkehrs- und Transportmittel, Landwirtschaft und Industrie nutzbar zu machen (Wiesauer 1999). Für die Nutzung der Wasserkraft wurden und werden unter anderem Brücken, Schiffe, Wehranlagen sowie Mühlen erbaut und benötigt. Ebenso wichtig für die Entwicklung des Menschen und der Gesellschaft war und ist der Berg- und Erdbau, welcher z. B. die Extraktion von Salzen, Erzen und Metallen oder die Fundierung von Gebäuden ermöglichte (Jockenhövel 1996). Doch der Einsatz von Holz in feuchten Bereichen oder im Wasser stellt dieses vor große Herausforderungen. Vor allem im so genannten „Tag-Nacht-Bereich", wo das Holz zum Teil im feuchten Boden steckt und zum Teil oberirdisch herausragt, kommt es zu einem schnellen Abbau durch Pilze und Insekten. D. h., hierfür ist es notwendig, Holzarten mit großer Dauerhaftigkeit (Grabner 2017) einzusetzen. Daher wurde schon seit Langem diesem Bereich der Holzverwendung eine große Bedeutung zugemessen. Grebe (1861) schrieb: *„Unter die Erde oder ganz in das Wasser verbaut, darf das Holz zu jeder Zeit gefällt und grün verwendet werden."*

Eine Holzart, der die Verwendung in feuchten und nassen Bereichen in historischer Literatur nachgesagt wurde, ist die Tanne. Folgende historische Zitate beschreiben den Einsatz und die Eigenschaften des Tannenholzes sehr treffend:

„Das Tannenholz besitzt im Allgemeinen dieselbe Gebrauchsfähigkeit wie die Fichte und Kiefer, übertrifft die erstere jedoch im Wasser" (Laris 1910), *„… Tanne wird für den Wasserbau bevorzugt und soll im Wasser nicht leicht faulen …"* (Leonhardi 1792), *„… Tanne dient zu Rinnen, Teicheln, Wasserbäumen und was sonst unter die Erde gemacht wird, wegen ihrer Dauerhaftigkeit …"* (Fischer 1690), *„Dagegen erweist sich das Holz der Tanne bei der Verwendung im Freien, Boden, bei Einfluß von Nässe und Feuchtigkeit dauerhafter als jenes von Fichte."* (Hufnagl 1920), *„… wie überall, wo das Holz ungeschützt ständiger oder wechselnder Feuchtigkeit ausgesetzt ist, eignet sich Tanne besser als Fichte."* (König 1956), *„… wegen ihrer größeren Dauerhaftigkeit unter Wasser beim Wasser- und Erdbau zu Rostbauten, Pfahlholz, Stauwehren, Schleusen, Brückenbelagen, Wasserradschaufeln usw. vor der Fichte bevorzugt …"* (Gayer 1928), *„Tannenholz zeichnet sich durch besonders hohe Resistenz unter Wasser aus."* (Spörk und Schwarzbauer 1995), *„[…] zeigt im Trockenen und beständig unter Wasser eine ziemliche Dauerhaftigkeit, nicht so dagegen bei abwechselnder Nässe und Trockenheit",* (Hartmann 1841), *„[…] ganz im Trocknen oder ganz im Wasser ziemlich dauerhaft"* (Möhl 1869).

Daher wurden umfangreiche Untersuchungen an historischen Hölzern, die im Wasserbau (vor allem bei Mühlen) verwendet wurden, durchgeführt (Seisenbacher 2018). Fazit dieser Arbeit ist es, dass die Weißtanne für den Wasserbau dann sehr geeignet ist, wenn das Holz ständig unter Wasser gehalten wurde. Die Auswertung der Holzartenbestimmung veranschaulicht, dass Tannenholz in den meisten Fällen die zweithäufigste verwendete Holzart im Wasserbau ist. Bei wechselfeuchten Bedingungen, wie diese im Erdbau vorkommen, sollte der Tanne besser die Lärche oder dauerhafte Laubhölzer, wie Eiche oder Robinie, vorgezogen werden. Grebe (1861) reiht im Grundbau die Holzarten: Eiche, Kiefer, Lärche und Erle, wenn sie ständig unter Wasser sind. Erlenholz ist unter Wasser unzerstörbar (Blau 1901). Es konnten immer wieder Pfähle oder Piloten und auch Wasserleitungen aus Erlenholz gefunden werden (Schweingruber 1973a, Ziethen 1999). Pfeil (1831a) nennt Eiche, Erle und Kiefer unter Wasser unzerstörbar.

Ein Spezialfall sind die 4 bis 5 m langen und 22 bis 38 cm dicken einzelnen Rohre von Wasserleitungen. Hierfür wurden Kiefern und Lärchen, die schnurgerade und frei von schad-

Bild: Gemeinfrei, https://commons.wikimedia.org/w/index.php?curid=13181033

Der Zimmermann beim Herstellen eines Wasserrades (*Hausbuch der Mendelschen Zwölfbrüderstiftung*, Band 1. Nürnberg 1426–1549. Stadtbibliothek Nürnberg, Amb. 317.2°,)

Bild: BOKU

Das Holz der Tanne sieht dem der Fichte sehr ähnlich. Es weist jedoch im Holz kein Harz auf.

Die Wasserrinnen für die Mühlen sind Bauteile mit relativ geringer Lebensdauer, da das Holz (in diesem Fall Lärche) feucht, aber nicht ständig unter Wasser ist.

Bild: Österreichisches Freilichtmuseum Stübing/UMJ; Foto: BOKU

haften Stellen und zentrisch gewachsen sein mussten (Grebe 1861), verwendet. Nach Pfeil (1831a) auch Fichte. Bisher in Wien gefundene Wasserleitungen bestätigten die Holzart Kiefer. Pfeil (1831a) liefert einen interessanten Hinweis, dass Eiche als Brunnenkasten und Wasserleitung aufgrund der hohen Dauerhaftigkeit gut geeignet ist; jedoch aufgrund des hohen Extraktstoffgehalts des Holzes das Wasser lange trübe ist und herb schmeckt.

Holz im Nahrungsmittelkontakt

Bis ins 19. Jahrhundert wurde für Geschirr und als Vorratsbehälter bzw. Unterlage für Nahrungsmittel vorwiegend Holz verwendet. Seit den 1970er-Jahren wurde Holz jedoch immer häufiger von Keramik, Porzellan und Kunststoffen abgelöst. Holz galt plötzlich als unhygienisch. Nahezu ausschließlich erhalten blieb uns das Holz für die Lagerung von Barrique-Weinen in Eichenfässern und für Schneid- und Hackbretter. Hier wurde Holz immer noch wegen der guten Schlagabsorbierung und der geringen Abstumpfung von Messern anderen Materialien vorgezogen. Neuere Studien belegen jedoch, dass Holz

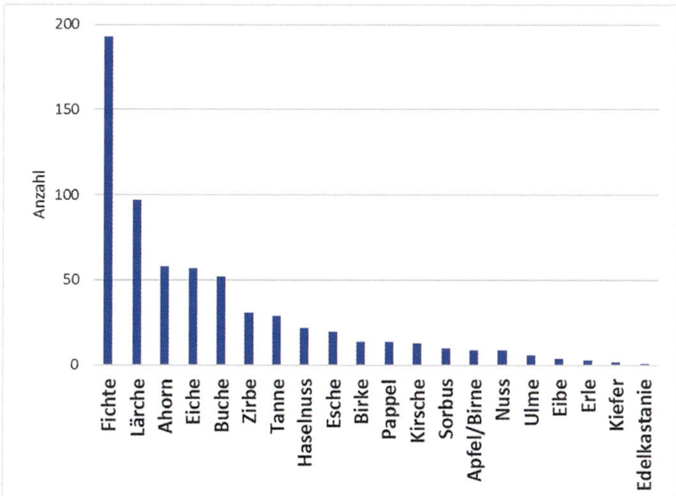

Grafik: BOKU

Die Anzahl der Holzarten, die mit Lebensmitteln in Kontakt kommen, ist sehr hoch. Es ist somit kein deutlicher Trend zu erkennen. Holz ist dafür gut geeignet.

besonders antibakteriell wirkt und darum gerade im Kontakt mit Lebensmitteln viele Vorteile zeigt (Stingl und Hansmann 2006). Vor allem an Kiefernholz können sich Bakterien sehr schlecht halten (Schönwälder et al. 2002, Milling et al. 2005). Pappel- und Buchenholz war allerdings Kunststoffbrettern sehr ähnlich.

Bild: Österreichisches Freilichtmuseum Stübing/UMJ; Foto: BOKU

Ein sehr schön verzierter Bottich aus Tannenholz

Zur Rekonstruktion der Holzartenverteilung von Objekten im Lebensmittelbereich wurden in einer Studie 656 Objektteile analysiert (Klein 2015). Hierbei handelt es sich um Fässer und Fassreifen, Bottiche, Butten, Tröge, Kraut- und Gemüsehobel, Mulden, Löffel, Nudelwalker, Quirle, Teller, Zapfhähne, Bäckergerätschaften, Fleischhackerbesteck und Ähnliches.

Betrachtet man all diese Objekte, so dominiert auch in dieser Gruppe die Holzart Fichte. Die eindeutige Vorherrschaft der Fichte in dieser Studie ist jedoch vor allem auf die häufige Beprobung von Bottichen zurückzuführen. Für Fass- oder Bottichdauben waren fast ausschließlich Fichte, Tanne, Lärche und Eiche in Verwendung. Maissen und Maissen (2003) berichten von einem Kübler, der für die Milchverarbeitung für Bottiche nur Fichtenholz verwendet hat.

Fässer waren schon in der Römerzeit wichtige Transportbehälter. Sie fassten bis zu 800 Liter Flüssigkeit – in erster Linie Wein (Brem und Leuzinger 2005). Diese findet man z. B. in Tasgetium (Eschenz, Schweiz, 2. Jh. n. Chr.; Brem und Leuzinger

Bild: Harale, Rumänien; Foto: BOKU

Holzfässer sind wichtige Behälter zum Aufbewahren und Transportieren von Lebensmitteln und anderen Gütern.

Bild: Österreichisches Freilichtmuseum Stübing/UMJ; Foto: BOKU

Ein Nudelwalker und ein Nudelbrett sind typische Haushaltgegenstände, die in Kontakt mit Lebensmitteln stehen – hier war Ahorn eine wichtige Holzart.

2005), Ostösterreich (Wörterberg an der Lafnitz, 1. und 2. Jh. n. Chr.; Hebert und Grabner 2007) und in Deutschland z. B. in Mainz (Bauer 2002). Diese Fässer wurden aus Tannenholz gefertigt.

Die Fassreifen wurden von den Bandschneidern (Palla 1994) aus 5 cm dicken Schösslingen aus Hasel, Weide, Eiche, Birke sowie Esche (und allen zähen Holzarten) gefertigt (Pfeil 1831a).

Lässt man bei der Auswertung die Bottiche und Fässer unbeachtet, so ändert sich das Bild. Ahorn, Birke, Haselnuss, Walnuss, Linde, Pappel und Kirsche gewinnen dann an Bedeutung.

Das Holz des Ahorns war vor allem für Löffel, Kochlöffel, Nudelwalker und Quirle in Verwendung. Die Holztassen der Steinzeit waren ebenfalls häufig aus Ahornholz geschnitzt (Leuzinger 2002). Auch in der Viechtauer (Oberösterreich) Hausindustrie wurde vor allem Ahornholz für solche Produkte verwendet (Liesenfeld 1987a). Birke wird zur Herstellung von Tellern, Nägeln in Truhen und Spindeln aller Art (Weinpresse, Beerenpresse, etc.) geschätzt. Haselnuss kam dort zum Einsatz, wo Flechtwerke benötigt wurden, beispielweise bei Getreidereitern oder bei Trockengestellen für Dörrobst. Das weiche und gut schnitzbare Holz der Linde wurde zu Buttermodeln mit aufwändigen Motiven, Getreidemulden und Quirlen verwendet. Krauthobel benötigten etwas härtere Holzarten, hier

Bild: Österreichisches Freilichtmuseum Stübing/UMJ; Foto: BOKU

Moderne Versionen von Holzschüsseln und Löffeln werden weiterhin gerne aus Ahorn- oder Zirbenholz gefertigt.

wurden gerne Walnuss, Kirsche, Eiche oder Buche verwendet. Tröge und Mulden wurden häufig aus Pappel- oder Zirbenholz gearbeitet. Die Zirbe war für Schalen, Dosen, Schüsseln und Schöpfern im Einsatz. Dies ist einerseits auf die leichte Bearbeitbarkeit der Zirbe zurückzuführen, möglicherweise aber auch auf die leichtflüchtigen Inhaltsstoffe, die Ungeziefer von Vorratsgütern fernhalten sollen. Eine besondere Verwendungsart von Fichten- oder Tannenholz ist die Herstellung von Quirlen aus dem obersten Wipfel von Weihnachtsbäumen.

Ein weiteres Thema sei hier kurz angeschnitten: Die Holzwolle. Sie diente und dient vor allem der Verpackung – in vielen Fällen von Lebensmitteln. Diese wurde vorwiegend aus Pappel hergestellt. Heutzutage sind auch Fichte, Kiefer, Lärche, Buche und Esche (neben Pappel) im Einsatz (Frey 2011).

Holzbearbeitung

Seit Urzeiten hat sich die Geschicklichkeit der Menschheit durch die Arbeit mit dem Holz entwickelt (Radkau 2007). Noch vor wenigen Jahrzehnten wusste jedes Kind aus welchem Holz die Pfeile und der Bogen geschnitzt werden mussten und welches Holz die besten Pfeifen lieferte. Jeder Handwerker und jeder Bauer war Experte in Sachen Holz. An manchen Höfen waren die Arbeiten des Bauern durch sein hohes handwerkliches Geschick kaum von denen eines professionellen Handwerkers unterscheidbar (Moser 1949). Haid (1991) sieht das Handwerkertum aus dem Bauerntum hervorgehen. In handwerklichen Berufen, wie dem des Müllers, wurde von den Meistern verlangt, dass sie mit dem Werkstoff Holz fachmännisch umgehen konnten, um Reparaturen selbst durchführen zu können. So wurden auch hölzerne Hilfsmittel der Arbeit normalerweise von den Handwerkern gefertigt, die sie gebrauchten (Radkau 2007).

Holz war der Werkstoff, der sich durch seine große Verbreitung und seine verhältnismäßig einfachen Gewinnungs- und Bearbeitungsmöglichkeiten gegenüber anderen Werkstoffen auszeichnete (Gayer 1928).

„Die alte Wirtschafts- und Arbeitsweise, die lang her vererbten Fertigkeiten, Kenntnisse, Erfahrungen und Zustände und mit ihnen viel nötiges Sprach- und Kulturgut ziehen sich immer höher die Wälder und Berge hinauf." schrieb der böhmische Volkskundler Josef Blau (1917) im Jahr 1917. D. h., seit mehr als 100 Jahren erleben wir den Verlust von Wissen. Wissen und Fertigkeiten, die von Generation zu Generation mündlich weitergegeben wurden. Hellwag und Buchholz (1995) schreiben: *„Zuverlässige geschichtliche Angaben über die Werkzeuge der Tischler und deren verwandte Gewerbe zu machen, ist sehr schwer und mindestens für die älteren Zeiten fast unmöglich, weil nicht nur die Beschreibungen fehlen, sondern auch nur wenige alte Instrumente sich bis auf unsere Zeit erhalten haben."* Dokumentationen der Holzbearbeitung und insbesondere der Holzbearbeitungswerkzeuge von dem 12. bis zum 20. Jahrhundert sind kaum zu finden (Hellwag und Buchholz 1995). Entweder wurden überhaupt keine Dokumentationen gemacht oder die Werkzeuge bzw. die Prozesse, die zu dieser Zeit verwendet wurden, sind heute veraltet und sind im Laufe der Zeit durch modernere Werkzeuge ersetzt worden.

Das Wissen über die Auswahl, Lagerung und Verarbeitung von Holz wurde traditionell von Generation zu Generation weitergegeben (Liesenfeld 1987a, 1987b). Schriftliche Aufzeichnungen existieren nur in Ausnahmefällen. Wann immer frü-

Bild: Rumsiske Freilichtmuseum, Litauen; Foto: BOKU

Nach historischen Vorbildern rekonstruierte Haushaltsgegenstände aus Holz

Bild: Gemeinfrei, https://commons.wikimedia.org/w/index.php?curid=207369

Das Bild aus dem Jahr 1568 n. Chr. zeigt Tischler bei der Arbeit. (Jost Amman, Hans Sachs. 1568. *Eygentliche Beschreibung aller Stände auff Erden, hoher und nidriger, geistlicher und weltlicher, aller Künsten, Handwercken und Händeln*. Frankfurt am Main. Kolossos)

Die handwerklichen Fähigkeiten haben sich über Jahrtausende aufgebaut und standen oft im Sinne des „bäuerlichen Nebengewerbes" – wie hier die Haushaltswaren aus Ribnica (Slowenien).

Bild: Rokodelski center Ribnica; Foto: BOKU

Link zum YouTube Channel „Holzverwendung"

her Holz verwendet wurde – sei es für Bauernhöfe, Schlösser, Burgen oder Kirchen, Möbel, Werkzeuge, Waffen, Küchenutensilien, Zäune usw. – wurde es in der Regel von unterschiedlichen Personen (z. B. Bauern) verarbeitet, in vielen Fällen von „nicht speziell ausgebildeten" Handwerkern. Erst im 14. Jahrhundert n. Chr. entwickelte sich das traditionelle Handwerk (Radkau 2007) und auch damals überwog die mündliche Wissensvermittlung. Daher beschreiben bestehende Literaturquellen oft nicht die notwendigen Details, um einzelne Arbeitsschritte verstehen zu können oder um verstehen zu können, warum eine spezielle Holzart für einen bestimmten Zweck verwendet wurde (Grabner et al. 2013). So wurde deutlich, dass neben dem Studium der alten Literatur auch die Analyse historischer Objekte notwendig ist, um die früher verwendeten Prozesse – und damit das Wissen über handwerkliche Techniken – zu verstehen.

Bild: Danhelovsky, Bearbeitung: BOKU

Adolf Danhelovsky zeigt in seiner Publikation von 1884 n. Chr., wie Fassholz hergerichtet wird. Es sind alle Schritte des Behauens dargestellt – Kerbenhacken, Vorbrechen und Behauen. (Adolf Danhelovsky, 1884. *Handbuch über die Erzeugung und Berechnung des Deutschen Fassholzes*. Victor Fritsche Buchhandlung in Essen. Bild VI)

Werkzeuge hinterlassen beim Arbeiten Spuren, welche gefunden und interpretiert werden können (siehe Kapitel Lesen von Bearbeitungsspuren, S. 42 f.). Dies gilt für historische Holzobjekte genauso wie für Holzfunde aus archäologischen Grabungen.

In den Museen wurden neben den Objekten auch bestimmte Handwerkstechniken erhalten oder wiederentdeckt und somit „Materialwissen" gespeichert. Warum wurde Eschen- und Kornelkirschholz für Werkzeuggriffe verwendet (siehe Kapitel Holzauswahl, S. 95 ff.)? Bei der Analyse des Inventars (Möbel, Geräte, Werkzeuge, Bottiche, Fässer etc.) konnten aber auch Aussagen über die Verarbeitungstechnik („immaterielles Wissen") gemacht werden, z. B. über die Holztrocknung.

Ein wichtiger Punkt der Forschungsarbeit war neben dem „Wiederentdecken" das „Dokumentieren" von Handwerkstätigkeit. Maissen und Maissen (2003) schreiben im Begleittext zum Film „Herstellen eines Holzeimers": *„Die Konstruktion der Holzreifen – besonders ihrer Enden – ist schwer erklärbar, man muss sie auf den Standbildern während der Arbeit entstehen sehen."* In mehreren Projekten konnten Filme gedreht werden, die die Tätigkeiten zur Herstellung verschiedener Produkte exakt beschreiben. Dabei steht im Gegensatz zu vielen volkskundlichen Produktionen nicht die Handwerkerin oder der Handwerker im Vordergrund, sondern die Prozesse und das

Bild: Österreichisches Freilichtmuseum Stübing/UMJ; Foto: BOKU

Ein Schnappschuss während der Dreharbeiten zur Dokumentation des „Kraxen-Bindens“

Produkt. Alle Informationen über Holzarten, Fällungszeitpunkt, Holztrocknung, Art der Werkzeuge, Führung der Werkzeuge etc. wurden dokumentiert. Diese Filme stehen der Öffentlichkeit über einen YouTube-Kanal zur Verfügung (https://www.youtube.com/c/Holzverwendung).

Die Autoren haben historische Methoden der Holzbearbeitung untersucht und mit Beschreibungen aus der Literatur verknüpft. In dem nachfolgenden Kapitel werden die daraus gewonnenen Erkenntnisse dargestellt.

Auftrennende Verfahren

In der Regel stehen auftrennende Verfahren (Hacken, Spalten, Sägen, Ziehen etc.) am Beginn jeder Holzbearbeitung. Bereits das Fällen ist ein auftrennendes Verfahren. Doch auch die weiteren Bearbeitungsschritte bedienen sich in sehr vielen Fällen trennender Verfahren – seien sie zerspanend (z. B. Sägen) oder spanlos (z. B. Spalten). Dieser Unterschied spielt eine wesentliche Rolle bezüglich des Holzverlustes durch die Verarbeitung (siehe Kapitel Ausbeute der trennenden Verfahren, S. 157 ff.).

Arbeiten mit der Axt, dem Beil

Das Beil, die Axt, die Hacke und der Dechsel erlauben eine Unzahl an Bearbeitungsschritten – obwohl wir heute bei diesen Werkzeugen in erster Linie an das Fällen von Bäumen (siehe: https://www.youtube.com/watch?v=b3mA0v-smtY) und das Brennholzhacken denken (Karmarsch 1841, 1857). So wurden z. B. Stollentruhen fast ausschließlich mit der Hacke her-

Bild: NHM Wien, Rausch

Mit einem Steinbeil kann man sehr gut Bäume fällen.

gestellt (Harms et al. 2012; siehe: https://www.youtube.com/watch?v=T35Mm5p4GHU). Ähnlich ist es bei der Bottichherstellung, wo auch sehr viele Schritte ausschließlich mit der Hacke durchgeführt wurden. Dafür wurden die unterschiedlichsten Typen von Hacken entwickelt (Möhl 1869, Moser 1985, Sentance 2003). Die Hacke steht mit dem Spalten sehr eng in Verbindung – siehe Kapitel Spalten, S. 131 ff. Beile und Hacken

Link zum Video über die Holzbearbeitung mit einem Steindechsel

Link zum Film über die Herstellung einer Stollentruhe

Bild: BOKU

Auch das Geweih eignet sich sehr gut zur Herstellung von Hauen.

Link zum Video über das Fällen von Eichen mit verschiedenen Äxten

Link zur Webseite der Ergersheimer Experimente mit prähistorischen Werkzeugen

sind auf Felszeichnungen seit zumindest 5.000 Jahren vorhanden (Haid 1991). In den Pfahlbauten rund um die Alpen haben sich über 6.000 Jahre alte Steinbeile mit Holzstiel erhalten (Wesselkamp 1980).

Allgemein nennt man einen Körper mit Schaftloch Axt, denjenigen ohne Schaftloch Beil – unabhängig vom Material der Schneide (Stein, Bronze, Eisen) und der Verwendungsweise (Hirschberg und Janata 1980).

Bis zur Entwicklung von Metallen im zweiten Jahrtausend vor Christi Geburt wurden alle Beile aus Stein, Geweih oder Knochen hergestellt. Sieht man die zum Teil sehr gedrungenen Steinformen, die in Schäftungen (siehe Kapitel Ast und Ast-Stamm-Anbindung, S. 62 ff.) eingesetzt worden sind, wundert man sich, wie man damit Holz bearbeiten konnte. Archäologische Funde und vor allem Nachbauten durch die Experimentalarchäologen zeigen, dass es sehr gut funktionierte (Elburg und Hein 2011; siehe: https://www.youtube.com/watch?v=NrLgjpEd6kw). Für den Werkzeugkopf wurden nur bestimmte Gesteine verwendet, wie z. B. Hornblendeschiefer (Amphibolit, Aktinolith), Granit oder Grünstein (Diabas), seltener auch Kieselschiefer (Lydit). Die Dicke der Schneide bei den Steinäxten ist wesentlich größer als bei den Stahläxten, gleichzeitig sind sie auch weniger scharf. Daher ist man mehr auf ein Abspalten als ein Durchtrennen der Holzfasern angewiesen. Beim Fällen von Bäumen muss der Hieb daher mehr von oben erfolgen. Die Stahläxte dringen dank ihrer dünneren und schärferen Schneide tiefer in das Holz ein und durchtrennen die Holzfasern. Daher kann mit den Stahläxten der Hieb mehr aus der Waagrechten erfolgen (siehe auch: https://www.ergersheimer-experimente.de). Dies belegen auch ethnologische Filme aus Regionen, wo Steinäxte bis vor Kurzem noch verwendet wurden.

Funde von Hauen aus Geweih und Knochen belegen, dass diese auch als Werkzeuge in Schäftungen eingesetzt und als „Hacke" verwendet wurden. Über 10.000 Jahre alte Geweihbeile mit Holzstiel haben sich in Friesack erhalten (Gramsch 2013). Diese Materialien können mit Hilfe von Steinen scharf geschliffen werde. Jedoch ist die Standzeit (= Dauer der Benutzung, bis sie stumpf sind) gering. Die Führung der Hiebe ist von der Form abhängig, kann jedoch etwas weniger steil sein.

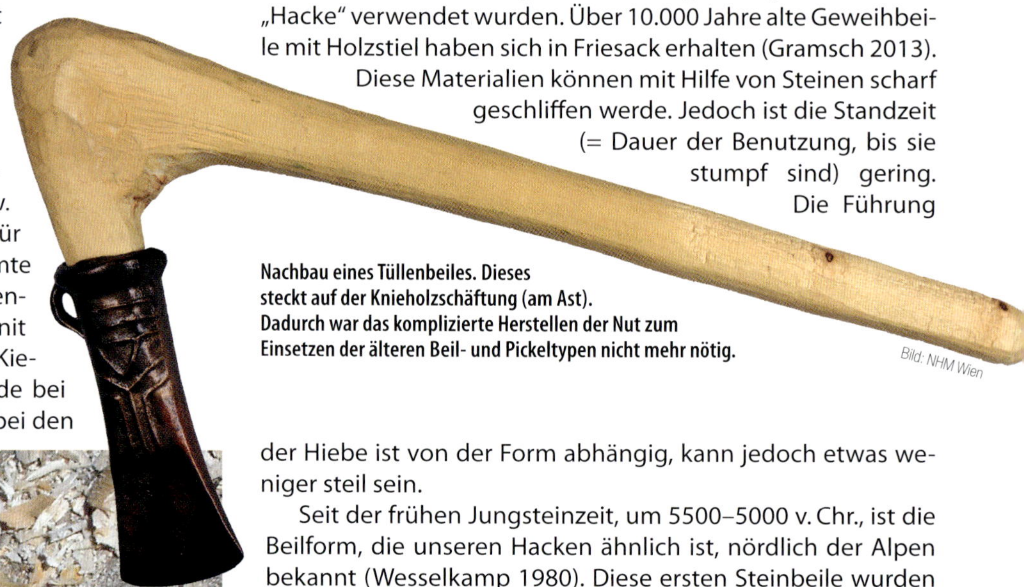

Nachbau eines Tüllenbeiles. Dieses steckt auf der Knieholzschäftung (am Ast). Dadurch war das komplizierte Herstellen der Nut zum Einsetzen der älteren Beil- und Pickeltypen nicht mehr nötig.

Bild: NHM Wien

Der Nachbau eines Bronzebeiles zur Holzbearbeitung mit Knieholzschäftung

Bild: NHM Wien

Seit der frühen Jungsteinzeit, um 5500–5000 v. Chr., ist die Beilform, die unseren Hacken ähnlich ist, nördlich der Alpen bekannt (Wesselkamp 1980). Diese ersten Steinbeile wurden vor über 5.000 Jahren dann schrittweise von Metallbeilen abgelöst. Der Similaunmann „Ötzi" (rund 3300 v. Chr.) hatte bereits ein Kupferbeil bei sich. Es handelt sich dabei um ein gegossenes Beil, das in einer Schäftung eingesetzt und mit Teer und Hautstreifen fixiert wurde. Metallbeile können mit Hilfe von Schleifsteinen geschärft werden. Die Weiterentwicklung sind dann Bronzebeile bzw. Eisenbeile. Eine wesentliche Verbesserung war der Übergang zu Tüllenbeilen, da diese besser mit dem Stiel (Schäftung) verbunden werden konnten. Auch dies begann mit Bronzewerkzeugen (Gerner 1992). Gegenüber Kupfer bietet Bronze eine Reihe von Vorteilen: Es ist härter und nutzt sich nicht so schnell ab und der Schmelzpunkt liegt niedriger. Bronze ist für größere und kompliziertere Werkzeuge, die man etwa zum Schlagen und Schneiden benötigt, besser geeignet. Die geschmiedeten Eisenbeile und später

Eine Kollektion an Äxten und Beilen. Neben zwei Breitbeilen (rechts) liegen zwei Varianten der Bandaxt – ein heute kaum bekannter, aber sehr wichtiger Typ.

Bild: Österreichisches Forstmuseum Silvanum, Großreifling; Foto: BOKU

Hacken sind härter und können besser geschärft werden bzw. ist die Standzeit höher. Im Frühmittelalter gab es bereits spezialisierte Äxte und Beile, in denen Holme eingesteckt wurden (Talin-Bergmann 1983).

Das Fällen der Bäume wurde bereits oben beschrieben. Doch ist dies bei Weitem nicht das einzige Einsatzgebiet von Beilen, Äxten und Hacken. Sie spielen auch beim Spalten eine große Rolle – zumindest seit der Verwendung der Hacke mit Schaftloch. Alle Arbeiten des Durchtrennens von Holz wurden jedoch auch schon mit den Beilen durchgeführt.[2]

Zum Spalten und groben Behauen benutzt man beidseitig angeschärfte Äxte oder Beile mit geraden Stielen. Werden Flächen geebnet, verwendet man einseitig geschärfte Werkzeuge mit gekrümmten Stielen (Hartmann 1841). Dies ermöglicht die Führung des Werkzeuges nahe an der Werkstückoberfläche.

Untersuchungen an unterschiedlichen Holzfunden brachten eine interessante Entdeckung: Im prähistorischem Salzbergbau von Hallstatt wurden rund 1100 v. Chr. bereits Stiegen benutzt. Hier sind Auftritte und Distanzbretter in Wangen eingesetzt (Reschreiter 2005). Bei genauer Betrachtung des Nutgrundes fallen schräge (unter rund 45 Grad verlaufende) Hackspuren auf. Erst beim experimentellen Nachbau der Stiege mit originalgetreuen Werkzeugen wurde klar, dass diese Hiebe notwendig waren, um die Späne aus dem Nutgrund abzutrennen. Die Nut wurde durch kreuzweises Einhacken mit einem Beil und nicht mit Hilfe von Dechseln (Moser 1985, Sentance 2003) erzeugt. Bei einem Holzfund vom Ende des 15. Jh. n. Chr. aus Orth an der Donau konnten sehr ähnliche, schräg verlaufende Hackspuren im Nutgrund gefunden werden. D. h., die Technik des Nuthackens mit Beilen hat sich (trotz unter-

Der Nutgrund einer Stiegenwange (ca. 1100 v. Chr.) weist schräge Bearbeitungsspuren auf. Der experimentelle Nachbau der Stiege zeigte, dass dies notwendig ist, um den Span aus der Nut entfernen zu können. (links)

Dieser Nutgrund (ca. 1500 n. Chr.) weist ebenfalls schräge Bearbeitungsspuren auf. D. h., die Technik des Nuthackens hat sich über Jahrtausende erhalten und es wurde kein Dechsel verwendet. (rechts)

Bild: NHM Wien

Bild: NHM Wien

Bild: Österreichisches Freilichtmuseum Stübing/UMJ; Foto: BOKU

Nach dem Anzeichnen des Querschnittes und des „Schnur Schlagens" ist das Einkerben der erste Schritt beim Aushacken des Kantholzes.

Bild: Gemeinfrei, https://commons.wikimedia.org/w/index.php?curid=13201759

Der Zimmermann mit der Bandaxt stellt ein Zapfenloch her. (*Hausbuch der Mendelschen Zwölfbrüderstiftung*, Band 2. Nürnberg 1550–1791. Stadtbibliothek Nürnberg, Amb. 317b.2°)

schiedlicher Werkzeuge – zumindest des Metalls) über nahezu 3.000 Jahre erhalten.

Link zum Film „Behauen von Rundholz"

Die Hacke (Axt) hat sich über die Jahrtausende weiterentwickelt – so sind viele spezielle Formen für spezielle Anwendungen entstanden (Jäckel 1842), wie beispielsweise die Bandaxt, mit der ein rechteckiges Loch „gestemmt" werden konnte, oder das Breitbeil zum Behauen von rechteckigen Querschnitten.

Einer der wichtigsten Bearbeitungsschritte bei der Herstellung von Bauholz war das Behauen (siehe: https://www.youtube.com/watch?v=onAaXGojzcI). Hierfür wurden die Stämme auf kräftige hölzerne Hauböcke gehoben, anschließend richtig fluchtend gedreht und diagonal mit schweren Eisenklammern auf den Schragen drehsicher befestigt. Die zu schnürenden Flächen wurden entrindet. Nach dem Anzeichnen des Balkenquerschnittes am Stammquerschnitt wurde eine Linie mit der Schlagschnur geschlagen. Danach wurden mit der Bandaxt (oder auch anderen Formen von Äxten) Kerben bis knapp zum Schnurriss eingehackt – gleichzeitig von zwei Personen von beiden Seiten etwa im 45-Grad-Winkel zum Stamm. Dies erfolgte in ca. einem halben Meter Abstand. Das Holz zwischen den Kerben wurde mit der Bandaxt grob „heruntergebrochen". Danach begann das „Beilen" mit dem Breitbeil. Diese Arbeit verlangte vom Zimmerer großes Geschick und Augenmaß; er

Bild: Österreichisches Freilichtmuseum Stübing/UMJ; Foto: BOKU

Mit der Axt wird vorgebrochen – d. h. ein großer Teil des abzutragenden Holzes grob entfernt.

Mit dem Breitbeil wird nur noch die Fläche geglättet. Wer nicht ausgeschlafen war, schlug oft mal über die Schnur …

(Bild: Österreichisches Freilichtmuseum Stübing/UMJ; Foto: BOKU)

musste genau den roten Schnurschlag halbieren und absolut senkrecht und geradlinig das Beil nach unten durchhauen. War die erste Seite fertig, wurde der Stamm gedreht und von vorne begonnen (Ast 1979).

Diese Bearbeitungstechnik brachte den Vorteil mit sich, dass die Holzfasern nicht verletzt und damit die Dauerhaftigkeit nicht herabgesetzt wurde (Ast 1979). Deshalb wurde in Österreich das Bauholz (Kantholz) bis zum 20. Jh. behauen und nicht gesägt. Jedoch fiel beim Behauen sehr viel „Abfall" in Form von Hackscharten an, die durchaus als Brennholz genutzt werden konnten (Wiegand 1767). Prasch (1980) beschreibt das Behauen mit den langstieligen Plantschinen (oder Plankatsch,

Bild: NHM Wien

Eine aus einem Stamm gehauene Mulde (oder auch Multer)

Schwellerhacke), mit denen die Stämme, am Boden liegend, behauen wurden, als Urform der Zimmermannsarbeit. Das Aufbocken der Stämme zum Bearbeiten mit dem kurzstieligen Breitbeil wäre zu schwer gewesen.

Unter Dechsel versteht man ein beilartiges Werkzeug zur Herstellung planer oder konkaver Flächen (z. B. Fassdauben, Radfelgen, Wasserrinnen). Der Kopf bzw. die Schneide liegt nicht in der Ebene des Stieles, sondern liegt quer dazu. Die Zuschärfung des Dechsels liegt auf der unteren, dem Stiel zugewandten Seite (Hartmann 1841). Es gibt gerade und krumme Formen.

Eines der feineren Produkte, die weitestgehend mit Hacke und Dechsel (Hirschberg und Janata 1980) hergestellt wurden, sind Mulden. Sie wurden vor allem aus Pappelholz hergestellt und hatten viele Einsatzbereiche, z. B. zum Brotteigkneten (Peesch 1966).

Bild: NHM Wien

Eine noch heute bekannte Tätigkeit: Das Spalten des Brennholzes mit der Hacke.

Spalten

Unter Spaltbarkeit wird die Eigenschaft der Hölzer verstanden, sich in Richtung ihrer Fasern durch ein eingetriebenes keilförmiges Werkzeug in mehr oder weniger regelmäßige Formen zersprengen zu lassen (Hartmann 1841, Gayer und Mayr 1903). Die Zerteilung erfolgt hierbei in der Ebene der Spiegel (Holzstrahlen, d. h. radial) leichter und schöner als in der Ebene der Jahrringe (d. h. tangential) (Schwankl 1939). Lässt sich ein Stamm in Längsrichtung in parallele Flächen spalten, wobei die Fasern sich ohne großen Widerstand trennen, so bezeichnen wir ihn als leicht spaltbar (Krais 1910). Gut und leicht spaltbare Holzarten sind diese mit geraden und nicht zu feinen Fasern, großen und ebenen Holzstrahlen, hoher Elastizität und geringer Querzugfestigkeit. Hierzu gehören z. B. Rotbuche, Eiche, Esche, Erle und Tanne (Hartmann 1841).

Bild: Danhelovsky, Bearbeitung: BOKU

Adolf Danhelovsky zeigt in seiner Publikation von 1884 n. Chr., wie Fassholz hergerichtet wird. Das Spalten spielt hierbei eine wichtige Rolle. (Adolf Danhelovsky, 1884. *Handbuch über die Erzeugung und Berechnung des Deutschen Fassholzes.* Victor Fritsche Buchhandlung in Essen. Bild V)

Hohe Elastizität fördert das Spalten, saftfrisches Holz spaltet leichter als trockenes (Moeller 1883, Krais 1910). Deshalb eignen sich im Sommer (im Saft) gefällte Bäume zum Spalten besser. Kurze Fasern führen zumeist zu einer schlechten Oberflächenqualität (Moeller 1883).

Das Spalten hat gegenüber dem Sägen folgende Vorteile (Beckmann 1783, Völker 1836, Hartmann 1841, Möhl 1869):

- Es ist schneller, und mit einfacheren Werkzeugen zu verrichten.
- Es fällt kaum Abfall an.
- Gespaltenes Holz ist biegsamer, elastischer und fester, da keine Fasern durchtrennt worden sind.
- Spaltholz ist weniger dem Werfen ausgesetzt, da die Fasern nicht durchtrennt wurden und den Holzstrahlen folgen.
- Gespaltenes Holz ist dauerhafter, da durchtrennte Fasern mehr Feuchtigkeit aufnehmen und dadurch gute Bedingungen für Pilzwachstum geschaffen werden.

Folgende Begriffe werden unterschieden: Als Spaltholz wird das Holz bezeichnet, das gespalten wird. Spaltiges Holz ist Holz, das beim Trocknen spaltig und rissig werden kann (Ehrenberg et al. 1843).

Beim Spalten von Holz muss außerdem unterschieden werden, ob Holz leicht bzw. schwer oder gut bzw. schlecht zu spalten geht (Thon 1840). D. h. einerseits, wie groß der Kraftaufwand beim Spalten ist (leicht/schwer), und andererseits, wie hoch die Oberflächenqualität der Spaltfläche ist (gut/schlecht). Die Leichtigkeit, Holz zu spalten, kann positiv sein, z. B. für die Herstellung von Brennholz oder Spaltholz, aber auch negativ. Dies ist z. B. bei Werkzeuggriffen der Fall, hier ist ein Spalten des Holzkörpers unerwünscht, weshalb hierfür öfters auch Holzmaserstücke verwendet werden.

Bild: BOKU

Der Lärchenstamm wurde gespalten. Es ist deutlich der Wechseldrehwuchs zu erkennen, d. h., die Zellen schlingen sich abwechselnd einmal ein wenig nach links, dann nach rechts usw. Dieses Holz ist dadurch sehr schwer zu spalten.

Die Anforderungen an die Holzqualität beim Spalten sind relativ hoch. Astigkeit, Drehwuchs und Wuchsanomalien erschweren das Spalten deutlich (Thon 1840, Printz 1884) bzw. machen es zum Teil unmöglich, wie es zum Beispiel bei maserartigem Wuchs der Fall ist. Von den Schindelmachern weiß man auch, dass der unterste Teil des Erdbloches (unterster Stammabschnitt mit rund 1 m) schwer spaltbar ist (Nördlinger 1860) und daher nicht verwendet wird. Eine alte Handwerksregel besagt, dass geradfaserige und leicht links gedrehte Stämme (gegen den Uhrzeigersinn) meist gut spaltbar sind, rechts gedrehte dagegen immer schlecht (Burger 1941).

Heutzutage denkt man beim Spalten von Holz nur noch an das Brennholzspalten (Behlen 1831). Das Spalten spielte jedoch früher eine sehr große Rolle. Gayer (1928) zählt in seinem Kapitel „Spaltholz" folgende Produkte auf: Resonanzholz, Bottich und Fassbinderei, Wagnerholz, Subbien (lange Hölzer aus Buche für die Wagnerei), Ruder, Siebränder, Schachtelholz, Weinbergpfähle, Zaunholz und Holzschindel. In Viechtau (Oberösterreich) zählten die Schaffel, Bottiche, Fässer und Schachteln zu den „Spaltwaren". Es wird beschrieben, dass hierfür weiße, astreine und gleichfaserige und somit gut spaltbare Fichte verwendet wurde (Liesenfeld 1987a).

In frühen Zeiten war das Spalten die einzige Möglichkeit, Holz in Längsrichtung zu trennen. So wurden z. B. auch die Stiegenauftritte und Distanzbretter der Holzstiege in Hallstatt (ca. 1100 v. Chr.) aus Baumstämmen gespalten (Reschreiter 2005). Die rund 1,2 m langen Stammteile von Fichten und Tannen wurden mit Holzkeilen in drei Teile gespalten. Es entstanden dabei zum Teil tangentiale Spaltflächen. Ganz ähnliche Befunde in puncto Spalten sind aus den eisenzeitlichen Funden vom Dürrnberg (Hallein) bekannt – mit Längen bis zu 1,6 m (Lobisser 2005).

Den positiven Einfluss der Holzstrahlen auf die Spaltbarkeit sieht man beim leichten und guten Spalten von Eichenholz (eine Holzart mit sehr großen Holzstrahlen). Zur Zeit der

Bild: NHM Wien

Hier werden aus einem rund 1,2 m langen Stammabschnitt drei Teile gespalten. Diese Holzteile entsprechen der Form der Stiegenauftritte bei der bronzezeitlichen Stiege.

Bild: Bundesdenkmalamt, Abteilung für Archäologie

Der oberste Kranz des römischen Brunnenkastens aus Pottenbrunn. Die Hölzer wurden aus Eichen gespalten und weisen einen typischen Querschnitt eines Tortenstückes auf.

Bild: Österreichisches Freilichtmuseum Stübing/UMJ; Foto: BOKU

Bild: Harale, Rumänien; Foto: BOKU

In Harale, Rumänien, werden die Dauben für kleine Bottiche mit einem gerundeten Holzkeil gespalten. So erhält man bereits die notwendige Krümmung der Dauben.

Beim Schindelklieben ist vor allem das Führen des Spaltes wichtig. (ganz links)

Römer wurden Brunnenkästen zu einem großen Teil aus radial gespaltenem Eichenholz hergestellt (Grabner 2011b). Ein durchaus ähnlicher Aufbau von Brunnenkästen ist aus Tschechien aus der Zeit von 5196 v. Chr. und aus Deutschland (Altscherbitz) 5102 v. Chr. bekannt. (Rybnicek et al. 2018, Elburg und Herold 2010).

Aus dem prähistorischen Salzbergwerk in Hallstatt kennt man unzählige Leuchtspäne aus Tannenholz (Grabner et al. 2014). Auch diese wurden radial gespalten bzw. gezogen. Als gezogen bezeichnet man den weiteren Spaltvorgang ohne Werkzeug durch Auseinanderziehen bei gleichzeitiger Steuerung des Spaltverlaufs. Dies geschieht ähnlich wie beim Spalten durch Biegen des Holzstückes.

Beim Spalten von Brennholz ist nur das einfache Auftrennen der Holzstücke nötig. Bei den oben beschriebenen Tätigkeiten oder bei der Herstellung von Schindeln, Bottich- und

Bild: BOKU

In vielen Regionen werden Körbe für hohe Belastungen aus Haselnuss-Spänen gefertigt. Diese sind fester als die Weidenruten. Die Herstellung dieser Späne geschieht durch Spalten – d. h. durch Einleitung einer Schubspannung.

Link zum Film „Herstellung von Schieferschindeln“

Link zu Standbildern des Filmes „Herstellen eines Holzeimers“ (Maissen und Maissen 2003).

Link zum Film über die Herstellung einer Stollentruhe

Fassdauben oder Möbelteilen ist jedoch eine möglichst exakte Führung des Spaltes nötig (Schwankl 1939). Prinzipiell spaltet das Holz entlang seiner Fasern oder entlang der Holzstrahlen. Es ist jedoch auch ein Springen bzw. das Verlaufen der Spaltebene möglich (Tabor 1994). D. h., das Holzstück wird nicht komplett durchtrennt.

Der Film über die Herstellung von Schindeln zeigt gut wie man die Spaltrichtung führen kann (siehe: https://www.youtube.com/watch?v=fP-IIPr4UYA).

Generell wird das Holz von oben her gespalten – d. h. am dünneren Ende des Stammes beginnend (Völker 1836). Schindeln (egal welcher Art) werden mit dem Schindeleisen gespalten (Carstensen 1937). Hierbei ist die Erzielung möglichst gleich dicker Schindeln sehr wichtig, außerdem sollen alle Schindeln dieselbe Länge aufweisen. Daher ist darauf zu achten, dass der Spalt nicht aus der vorgesehenen Spaltrichtung läuft. Droht der Spalt vom Handwerker weg auszuweichen, muss der Handwerker den Teil, der näher bei ihm liegt, zu sich biegen. In den meisten Fällen ist das der dickere Teil. Dadurch verläuft der Spalt parallel zum Werkstück. Diese Technik kann auf alle Spaltprodukte angewandt werden, egal ob diese radial oder tangential gespalten werden. Der Großteil der Schindeln (siehe auch Kapitel Die Holzarten der Schindel, S. 107 ff.) wird tangential gespalten (Leg- und Scharschindel aus Lärchenholz, Eigl 1894). Sonderformen, wie die Schiefer- und Nutschindel – auch aus Fichten- oder Tannenholz –, werden auch radial gespalten.

Das Aussuchen der Schindelbäume war eine Wissenschaft für sich. Der Stamm sollte gerade und möglichst astrein sein und vor allem durfte er nicht im Wind gestanden sein und dadurch Drehwuchs aufweisen. Feinfaseriges, langsam gewachsenes Holz war besonders geeignet (Carstensen 1937, Enigl 1987).

Bei entsprechender Holzqualität kann Holz verlustfrei gespalten werden – d. h., es fallen keine Späne an. Das wurde früher auch von den Fass- und Bottichbindern genutzt. Hier wurden die Dauben zum Teil bereits mit runden Keilen gespalten. D. h., die Dauben hatten somit schon in etwa die gerundete Form, wie sie dann im Bottich oder Fass vorliegt (Maissen und Maissen 2003; siehe auch: https://www.gr.ch/DE/institutionen/verwaltung/ekud/afk/kbg/online/av-portal/AVAssetLibrary/00_AVGR96/00_AVGR96-1/00_AVGR96-1-1/03_documents/03_Bildsequenz_AVGR96.pdf). Durch das exakte Folgen der Faser beim Spalten war auch die Bearbeitung mit dem

Reif- und Ausziehmesser (Schaber) einfacher. Auch die Wagner bedienten sich oft des Spaltens von Holz.

Ein faszinierender Nachweis der Geschicklichkeit beim Spalten früherer Handwerkerinnen und Handwerker ist beim Film aus Ungarn aus dem Jahr 1955 über den Bau einer Stollentruhe zu sehen (https://www.youtube.com/watch?v=3V0gQ9M45G8).

Eine spezielle Form des Spaltens bzw. Ziehens ist die Herstellung von Holzspänen zum Körbe flechten (Peesch 1966; siehe auch Kapitel Arbeiten mit dem Messer, S. 138 ff.).

Bild: Simenfalva, Rumänien; Foto BOKU

Spalten einer Weidenrute mit dem Reißer in drei Teile

Diese wurden aus Eschenholz geklopft (siehe Kapitel Klopfen, S. 142 f.) oder aus Haselnussstecken hergestellt. Ast und Winner (2011k) beschreiben diese Tätigkeit: Die Haselstangen wurden im November, nach Abfallen des Laubes, geerntet. Es wurden vor allem langsam gewachsene Stangen mit feinen Fasern gesucht, schattseitig gewachsene wurden nicht verwendet. Vor dem Verarbeiten wurden sie im Bach eingeweicht – die Stangln mussten so weich sein, „dass man sie über den Finger wickeln konnte". Die Haselstecken werden an einem Ende mit einem Messer eingekerbt – so tief, wie der Span (die Schiene) dick werden soll. Danach wird der Stecken entweder über das Knie oder mit Hilfsgeräten gebogen. Durch das Biegen löst sich der Span. Mit der linken Hand – dem Mittel-, Ring- und kleinen Finger – fährt man zwischen die Schiene und das Holz; mit Daumen und Zeigefinger der gleichen Hand fasst man die Rute und erarbeitet die Trennung. Mit der rechten Hand wird dann die Schiene sorgfältig abgezogen (Maissen u. Maissen 2004). Die Späne werden dann mit dem Messer oder speziellen Hobeln geglättet, wobei der Hobel in der Hand gehalten wird und die Schiene durchgezogen wird (auf einem aufgeschnürten Leder). Alte Schienen können durch Einweichen wieder verarbeitbar gemacht werden.

Auch Weidenruten wurden gespalten – gedrittelt oder geviertelt. Hierzu wurden die Ruten mit dem Messer eingeschnitten und ein wenig gespalten. Danach wurde mit dem Spaltholz (oder Reißer, Gayer und Mayr 1903) die gesamte Rute gespalten (Duhammel du Monceau 1766, Völker 1836, Möhl 1869).

Sägen

Das Sägen ist heutzutage wohl die wichtigste Bearbeitungsmöglichkeit von Holz. Bei der Bearbeitung des Holzes nimmt die Säge weniger Rücksicht auf die gewachsene Struktur, wie es beim Spalten oder beim Behauen der Fall ist (Moser 1985). Auch wenn man bereits Sägen aus dem antiken Ägypten (Jüttemann 1984, Feldhaus 1922), aus dem antiken Griechenland das Schneiden mit einem Schlangengebiss (Beckmann 1783) und sogar aus der Steinzeit, Steinkeile mit kleinen Zähnen,

Bild: NHM Wien

Ein Originalfund einer Bronzesäge. Die Zahnung weist eher auf die Verwendung für Geweih oder Horn als für Holz hin.

kennt, hat sich dieses Werkzeug erst relativ spät für die Holzbearbeitung durchgesetzt. Man kennt bildliche Darstellungen sowohl der antiken Ägypter als auch Römer, wo zum Teil das Sägen von Brettern zu erkennen ist (Feldhaus 1922, Ast 2006). Erst in römischer Zeit wurde das Schränken (d. h., die Sägezähne werden etwas nach außen gebogen oder verdickt; somit ist die Schneide dicker als das Blatt) der Sägezähne erfunden. Vorher waren die Rücken der Sägeblätter schmäler als die Zähne. Sowohl diese Bauform als auch das Schränken erlauben leichtgängiges und tiefes Sägen (Gerner 1992).

Hartmann (1841) formuliert: *„Die regelmäßige Anwendung des Zersägens findet dort statt, wo die Produkte auf Grund des übergroßen Abfalles nicht durch Behauen hergestellt werden können. Zum Schnittholz nimmt man die gesundesten, geradesten und astfreiesten Bäume."*

Seit dem 14. Jahrhundert greifen die Handwerker vermehrt zu verschiedenen Sägen (Knöppel 1994). Das Schneiden der Bretter und Bohlen geschieht am besten bald nach dem Fällen, da es weniger Kraftaufwand erfordert. Die Leistung ist 1,5- bis 2-mal so hoch wie bei trockenem Holz (Hartmann 1841, Grebe 1861). Es wurde noch lange zwischen dem „Brett" (aus dem Stamm gespalten) und dem „Laden" (aus dem Stamm gesägt)

Bild: Österreichisches Freilichtmuseum Stübing/UMJ; Foto: BOKU

Einschnitt im historischen Sägewerk im Österreichischen Freilichtmuseum Stübing/UMJ. Das Venezianergatter sägt mit einem Sägeblatt.

Bild: Danhelovsky, Bearbeitung: BOKU

Adolf Danelovsky zeigt in seiner Publikation von 1884 n. Chr., wie Fassholz hergerichtet wird. Hierbei werden Eichenstämme mit der Zweimannsäge aufgeschnitten. (Adolf Danhelovsky, 1884. *Handbuch über die Erzeugung und Berechnung des Deutschen Fassholzes*. Victor Fritsche Buchhandlung in Essen. Bild VII)

unterschieden (Ast 2006). Diese Bezeichnungen haben sich jedoch später durchmischt.

In historischen Zeiten bestand das Blatt aus Stahl. Nach dem Härten musste dieser blau oder violett angelassen werden (Hartmann 1841). Die Zähne der Säge sind an Gestalt und Größe sehr verschieden. Bei der Bewegung der Säge werden die Zähne mit Kraft gegen das Holz gedrückt, wodurch die Fasern zerrissen und als Sägespäne ausgeworfen werden. Je weicher das Holz ist, desto gröbere Zähne und desto weniger Zähne kann man verwenden (Hartmann 1841; Grebe 1861).

Man unterteilt in Spannsägen, wo dünne Blätter in ein Gestell gespannt werden, und in Sägen ohne Spannung (Möhl 1869). Letztere müssen zur Erreichung der Steifigkeit dicker sein.

Eine Beschreibung des Schneidens mit der Schrot- oder Brettsäge (Hartmann 1841): *„Die Säge ist 1,2 bis 1,8 m lang und weist auf beiden Enden hölzerne Querhefte auf. Sie ist 10 bis 15 cm breit und geschränkt. Das Sägebloch wird auf mannshohe hölzerne Gerüste aufgelegt. Ein Mann steht oben am Bloch und führt die Säge entlang der durch eine Schlagschnur hergestellten Linie. Ein, oder zwei Arbeiter stehen unten. Das Arbeiten findet nur beim Niederziehen statt. Die Schnittfuge wird durch einen Keil offen gehalten."*

Ganz ähnlich wird das Sägen noch 1910 beschrieben (Krais 1910).

Die erste Skizze von einem mechanischen Sägewerk gibt es aus 1245 n. Chr. von Villard de Honnecourt (Jüttemann 1984, Knöppel 1994, Ast 2006). Man kann von den ersten Sägemühlen (in Frankreich) ab ca. 1200 n. Chr. ausgehen (Gaebeler 2006). Die erste Erwähnung eines mechanischen Sägewerkes in Kärnten (Raufen, Mölltal, Kärnten) geht auf das Jahr 1333 n. Chr. zurück (Johann 1968). Die älteste Form ist die mit nur einem Sägeblatt im Gatter, welches beim Niedergehen sägt (Hartmann 1841). Die Zahnung muss nach unten schauen, ist geschränkt und dreieckig oder in Form des Wolfszahnes (bogenförmig ausgeschweift) ausgeführt.

Enigl (1987) erzählt über den Zeitaufwand des Sägens aus dem Waldviertel: *„Für einen Anteil an der Brettersäge konnte man 16 Festmeter schneiden. Das konnte einige Wochen dauern, bis die Menge geschnitten war – vor allem im Winter mit geringer Wasserführung."*

Die Sagmeister erzeugten nebenbei die verschiedensten Holzwaren – Butten, Schaffe, Wasch-, Back-, Sautröge, Holzschuhe, Schwingen, Werkzeugstiele, Holzrechen usw. Zeit dafür hatten sie besonders, wenn der Bach wenig Wasser führte (Enigl 1987).

Bild: Österreichisches Freilichtmuseum Stübing/UMJ; Foto: BOKU

Für einen Trennschnitt von einem 4 m langen Bloch braucht man beim historischen Venezianergatter rund 15 Minuten (Vorschubgeschwindigkeit ca. 0,25 m/min).

Nachdem das Behauen mit dem Breitbeil, das Auftrennen mit der Kliebsäge und dem Einblatt-Gatter konkurrenzfähig war, gab es vor allem bis zum Aufkommen der Vollgatter (mit vielen Sägeblättern) jahrzehntelang auch alle drei Herstellungsverfahren parallel. Im niederösterreichischen Schneebergland waren die Vollgatter ab ca. 1870 n. Chr. im Einsatz (Ast 1979).

Stöckel (1823) zählt für die Tischlerei folgende Sägen auf: Furniersäge, Klobensäge, Schließsäge, Schweifsäge, Fuchsschwanz, Lochsäge, Gratsäge. Auch die Furnierherstellung war auf Sägen angewiesen. Hierbei wurden üblicherweise 8 bis 10 Furnier-

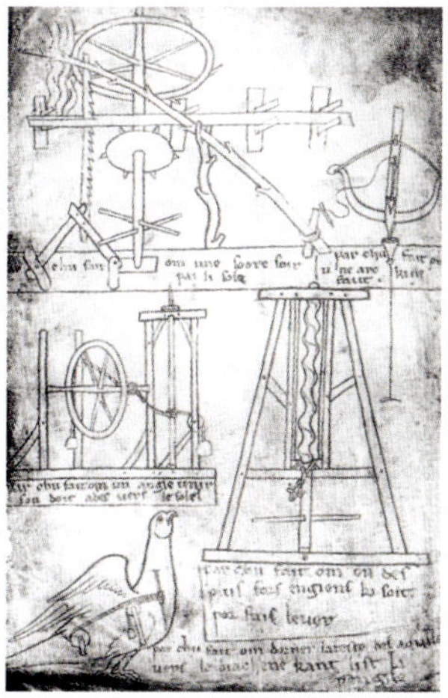

Bild: Gemeinfrei, https://commons.wikimedia.org/w/index.php?curid=15611274

Die Skizze von Villard de Honnecourt eines Sägewerkes um 1245 n. Chr

Bild: Gemeinfrei, https://commons.wikimedia.org/w/index.php?curid=6479502

1661 n. Chr. stellt Böckler eine mechanisch betriebene Sägemühle dar. (Böckler, G. A. 1661. *Theatrum Machinarum Novum*. Deutsche Fotothek)

blätter pro Zoll (= 2,5 cm) Holzdicke gesägt. Die Höchstzahl lag bei 16 bis 18 Blättern – das entspricht einer Furnierstärke von 1 mm (Hartmann 1841, Palla 1994). Die Sägen hierfür waren dünn und kaum geschränkt.

Link zum Film über die Herstellung eines Haussegens

Arbeiten mit dem Messer

Der Begriff „Messer" ist hierbei weit zu fassen (Karmarsch 1841, Hirschberg und Janata 1980, Sentance 2003).

Das Beispiel des „Haussegen-Schnitzens" zeigt, dass sehr fragile Arbeiten mit einfachen Messern durchgeführt werden können (siehe: https://www.youtube.com/watch?v=SQsA-zhV760&t=1s).

Die Arbeit mit dem „Messer" kann in unseren Breiten allen Bereichen des Schnitzens zugeordnet werden. Hierfür sind viele Varianten an Schnitzmessern entwickelt worden. Anonymus (1830) beschreibt die für den Holzschnitzer tauglichen Hölzer: *„Sie müssen milde, mehr weich als hart und dennoch fest, dicht feinfaserig und jährig, und wenig astig sein – kurz sich überhaupt schön und glatt bearbeiten lassen und nicht aufreißen und schwinden. Das vorzüglichste Holz ist die Linde (Hartig 1823), gefolgt von Hainbuche, Pappel, usw. Für Kleinkünstler auch Fruchtarten und Buchsbaum bzw. Ebenholz."* In den Gebirgsregionen wird auch die Zirbe verwendet (Stoetzer 1903). Schweizerische, mittelalterliche Holzskulpturen wurden aus Linde, Pappel, Zirbe, Weide, Ahorn, Nuss, Ulme, Birke, Fichte und Tanne hergestellt (Schweingruber 1973b).

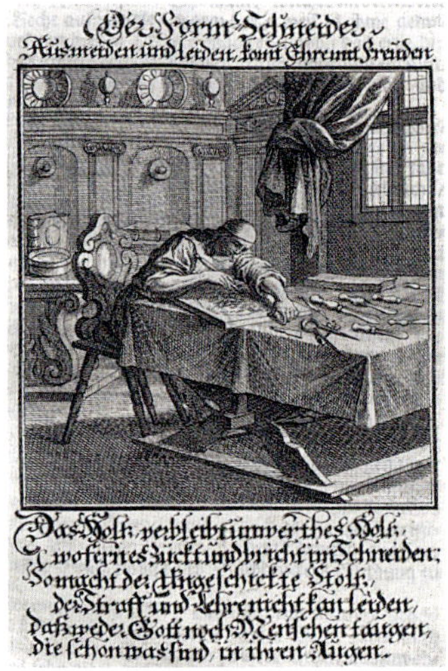

Bild: Gemeinfrei, https://commons.wikimedia.org/w/index.php?curid=6483943

Der Formschneider (Xylograph) bei der Herstellung von Druckplatten (Weigl, C. 1698. *Abbildung der gemeinnützlichen Haupt-Stände: von denen Regenten u. ihren so in Friedens- als Kriegs-Zeiten zugeordneten Bedienten an biss auf alle Künstler u. Handwercker;* Deutsche Fotothek)

Der Formschneider oder Xylograph (Sentance 2003) hat Druckmodeln vor allem aus Birnen- und Buchsbaumholz hergestellt (Palla 1994).

„Der Holzschnitzer haut und schnitzt aus den Hälften oder Vierteln starker Ahorn, Aspen, Linden und Pappelklötze die Badtröge, Mulden und dergleichen mehr." schrieb Grebe (1861). Diese Arbeiten sind eine Mischung aus der Verwendung von Äxten und Messern (Peesch 1966).

Es sind auch einfache Bearbeitungsformen mit dem Messer verbunden – nicht nur im Sinne eines Kunsthandwerkes. Hierzu gehört zum Beispiel das Zuspitzen, aber auch das „Ziehen" von Holz (Walther 1802). Hierbei wird ein bereits relativ kleines Werkstück mit einem Messer in Längsrichtung eingeschnitten und die zwei Teile mit den Fingern auseinandergezogen. Die Führung des Spaltes funktioniert ähnlich wie beim Spalten von Holz. Es werden auch Holzgefäße, wie Schalen, Becher, Kümpfen und Teller, mit Messern hergestellt. Urgeschichtlich sind diese aus Maserknollen der Birke und Ahorn bekannt (Capelle 1983, Leuzinger 2002). Messer können auch zum Einritzen von Mustern genutzt werden (Sentance 2003), wie sie z. B. auf eisenzeitlichen Spanschachteln aus Hallstatt zu finden sind.

Neben dem Schnitzen stellt das Drechseln eine weitere zerspanende Technik dar. Dabei werden mit dem Drechseleisen vom rotierenden Holzstück Späne abgenommen. In der Viechtau bei Gmunden wurden zur Herstellung von Fasspie-

Bild: Sancrai, Rumänien; Foto: BOKU

Mit dem Schnitzeisen werden Kerbschnitzarbeiten vollbracht.

Bild: NHM Wien

Das Ziehen des Holzes. Der Span wird mit einem Messer ganz leicht gespalten. Danach wird mit den Fingern das Holz auseinandergezogen. Hierbei muss der Spalt durch entsprechendes Biegen des Holzes gesteuert werden.

Bild: NHM Wien

Diese Verzierungen an einer eisenzeitlichen Spanschachtel aus Hallstatt wurden mit einem Werkzeug, ähnlich einem Messer, eingeritzt.

Bild: BOKU

Durch das Drechseln ist es möglich, zylindrische Formen herzustellen.

pen jährlich 100 Raummeter Eiben-, Zwetschken- und Kirschbaumholz verarbeitet (Schönwiese 1911). Daraus wurden mehr als 30.000 Stück Fasspiepen hergestellt.

Stübling (1896) beschreibt allerdings eine Vielzahl an Holzarten, die für die verschiedensten Produkte der Drechslerei geeignet sind.

Der Beginn der Drechslerei ist schwer zu fassen, jedoch sind Drechselbänke aus der Römischen Kaiserzeit bereits bekannt (Haarnagel 1983). Eines der ältesten bekannten Fundstücke dürfte das Gefäß aus Uffing in Bayern aus der Hallstattzeit sein (Capelle

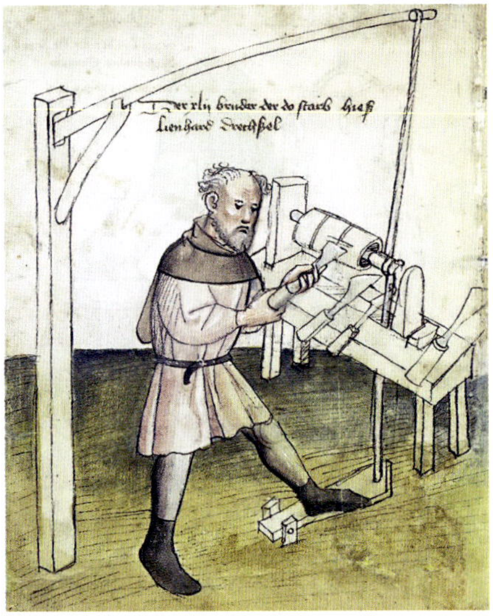

Bild: Gemeinfrei, https://commons.wikimedia.org/w/index.php?curid=13130086

Hier ist der Drechsler bei seiner Wippdrechselbank zu sehen. (*Hausbuch der Mendelschen Zwölfbrüderstiftung*, Band 1. Nürnberg 1426–1549. Stadtbibliothek Nürnberg, Amb. 317.2°)

1983). An dem Gefäß aus Pappel/Weide wurde am Fuß ein frei beweglicher Ring herausgedreht.

Die Stemmeisen (Moser 1985) stellen ein weiteres Werkzeug für zerspanende Tätigkeiten dar. Diese Werkzeuge sind bereits seit der Bronzezeit bekannt und dienen seit damals zum Stemmen von Löchern und Schlitzen sowie zum Schnitzen (siehe: https://www.youtube.com/watch?v=330n4_vleAg).

Ein sehr universelles Arbeitsgerät ist das Reifmesser (Haegele und Richter 1990, Stummer und Nussbaumer 2007) oder Ziehmesser (Moser 1985). Das mit zwei Händen zu führende „Messer" wird zum Glätten oder Zuspitzen verwendet. Da man beide Hände benötigt, werden kleine Holzgegenstände in der Hoanzlbank eingespannt. Die Arbeit mit dem Reifmesser auf der Hoanzlbank ist auch gut im Video über die Holznagelherstellung zu sehen: https://www.youtube.com/watch?v=LhwQhCwwF6U&t=297s

Link zum Film über die Rekonstruktion einer keltischen Hirschfigur – unter anderem mit Stemmeisen

Link zum Film über die Herstellung eines Holznagels

Eine sehr spezielle Form eines „Messers" ist das Auszieheisen, auch Schaber genannt (Gayer und Mayr 1903, Haegele und Richter 1990). Damit ist es möglich, runde Bauteile (wie z. B. Bottiche) innen rund zu bearbeiten. Es wurde auch zum Bearbeiten der inneren Flächen von Holzschuhen aus Fichte, Birke, Erle, Pappel, Nuss (Palla 1994) verwendet. Ausziehmesser sind seit über 3.000 Jahren im Gebrauch (Speck 1989). Heute sind die gleichen Geräte als Scorpeisen und Schälmesser in Werkzeugkatalogen zum Schnitzen von Schalen und Löffeln erhältlich.

Dem Auszieheisen recht ähnlich sind spezielle Messer, die zur Herstellung der Nut von Nutschindeln verwendet wurden (Phleps 1942).

Messer werden auch in Hobel eingespannt (Moser 1985, Sentance 2003). Für die Tischlerei zählt Stöckel (1823) folgende Typen auf: Fugbank, Rauhbank, Schlichthobel, Schrobhobel, Harthobel, Zahnhobel, Schiffhobel, Simshobel, Mangenhobel, Nuthobel, alle Arten von Kehlhobeln und der Grundhobel. Die hohe Anzahl an Typen (Krauth 1899) zeigt die große Bedeutung dieses Werkzeuges, um Flächen zu glätten, zum Profilieren und zum Fügen (Verleimen) (Karmarsch 1841 und 1857, Großmann 1916, Radt 1931). In einem Werkzeugkatalog aus

Bild: Harale, Rumänien; Foto: BOKU

Mit dem Reifmesser wird die in der Hoanzlbank eingespannte Nutschindel geglättet.

Bild: Harale, Rumänien; Foto: BOKU

Der Bottich wird innen mit dem Auszieheisen geglättet.

Bild: Harale, Rumänien; Foto: BOKU

Bild: BOKU

Der klassische Hobel nimmt mit seinem Messer Späne ab.

1661 n. Chr. stellt Böckler eine mechanisch betriebene Bohrmühle dar. (Böckler, G. A. 1661. *Theatrum Machinarum Novum*. Deutsche Fotothek)

(Bild: Gemeinfrei, https://commons.wikimedia.org/w/index.php?curid=6479534)

Bild: Österreichisches Freilichtmuseum Stübing/UMJ; Foto: BOKU

Mit dem Nuteisen werden die Nuten der Nutschindeln geschnitten. (oben)

dem Jahr 1906 endet die Modelnummer für Tischlerhobel bei der Zahl 173 (wobei hier die unterschiedlichen Profileisen nicht berücksichtigt sind, Anonymus 1906).

Es ist nicht ganz klar, ab wann Hobel im Einsatz waren. In der Bottichbinderei oder dem Bootsbau sind dichte Fugen notwendig, deren Herstellung mit einem Hobel einfacher zu bewerkstelligen ist. Hinweise auf Daubengefäße finden sich aber bereits in der Steinzeit (Leuzinger 2002), lange bevor erste Hobel nachweisbar sind. An einem Hallstattzeitlichen Boot aus Laibach wurden entsprechende Spuren entdeckt (Ellmers 1983). Auch bei der Herstellung von Leuchtspänen wurden die Reste der Schindelerzeugung mit eigenen Hobeln aufgearbeitet (Fiala 1965).

Im weitesten Sinn zählen auch Bohrer zu den „Messern". Zu Beginn wurden runde Löcher durch Reibung hergestellt. Später wurden Bohrer in Bohrwinden eingespannt und mit Muskelkraft betrieben (Moser 1985). Löffelbohrer aus der Eisenzeit sind sowohl aus Deutschland (Jacobi 1974) als auch aus Italien

Der Kopf des Deichlbohrers schaut schon durch die Brunnleitung heraus. (links)

(Zannoni 1888) bekannt. Auch im Frühmittelalter finden sich Löffelbohrer (Talin-Bergmann 1983).

Eine der höchststehenden Künste des Bohrens war wohl die Herstellung der Deichl – das sind Brunn- oder Soleleitungen (Haegele und Richter 1990). Dieser bis über 3 m lange Löffelbohrer wird händisch zentral durch die Deichln gebohrt. Zumeist wurden Kiefern- (Florinus 1721) und Tannenstämme, aber auch Fichtenholz verwendet. Grebe (1861) beschreibt die Röhren als 4 bis 5 m lang und 22 bis 38 cm dick, aus Kiefern- und Lärchenholz, die schnurgerade und frei von schadhaften Stellen und zentrisch gewachsen sein mussten. Nach Pfeil (1831a) wurde auch Fichte verwendet. Dies wurde bei den Soleleitungen in Hallstatt bestätigt. Bisher in Wien gefundene Wasserleitungen bestätigten die Holzart Kiefer. In Belmen im Elsbachtal (Deutschland) konnten römische Wasserleitungen aus Erlenstämmen gefunden werden (Ziethen 1999). Die Kontrolle der Orientierung des Bohrers passierte an Hand der Späne. Hier musste immer das Mark zu erkennen sein.

Dieser historische Korb wurde aus Eschenspänen geflochten.

Bild: NHM Wien, Brandner

Klopfen

Eine Nutzungsmöglichkeit von Eschen, die praktisch maßgeschneidert auf die Eigenschaften dieses Baumes scheint, ist die Herstellung von Spänen durch Klopfen. Hufnagl (1920) erwähnt die Herstellung von Flechtspänen und Laris (1910) bezeichnet die amerikanische Schwarzesche auch als Korbesche.

Zur Herstellung der Flechtspäne schlug man möglichst astfreie Eschenbäumchen von 10 bis 20 cm Durchmesser um. Mit der Hacke wurden der Länge nach schmale Sektoren radial gespalten, den weichen Kern (Mark) spaltete man weg. Nun legte man das Holz mit der Rundseite auf einen Holzklotz und klopfte nicht zu fest obendrauf – und zwar so, dass sich auch Schubkräfte auf das Holz auswirken. Dadurch zerdrückt man die dünnen Wände der Frühholz-Gefäße und die Späne spalteten sich nach Jahrringen ab. Waren die Jahrringe zu dick zum Flechten, konnten diese bis zur gewünschten Stärke weiter aufgespalten werden. Für Flechtarbeiten war Eschenholz viel ergiebiger als Haselholz, berichtete ein Korbflechter aus dem Viertel ober dem Wienerwald im Jahr 1972 (Ast und Winner 2011k).

Eine eisenzeitliche Spanschachtel aus Eschenholz (Zarge). Die Zarge besteht aus einem Span eines Jahrringes.

Bild: NHM Wien, Rausch

Diese Spezialanwendung kann interessanterweise nur sehr eingeschränkt beobachtet werden. Üblicherweise werden Flechtspäne aus Haselholz oder Nadelholz gespalten, geschnitten oder gezogen (Maissen, Maissen 2004, Tabor 1994). Neben den häufig erwähnten Nutzungen von Eschenholz finden sich für das Klopfen in nur zwei bekannten Werken entsprechende Hinweise (Hufnagl 1920, Laris 1910).

Durch Gespräche mit Korbflechtern und durch die Analyse von Museumsbeständen (Viechtauer Heimathaus nahe Gmunden, Oberösterreich, Waldbauernmuseum Gutenstein, Niederösterreich) zeigte sich, dass die Eschenspäne im Salzkammergut (Oberösterreich) und im Schneebergland (Niederösterreich) verwendet wurden. Der Film von H. Neubacher und G. Gschwendtner „Alte Handwerkskunst neu erlebt, Herstellen eines Eschenrückenkorbes" dokumentiert die Herstellung und Verarbeitung von Eschenspänen in Bad Goisern (Oberösterreich) im Jahr 2005.

Eschenspäne wurden aber nicht nur als Flechtmaterial verwendet. Sie finden sich auch in sehr eingeschränkter Form als Zargen von Spanschachteln, in der Bronzezeit und der älteren

Bild: BOKU

Rohlinge aus Esche werden mit dem Hammer geklopft. Später wird der Rohling etwas gebogen. Die so auftretenden Schubspannungen trennen die Späne jahrringweise (rechts im Bild).

Eisenzeit. Die meisten bekannten prähistorischen Spanschachteln stammen aus dem Salzbergwerk Hallstatt und datieren in die ältere Eisenzeit (Reschreiter 2009). Alle untersuchten Zargen dieser Spanschachteln bestehen aus dem Spätholzband von Eschenholz (aus einem einzigen Jahrring).

In beiden Fällen, den noch heute verwendeten Flechtspänen und den prähistorischen Zargen, dürfte die Herstellung auf dieselbe Art erfolgt sein – eine einmalige Technik, die von keiner anderen Holzart bekannt ist.

Bei der hier vorgestellten Technik werden die Späne geschlagen. Diese Methode ermöglicht es, die herausragenden Materialeigenschaften der Esche (zäh, elastisch, biegsam) zu nutzen. In der Literatur konnten Hinweise auf eine ähnliche Eschenspanproduktion in Nordamerika gefunden werden (van Bussel und Dillard 2011).

Die Rekonstruktion einer eisenzeitlichen Spanschachtel und somit die Herstellung der Eschenspäne wurde in einem Film festgehalten (https://youtu.be/dNx3ndAHC9w) und publiziert (Reschreiter et al. 2013).

Link zum Video über die Rekonstruktion einer Spanschachtel

Formende Verfahren

Sehr viele Holzobjekte bestehen nicht nur aus einem Teil. D. h., es müssen Einzelteile miteinander verbunden (gefügt) oder auch in Form gebracht werden. Es soll hier ein Überblick über Verfahren des Verbindens, aber auch des Verformens gegeben werden.

Holzverbindungen

Das Wissen um die Holzverbindungen der Zimmerleute geht rapide zurück (King und Lohrum 2000). Heute werden darunter zum Teil moderne Hilfsmittel, wie Lochbleche, und nicht die natürlichen Holzverbindungen verstanden (Gerner 1992, 2000, Milan 2000). Ganz ähnlich ist die Situation in der Tischlerei – hier überwiegen Dübel und Metallverbinder über Zinken und Gratleiste.

Die Möglichkeiten von Holzverbindungen sind mannigfaltig. Autoren haben seit dem 18. Jahrhundert diese dargestellt und beschrieben (Schübler 1731, Möhl 1869). In späteren und modernen Werken werden verschiedenste Holzverbindungen gezeigt (Phleps 1942, Klöckner 1982, Gerner 1992, 2000; Böhm 1911, Krauth 1899, Moser 1985, Binding 1991, King und Lohrum 2000, Zwerger 2015).

Zur Vereinfachung nimmt Böhm (1911) eine Einteilung nach dem Zweck der Verbindung vor: zur Verlängerung, zur Verbreiterung oder zur Verdickung, weil die Objekte nicht aus einem Stück gearbeitet werden können (z. B. Zusammenstoß unter einem Winkel). Eine weitere komplexere Möglichkeit der Einteilung ist über die Beweglichkeit der Elemente. In den meis-

Bild: Österreichisches Freilichtmuseum Stübing/UMJ; Foto: BOKU

Eine Tischlade, die mit verdeckten Schwalbenschwanz-Zinken gefertigt wurde

Bild: Bundesdenkmalamt, Planarchiv Wien, Inv.-Nr. 8826, Aufnahmejahr 1930

Dieser Plan zeigt den Wiener Stephansdom in einem Querschnitt, durch das Langhaus nach Westen blickend, aus dem Jahr 1930 n. Chr. Darauf ist der 1945 n. Chr. zerstörte Dachstuhl zu erkennen.

Bild: BOKU

Bei der Rekonstruktion prähistorischer Holzgebäude werden natürliche Wuchsformen (Astgabeln) genutzt und die Bauteile mit Bast- oder Hautschnüren fixiert.

ten Fällen der Verbindungen bleibt die Beweglichkeit in einer Richtung erhalten (z. B. das Ausziehen des Zapfens aus dem Zapfenloch). Im Allgemeinen wird eine Verbindung, die nur in einer Richtung lösbar ist, als die beste angesehen. Daher wurden äußerst komplizierte Verbindungen mit allem Handwerksstolz entwickelt (z. B. Zierschrot). Nur durch Fremdkörper, wie Leim, Nägel und Schrauben, kommt es zu unlösbaren Verbindungen (Böhm 1911).

Bild: NHM Wien, Rausch

Bild: Kirche Mariae Himmelfahrt, Rastenfeld; Foto: BOKU

Eine häufige Form der Holzverbindung im Bereich der Dachstühle ist die Verblattung.

Bild: Österreichisches Freilichtmuseum Stübing/UMJ; Foto: BOKU

Bei der bronzezeitlichen Stiege in Hallstatt wurde bereits ein Spannschloss zum Zusammenhalten der Stiegenwangen verwendet. (ganz links)

Ein Beispiel einer sehr aufwändigen Eckverbindung im Blockbau ist der Zierschrot (Getreidekasten aus Saureggen, Kärnten). (links)

Link zum Film über die Rekonstruktion einer Stockmühle

Für Türblätter wurde sehr oft die Verbindungsart der Gratleiste verwendet. (links)

Sehr häufig wurden Türen aus Rahmen und Füllungen zusammengesetzt. Das hilft auch Holz zu sparen und das Schwindverhalten zu reduzieren. (ganz links)

Es wird an dieser Stelle nicht die volle Breite an Holzverbindungen dargestellt – das würde den Rahmen sprengen. Hier werden exemplarisch einige Fälle, vor allem im Kontext zur zeitlichen Entwicklung, vorgestellt:

Bild: Österreichisches Freilichtmuseum Stübing/UMJ; Foto: BOKU

Bild: Österreichisches Freilichtmuseum Stübing/UMJ; Foto: BOKU

Die Entwicklung von Holzkonstruktionen, wie z. B. im Hausbau, hängt im hohen Maße von den Verbindungen ab. Daher wurden für die ersten Holzverbindungen natürliche Wuchsformen, wie Astgabeln, Astansätze oder Ähnliches, genutzt (Gerner 1992). Die Verbindungen wurden durch Seile oder Schnüre gesichert (Swoboda 1975). Damit einhergehend wurde auch die Konstruktionsweise beeinflusst. In der Stein- und Bronzezeit wurden vor allem Pfostenhäuser errichtet (Gerner 1992, Swoboda 1975). Im Widerspruch hierzu stehen jedoch die Brunnenkästen in Form von Blockbauten aus gespaltenem Holz (Tschechien aus der Zeit von 5196 v. Chr.; Deutschland (Altscherbitz) 5102 v. Chr., (Rybnicek et al. 2018, Elburg und Herold 2010), Trier 1553 v. Chr. (Neyses-Eiden 2005). Aus Österreich gibt es solche Nachweise aus Wohlsdorf (Steiermark) aus der Zeit 1450 bis 1379 v. Chr. Etwas jünger sind die Blockbauten (als Surbecken) in Hallstatt, sie stammen aus 1288 ±18 v. Chr. (Grabner et al. 2021). Der Blockbau erfordert mehr spezialisierte Arbeiten mit der Axt, dem Beil oder dem Stemmeisen, da hier bereits echte Verbindungen hergestellt werden müssen (Swoboda 1975).

Der Zapfen – eine der wichtigsten Verbindungsformen in historischen Dachstühlen – wurde bereits ab ca. 3500 v. Chr. verwendet (Gerner 1992). In der Bronzezeit kommt dann eine Sonderform – Zapfenverbindung mit durchgestecktem Keil – auf (das so genannte Zapfenschloss oder Spannschloss) (Gerner 1992). Dieses Spannschloss ist auch in der Hallstätter Holzstiege (1143 v. Chr., Grabner et al. 2021) zu finden.

In mittelalterlichen Dachstühlen findet man in erster Linie Verblattungen, erst später dann Zapfen (Binding 1991).

Beim Blockbau ist die Verkämmung mit Vorholz die einfachste Form (Phleps 1942, Klöckner 1982; siehe: https://www.youtube.com/watch?v=Ow6b6XTIykU). Das Weglassen der Vorhölzer führte dann zu komplizierteren Eckverbindungen – schwalbenschwanzförmige Verzinkungen bis hin zum Zier- oder Figurenschrot (Eigl 1894, Gerner 1992, Prasch 1980, Moser 1985).

Link zum Film über die Herstellung einer Stollentruhe

Im Möbelbau war es wichtig, exaktere Verbindungen herzustellen – auch wenn dies mit einfachen Mitteln zu bewerkstelligen war, wie in Folge gezeigt wird. Als Beispiel wird die Herstellung der Stollentruhe in einem Video demonstriert: (https://www.youtube.com/watch?v=3V0gQ9M45G8).

In vielen Fällen war es nötig, Bretter an den Schmalseiten zu verbinden, um größere Dimensionen zu erzielen. Eine Möglichkeit dieser Holzverbindung ist die Gratleiste. In den Brettern wird der Gratgrund mit der Gratsäge unter 75 Grad, im rechten Winkel zur Faser, eingesägt und mit dem Grundhobel ausgearbeitet. An der Gratleiste wird mit dem Grathobel der Winkel angehobelt. Der Gratgrund wird leicht konisch ausgeführt, um einen festen Sitz der Verbindung zu garantieren. Die Gratverbindung ist bereits beim ältesten bekannten Holzrad mit Achse aus dem Laibacher Moor zu finden 3328–3116 v. Chr. (Schlichtherle 2004). Die Gratleisten wurden bei Möbeln und Türblättern sehr lange Zeit als perfekte Holzverbindung gesehen, da diese auch ein Arbeiten (Quellen und Schwinden) der einzelnen Bretter erlaubte.

Eine weitere sehr wichtige Verbindungsform im Möbelbau ist die Winkelverbindung. Die einfachen Möglichkeiten für eine dreidimensionale Verbindung sind Holznägel oder Dübel bzw. Gehrungen in Verbindung mit Verleimung. Aufwändigere, jedoch auch belastbarere Möglichkeiten sind die Zinkenverbindungen. Im zweidimensionalen Bereich wurden vor allem Schlitz- und Zapfen-Verbindungen ausgeführt (Krauth 1899).

Kleben

Klebstoffe sind nach DIN EN 923 in der Fassung von 1998 nichtmetallische Stoffe, die Werkstoffe durch Oberflächenhaftung (Adhäsion) so verbinden können, dass die Verbindung eine ausreichende innere Festigkeit (Kohäsion) besitzt.

Ganz allgemein wären ohne Verklebungen viele moderne Produkte nicht vorstellbar (Graef und Graef 1900, Onusseit 2008). Die Geschichte des Verklebens oder Leimens ist jedoch eine lange.

Bild: BOKU

Das Zusammenfügen mit Leim ist in der Tischlerei ein wichtiger Prozess und seit langer Zeit üblich.

„Das Verfahren beim Zusammenleimen von Holzstücken ist zwar sehr einfach, muss aber mit Aufmerksamkeit ausgeführt werden, wenn die Verbindung sehr fest und wenig bemerkbar sein soll." (Hartmann 1841)

Die Leimfuge muss fein und kaum sichtbar sein. Eine dicke Leimfuge sieht nicht nur schlecht aus, sondern ist auch weniger fest (Hartmann 1841, Möhl 1869).

Bild: Hein

Ein nachgebautes Steinzeitliches (rund 4.000 v. Chr.) Messer. Die Steinklinge wurde mit Birkenteer in den Holzträger geklebt.

Aufgrund vieler Beispiele aus der Natur ist das Kleben der Menschheit bereits seit Jahrtausenden bekannt. Die eingesetzten Rohstoffe waren z. B. Baumharze, Milch, Blut, Knochen, Fisch, Haut und Leder (Zedler 1737, Palla 1994, Zeppenfeld und Grunwald 2005). Meisterleistungen, wie die Herstellung erster Möbel in Ägypten, die Entwicklung des papierähnlichen Faserverbundes (Papyrus) oder der Instrumentenbau, waren nur durch Verklebungen möglich (Zeppenfeld und Grunwald 2005). In der jüngeren Steinzeit wurden Pfeilspitzen mit Birkenteer angeklebt. Seit dem dritten Jahrtausend v. Chr. kannten die Sumerer das Herstellen von Leim aus tierischen Häuten (Onusseit 2008). Die alten Ägypter verwendeten bereits Klebstoffe auf Basis von Naturmaterialien, um edlere Hölzer als Furniere auf billigere oder minderwertigere Hölzer aufzubringen. Sogar erste Holzwerkstoffe wurden von den Ägyptern in Form von einfachem Sperrholz hergestellt. Zum Beispiel wurde in der Stufenpyramide von Sakkara ein Sarkophag gefunden, dessen Seitenteile aus sechs miteinander verbundenen 4 mm dicken Holzschichten bestanden (Fliedner et al. 2010).

Im Mittelalter hat sich die Klebetechnik vor allem rund um das Papierleimen weiterentwickelt. Glutinleime wurden rein handwerklich hergestellt. Um 1700 n. Chr. wurde der Knochenleim entdeckt (Zeppenfeld und Grunwald 2005). Dieser ermöglichte die Entwicklung einer Klebstoffindustrie im 17. und 18. Jahrhundert. Bis zum Anfang des 20. Jahrhunderts basierten die Klebstoffe ausschließlich auf nachwachsenden Rohstoffen. 1909 wurde das Phenolharz und 1914 das Polyvinylacetat erfunden bzw. patentiert (Onusseit 2008) – beides Produkte, die noch heute im Einsatz sind. 1918 wurde

Bild: BOKU

Hier ist ein Versuchsabschnitt eines Brettschichtträgers (Leimholz) zu sehen. In Zukunft wird es häufiger auch gemischte Holzarten bei diesen Trägern geben (hier Fichte und Eiche).

der Kondensationsklebstoff aus Harnstoff und Formaldehyd patentiert – der wohl wichtigste Holzleim. Damit war es möglich, Holzwerkstoffe (wie Spanplatten, Faserplatten, aber auch Brettschichtholzträger) im industriellen Umfang herzustellen.

Das Verleimen war jedoch auch für die Entwicklung der Handwerke (Zünfte) von großer Bedeutung. Zimmerer verwendeten große Holzelemente aus frischem Holz, welches mit dem Breitbeil bearbeitet wurde. Die Tischler hingegen arbeiteten mit trockenem Holz, welches mit dem Hobel bearbeitet wurde. Die Tischler bekamen dann die Erlaubnis, auch Holz mit Hilfe von Leim zusammenzufügen (Charruadas et al. 2016). Dies bestätigt Stöckel (1823), indem er auf die große Bedeutung des Verleimens in der Tischlerei hinweist. Hier werden umfangreich die entsprechenden Rezepte und Anleitungen – auch für wasserfeste Verleimungen mittels Topfen und Kalk – dargestellt. Auch der Zahnhobel wurde damals schon benutzt, um die Oberfläche vor dem Verleimen zu vergrößern und somit festere Verbindungen zu ermöglichen.

Flechten

Ein Holz-Geflecht ist ein Produkt aus runden oder bandförmigen Elementen, die kreuzweise über- und untereinander verarbeitet sind. Grundsätzlich wird eine Fläche gebildet, die, unterschiedlich ausgeformt, als Begrenzung oder Auflage dient (Ast und Winner 2011k). Es gibt zwei verschiedene Arten von Holz-Geflechten:

- Rutengeflechte aus ganzen Zweigen oder Schösslingen (z. B. Weidenzweige);
- Spangeflechte aus abgespaltenen Spänen von Zweigen oder Stämmen (Hasel) oder aus abgespaltenen Jahrringen von Brettern (Esche).

Flechtprodukte sind sehr vielfältig: Hier gehören alle Arten von Körben dazu. Wie oben erwähnt, können diese aus Ruten (in erster Linie der Weide, Völker 1836) oder Holzspänen aus Haselnuss oder Esche für schwer belastete Körbe (z. B. für Brennholz) verwendet werden. Pfeil (1831b) erwähnt für die Späne die Holzarten Hasel, Saalweide, weiße Weide und Zitterpappel (Aspe). Für Siebböden wurde Hasel und Weide verwendet (Pfeil 1831a).

Bild: Waldbauernmuseum Gutenstein; Foto: BOKU

Späne aus Haselholz werden für Körbe, die für hohe Belastungen gedacht sind, verwendet.

Eine weitere Anwendung waren Wagengeflechte. Dies waren dichte Geflechte auf den Wägen oder Schlitten, z. B. für den Transport von Holzkohle. Als Böden zum Dörren von Obst (Kleznhurtn, Dörrhürdel, Zwetschkenbäh) wurden ebenfalls Geflechte verwendet. Flechtwerke dienten auch als Uferschutz und wurden bei Lehmhäusern als Grundgerüst verwendet (Mantel 1990, Küster 1998). Dazu wird Stangenholz, rund oder

Bild: Österreichisches Forstmuseum Silvanum, Großreifling; Foto: BOKU

Holzkohle wurde mit Wägen mit einem Geflecht aus Haselruten transportiert.

gespalten, in den Boden gesteckt. Dazwischen werden dünne biegsame Stangen oder Ruten quer durchgewunden, sodass ein Flechtwerk entsteht. Mit Strohlehm beworfen und mit Lehm verputzt, entstehen haltbare und gut isolierende Wände (Gruber und Pauli 2005).

Bereits in der Steinzeit wurde geflochten (Rast-Eicher und Dietrich 2015). Die Techniken waren ähnlich. Als Materialien wurden Rindenbast, Waldrebe, Geißblatt, Tannen- und Fichtenwurzeln, Flachs, Gräser und Weidenruten verwendet (Gruber und Pauli 2005). 1906 gab es in der Donaumonarchie neben einer zentralen Musterwerkstätte für Flechterei in Wien noch vier Fachschulen, 34 Lehrwerkstätten und drei Wanderkurse. Es wurden rund 10.000 Arbeiterinnen und Arbeiter in der hausindustriellen Korbflechterei unterstützt (Gruber und Pauli 2005). Das Korbmachen war stark im bäuerlichen Handwerk verankert. War der Eigenbedarf gedeckt (der durchaus groß war), ließ sich damit ein wenig Geld verdienen. Heute

Bild: Österreichisches Freilichtmuseum Stübing/UMJ; Foto: BOKU

Das Flechten von Körben aus Weidenruten wirkt einfach. Doch es will gelernt sein …

Link zur Webseite der UNESCO mit der Eintragung der Flechtkunst

sind es nur noch wenige Handwerker, die damit ihr Einkommen verdienen. Auch deshalb wurde das Korbmachen in die UNESCO-Liste des immateriellen Kulturerbes in Österreich aufgenommen (siehe: https://www.unesco.at/kultur/immaterielles-kulturerbe/oesterreichisches-verzeichnis/detail/article/korbmachen-flechtkunst-mit-weiden-stroh-und-gespaltenem-holz). Aufgrund der niedrigeren Löhne verlagerte sich das Korbflechten nach Osteuropa – z. B. nach Rumänien.

Um ausreichend Weidenruten zur Verfügung zu haben, wurden früher an vielen Teichen oder entlang von Bächen und Wegen „Kopfweiden" gezogen. Sie wurden regelmäßig im Winter geschnitten. Eine Regel spricht von Dezember bei

Bild: Machatschek

Durch das regelmäßige Schneiden der Jahrestriebe entsteht die typische Form der Kopfweide. Die grünlich-gelben Ruten sind sehr lange und gut zum Flechten geeignet. Die orange-gelben verzweigen in Jahren mit vielen Niederschlägen und sind dann zum Flechten nicht gut geeignet.

abnehmendem Mond (Gruber und Pauli 2005). Palla (1994) als auch Walther (1802) und Völker (1836) erwähnen Ende April oder Anfang Mai als die beste Zeit zum Schneiden der Weidenruten, Duhammel du Monceau (1766) empfiehlt die Zeit von März bis Anfang April und Keeß (1823) von März bis Mai. Bei den Kopfweiden entstehen an den Schnittstellen Stammverdickungen durch Überwallungen – die Köpfe. Zum Korbflechten wurden sie jährlich beerntet. Für Fassreifen oder ähnlich lange Elemente hatte sich ein dreijähriger Ernterhythmus bewährt. Werden Kopfweiden über längere Zeit nicht bewirtschaftet, brechen sie zusammen. Kopfweiden werden fälschlicherwei-

Bild: Machatschek

Eine ältere Kopfweide. Da die Ruten häufig verzweigen, sind sie nicht zum Korbflechten geeignet.

se immer als Korbflechtweiden angeführt. Doch nur wenige Kopfweidearten sind für die Korberei verwendbar. Da sich die jährigen Schösslinge vieler auf Kopf gezogener Weidearten zum großen Teil verzweigen, verwendete man solche hauptsächlich als Bindematerial für Strohdächer, zum Aufbinden der Rebtriebe im Weinbau und Ähnliches.

Richtige Korbweiden werden auf Stock gesetzt. Indem sie eng in der Reihe gepflanzt werden, treiben sie parallel in die Höhe, wodurch lange und im Gebrauch gut geeignete Flechtruten für die Korberei, zum Besenbinden oder Zaunbinden entstehen (Kurz et al. 2011). Beim Schneiden der Kopfweiden müssen aus handwerklich richtiger Sicht an den Schnittstellen kurze Stummel stehen gelassen werden. Das wird heu-

Bild: Västerbottens Museum, Umeå, Schweden; Foto: BOKU

Bild: Siménfalva, Rumänien; Foto: BOKU

Ein wunderbares Beispiel der hohen Kunst, mit Birkenwurzeln zu flechten (ganz links)

Eine Weidenrute wird durch ein gespaltenes Holzstück durchgezogen und so geschält. Mit diesen Ruten kann man helle Körbe flechten. (links)

te durch das Ordnungsdenken des sauberen Zurückschneidens leider übersehen, wodurch relativ rasch Fäulnisherde in den Köpfen entstehen und den Kopfweiden nur eine geringe Lebensdauer beschieden ist.

Die wichtigste Weidenart ist die Korb- oder Hanfweide. Des Weiteren wurden auch die Mandelweide, Purpurweide, die Bruchweide und die Silberweide verwendet. Alternativ wurden auch Birke, roter Hartriegel, Liguster, Waldrebe, Hainbuche, Hasel und Esche genutzt (Gruber und Pauli 2005). Zum Flechten der abschließenden Kränze wurden Fichtenwurzeln verwendet. Diese wurden aus an den Wald angrenzenden Wiesen ausgegraben. Dort erreichten sie eine Länge von bis zu 16 m (Blau 1917). Völker (1836) berichtet von der Nutzung der Wurzeln von Fichte und auch Kiefer. In Lappland fertigte man auch Stricke aus den Fichtenwurzeln an.

Die Weidenruten wurden zumeist nicht sofort verarbeitet, sondern an einem trockenen Ort gelagert (Möhl 1869). Zur Verarbeitung wurden sie dann wieder in Wasser eingeweicht. Duhammel du Monceau (1766) beschreibt dies, indem man sie mit dem dicken Ende ins Wasser stellt.

Die groben Geflechte (z. B. für Wägen) wurden aus ungeschälten Ruten, die feinen Arbeiten aus geschälten angefertigt. Zum Schälen wird die Rute durch ein gespaltenes Stück harten Holzes, welches scharfkantig ist und zusammengedrückt wird, durchgezogen (Pfeil 1831a, Möhl 1869).

Die Ruten wurden auch als Bindwieden (z. B. im Weinbau oder zur Strohdachdeckung), aber auch als Floßwieden (zum Binden der Flöße) verwendet (Völker 1836).

Die Herstellung der Späne aus Hasel und Esche war anders – siehe Kapitel Spalten, S. 131 ff. Als weiteres Flechtmaterial wurden Stroh und Gräser verwendet – worauf hier nicht näher eingegangen wird.

Biegen

„Frisch gefällt ist das Holz sehr biegsam, und wenn es daher in diesem Zustand gebogen und durch äußere Kraft in demselben bis zum Trocknen in der Krümmung erhalten wird, so behält es die ihm gegebene Gestalt. Kommt man der natürlichen Feuchtigkeit durch Erwärmung zu Hilfe, so wird die Biegsamkeit sehr erhöht.

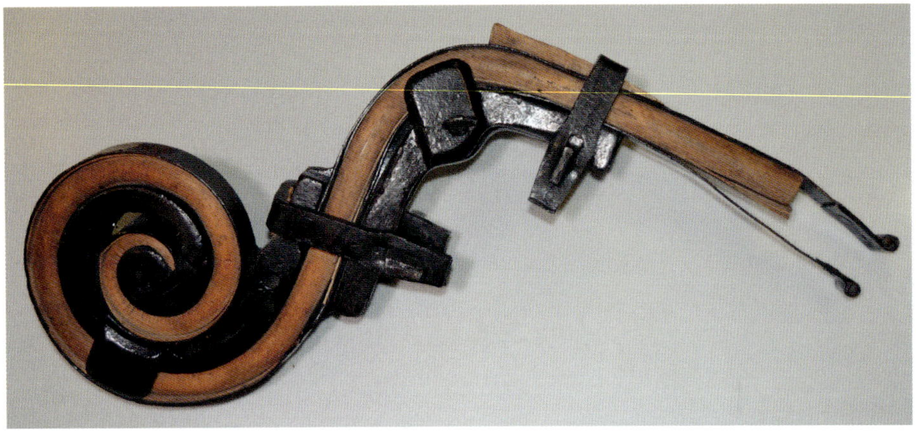

Bild: BOKU

Thonet hat das Biegen von Holz in Formen entwickelt. Auch so aufwändige Formen (für einen Schaukelstuhl) sind somit möglich.

Es besitzt den großen Vorzug, dass die Fasern in demselben mit der Krümmung übereinstimmend laufen, wodurch es dem Zerbrechen weit mehr widersteht als krumm zugeschnittenes Holz, in welchem die Fasern mehr oder weniger auf eine der Festigkeit höchst nachteilige Weise durchschnitten sind." (Hartmann 1841).

Dicke des Werkstückes, Feuchtigkeit, Wärme und Belastungsrichtung spielen beim Biegen von Vollholz eine wesentliche Rolle (Graef und Graef 1900). Holz besteht, vereinfacht gesagt, aus vielen kleinen, teils langgestreckten Zellen mit einer Zellwand und einem Lumen. Materialwissenschaftlich erklärt, ist Holz ein Polymer-Faserverbundwerkstoff aus Zelluloseketten und amorphem Lignin. Das amorphe Lignin ist thermoplastisch, wird also bei Erwärmung weich und bei Abkühlung wieder fest.

Bild: Wutscher

Bild: Österreichisches Freilichtmuseum Stübing/UMJ; Foto: BOKU

Der Thonet Stuhl Modell Nr. 14 (um 1875 n. Chr.) ist ein klassisches Bugholzmöbel. (rechts)

Eine Heugabel mit gebogenen Zinken (ganz rechts)

Weiters ist Holz ein anisotroper Werkstoff. Das bedeutet, dass die mechanischen Eigenschaften von Holz von der Belastungsrichtung abhängig sind. In Faserrichtung, also längs dem Mark, ist Holz am stärksten belastbar. Für das Biegen von Holz bedeutet das, dass man die Längsachse des Biegeteils genau in Faserrichtung legen soll.

Wird ein stabförmiger Gegenstand gebogen, dann wird die konvexe Seite gedehnt und die konkave Seite gestaucht. Damit es nicht reißt oder bricht, muss es erweicht – plastifiziert – werden. Dies geschieht zumeist mit Dampf (Möhl 1869). Das Holz kann somit in engere Radien gebogen werden. Für enge Radien wird ein Biegeband aus Stahl verwendet. Diese Erfindung geht auf Michael Thonet zurück, der die bekannten Kaffeehausstühle so produzierte.

Das warme und feuchte Holz (Völker 1836) muss in der Form fixiert bleiben und in diesem Zustand abkühlen und austrocknen. So behält es wei-

Beim Fassbinden werden die Dauben angefeuchtet und durch ein offenes Feuer erhitzt. Dies ermöglicht das Biegen.

Neben den üblichen Knieholzschäftungen aus Buchen findet man im bronzezeitlichen Bergbau in Hallstatt auch diese Pickelstiele aus Eiche. Da der Winkel zwischen Ast (Werkzeugträger) und Stamm (Stiel) zu spitz ist, wurden die Stiele gebogen.

testgehend seine Form, es sind nur geringe Rücksprünge zu beobachten. Dies wurde auch schon für die Herstellung von Schlitten beschrieben. Diese Teile wurden zum Teil wieder angefeuchtet und mehrfach gebogen, um die endgültig notwendige Form zu erreichen (Prasch 1980). Ganz ähnlich wird das Biegen von Heugabeln aus Zwieseln beschrieben (Duhammel du Monceau 1766).

Neben der Behandlung ist die Holzauswahl sehr wichtig: Es muss geradfasrig und ohne Äste und Defekte sein. Es soll kein kernnahes, kein sehr langsam oder sehr schnell gewachsenes und kein pilzbefallenes Holz verwendet werden.

Diese Eichenschäftung aus dem bronzezeitlichen Bergwerk in Hallstatt weist Quetschfalten (oben) und einen Zugbruch (unten) auf, wie sie durch das Biegen bei nicht optimalen Bedingungen auftreten.

Laubholz ist aufgrund seiner homogeneren Holzstruktur besser geeignet als Nadelholz.

Michael Thonet begann in den 1830er-Jahren mit Biegeversuchen. Zu dieser Zeit wurden Bugholzmöbel laminiert verleimt – d. h. dünne Lamellen während des Verleimens in Formen gepresst (Andes 1903). 1851 präsentierte er auf der Weltausstellung seine „Wiener Stühle". Der größte Erfolg ist der Stuhl Nr. 14 (1859), mit dem Thonet weltbekannt wurde. Seine wesentliche Erfindung war, dass das gedämpfte Holzstück in eine Biegeform gepasst wurde. D. h., auf der Zugseite liegt das Stahlband und in Längsrichtung ist das Holzstück fixiert. Beim Biegen entstehen die höchsten Zugspannungen somit im Stahlband und nicht im Holz, gleichzeitig wird das Holz, dadurch, dass es eingespannt ist, gestaucht (Exner 1893).

Bereits 1810 reichte ein Wagner aus Bregenz ein Patent zum Biegen von Radfelgen ein, welche als sehr dauerhaft beschrieben wurden. Diese wurden großteils zweigeteilt hergestellt – Felgen, aus einem Stück gebogen, sind kaum bekannt (Exner 1893, Andes 1903). Das Biegen von Schiffsplanken wurde in Dampfboxen vorbereitet. Jedoch gibt es bereits Überlieferungen von den Wikingern – das feuchte Holz wurde über Feuer erhitzt, um so die Planken biegen und am Schiffsrumpf befestigen zu können.

Auch die Fassbinder bedienen sich seit langer Zeit des Holzbiegens. Bei gebauchten Fässern ist es notwendig, die Dauben zu biegen. Dies geschieht durch Befeuchten und Erhitzen des Holzes. Dazu wurde ein offenes Feuer innerhalb des Fasses entzündet. Auch die dazugehörigen Reifen mussten gebogen werden.

Ganz ähnlich auch die Siebränder. Diese wurden in fast kochendes Wasser getaucht und über ein Model gebogen (Andes 1903). Dies gilt auch für Spanschachteln. Später wurden Biegemaschinen entwickelt. Hierbei wurden die Siebränder in eine konkave Form gedrückt. Gleichzeitig drückte eine Walze kleine Schneiden in der Innenseite des Siebrandes ein. Dies fördert die Biegbarkeit (Andes 1903).

Die einfachste Möglichkeit des Biegens ist die Reduktion der Brettdicke durch kleine Nuten, d. h. Einschnitte mit der Säge quer zur Biegerichtung (Sentance 2003). Dies passiert auf der Innenseite (Stauchseite) – somit ist diese Technik außen nicht zu erkennen.

Bei der Analyse von bronzezeitlichen Knieholzschäftungen (Pickelstiele) aus Hallstatt wurde ebenfalls festgestellt, dass diese zum Teil aktiv gebogen wurden (Grabner et al. 2014). Knieholzschäftungen nutzen die hochfeste Verbindung zwischen Stamm und Ast. Um mit diesem Werkzeug arbeiten zu

Der frische, heiße und bereits in sich verdrehte Fichtenast wird in einer Achter-Schleife um die Stecken des Bänderzaunes gewickelt. Dabei wird er immer wieder weiter in sich gedreht, um ausreichend Elastizität aufzuweisen.

Bild: Österreichisches Freilichtmuseum Stübing/UMJ; Foto: BOKU

können, musste der Stamm zum Ast einen gewissen Winkel aufweisen. Es konnten in Hallstatt neben den Knieholzschäftungen aus Buche auch Eichenholzschäftungen gefunden werden. Pollenuntersuchungen zeigen jedoch, dass die Eiche in der damaligen Zeit in Hallstatt nicht vorkam. Darum sind die Schäftungen aus Eiche ein wichtiger Hinweis auf den Handel dieses sehr wichtigen Produktionsmittels (Barth und Grabner 2003). Da der übliche Winkel zwischen Stamm und Ast bei Eichen, nicht wie bei Buchen, mit dem standardisierten Winkel, der für die Arbeit notwendig ist, übereinstimmte, mussten die Eichenstiele gebogen werden. Der Nachweis des Holzbiegens war außerdem durch das Vorhandensein üblicher Biegefehler, wie Quetschfalten oder Zugrisse, möglich (Andes 1903). In Experimenten konnte gezeigt werden, dass das Biegen von in heißem Wasser erweichten Stielen schon damals möglich war. Diese wurden über Holzstämme gebogen und fixiert.

Die „Raidn" – eine Wiede aus Wolligem Schneeball hergestellt. Diese wurde für die Befestigung der Ruder auf den Plätten verwendet.

Darstellungen aus dem alten ägyptischen Reich (2980–2475 v. Chr.) belegen auch schon das Biegen von Holz (Klebs 1982). Des Weiteren konnten bei einem hallstattzeitlichen Boot aus Laibach bereits gebogene Planken nachgewiesen werden (Ellmers 1983).

Bähen

Wieden sind nach dem Erhitzen, dem so genannten Bähen, um die Längsachse gedrehte, zu Schleifen oder Ringen gewundene Ruten oder Äste (Ast und Winner 2011l).

Das Wort Wiede stammt vom Althochdeutschen Wort „witta" ab, ist vom lateinischen Wort „vitta" abgeleitet und bedeutet Haarband, Binde oder Kopfbinde. Im Mittelhochdeutschen wurde „witta" zu „wid" oder „wit" für gedrehten Strick oder Band, woraus sich der neuhochdeutsche Begriff „Weide" als Bezeichnung für den Baum der Pflanzengattung *Salix* ableitet (Grimm und Grimm 1854).

Ein großer Vorteil der Wiede als Bindematerial liegt in der Raschheit der Herstellung. Der Aufwand ist im Vergleich zur Herstellung eines Seiles, das der gleichen Belastung standhält, gering. Als Ausgangsmaterial zur Herstellung von Wieden kann eine Vielzahl von Gehölzen verwendet werden. Untersuchungen in der Wiener Hofburg zeigten, dass bei den Floßverbindungen (Flößerkeile) folgende Holzarten verwendet wurden (Grabner et al. 2018): 57 % Fichte oder Tanne, 26 % Pappel oder Weide, 13 % Haselnuss, 4 % aus Birke. Jedoch gibt es auch Hinweise auf sehr spezielle Nutzungen. So wurden in Hallstatt die so genannten „Raidn" zum Einbinden der Ruder auf den Plät-

Bild: Österreichisches Forstmuseum Silvanum, Großreifling; Bearbeitung: BOKU

Diese historische Aufnahme zeigt einen Floßwiedendreher bei der Arbeit. Man kann deutlich das In-sich-Verdrehen sehen.

Wiede aus dem bronzezeitlichen Bergwerk in Hallstatt

Bild: NHM Wien

Eine Wiede zum Anbinden der Rinder in einem Stall im Freilichtmuseum Oslo

Bild: Norwegisches Freilichtmuseum Oslo; Foto: BOKU

ten immer aus dem Holz des Schneeballs hergestellt. Deshalb wird rund um den Hallstättersee von älteren Einheimischen der Wollige Schneeball auch „Raidnstauden" genannt.

Für die Herstellung von Wieden wurden Äste oder dünne Stämme verwendet. Diese wurden vor allem im ausgehenden Winter geerntet und verarbeitet. Dies war nötig, da sich sonst aufgrund der Aktivität des Kambiums die Rinde vom Holz löst. Die frischen Äste wurden von den Zweigen befreit und über einem Feuer rasch erhitzt (gebäht, Anonymus 1999b). Sofort danach begann man, den Ast in sich (um die Längsachse) zu drehen. Bei dieser Drehbewegung löste sich der Holzverbund quer zur Faser – das Holz verlor seine Steifigkeit und konnte somit verformt werden. Es wurden sofort Ringe über einen Wiedstock gedreht oder Zäune mit Hilfe von Achterschleifen fixiert (Blau 1917, Keweloh 1985, Ast und Winner 2011l). Siehe auch: https://www.youtube.com/watch?v=T0X4pFgL5TQ)

Link zum Film über die Herstellung von Wieden

Das Einsatzgebiet der Wieden war enorm – es war als günstiges Seil vor allem mit dem „Verpacken" in Verbindung. Die ersten Hinweise für die Nutzung von

Wieden findet man in der Steinzeit. Im Gletschereis des Schnidejochs wurden rund 5.000 Jahre alte Wieden gefunden. Diese waren aus Kernobst, Birke, Fichte und Hasel hergestellt (Suter et al. 2005). Im prähistorischen Salzbergbau von Hallstatt findet man Wieden für unterschiedliche Zwecke: als Reste im Grubenholz, mit einem Keil fixiert (voraussichtlich in Verbindung mit dem Transport der Stämme), oder als Verpackungsschnur (z. B. von Leuchtspanbündeln). Häufig liegen die Wiedenringe ohne erkennbare Funktion im Betriebsabfall (Barth 1989). Einer der wichtigsten Einsatzbereiche war wohl zum Binden von Flößen (siehe Kapitel Die Holztrift, S. 88 ff.). Hierfür wurden unzählige Wieden gebraucht. Neben dem bereits erwähnten Einbinden der Ruder wurden sie auch zum Anbinden der Haustiere verwendet (z. B. das Einwieden des Ochsen) oder in verschiedenen Bereichen der Wagnerei (Leuschenring; Blau 1917). Sogar als „Tragriemen" für Milchbutten und Buckelkörbe (siehe Hubatschek 1961) und Kraxen wurden Wieden verwendet.

Ausbeute der trennenden Verfahren

Holz war in der Geschichte ein wertvolles Gut und wurde daher nicht stärker als notwendig bearbeitet. Als materialschonende Bearbeitung bezeichnet man einen möglichst geringen Holzverlust durch die Verarbeitung.

Jeder Bearbeitungsschritt des Rohholzes hinterlässt Spuren. Wenn diese erhalten bleiben, können sie Rückschluss auf die Art und Weise der Verarbeitung liefern (ähnlich wie bei archäologischen Holzfunden).

Ein Beispiel hierfür und für mögliche Schlussfolgerungen lieferte ein historischer Getreidekasten aus Oberzeiring (Weststeiermark, Österreich, der nun im Österreichischen Freilichtmuseum Stübing (UMJ) zu sehen ist). Der auf 1724 n. Chr. (ohne Waldkante) datierte Blockbau fällt durch seine sehr mächtigen Balken auf. Die rund 12 cm dicken Balken sind zum Teil mehr als 50 cm hoch. Wenn man solche Balkenquerschnitte mit dem Breitbeil herstellen möchte (siehe Kapitel Arbeiten mit der Axt, dem Beil, S. 125 ff.), würden sehr viele Hackspäne anfallen – die Ausbeute des Stammes wäre gering (Grebe 1861). Das Behauen mit dem Breitbeil ist in Österreich bis gegen Ende des 19. Jahrhunderts für Blockbauten, Dachstühle und Decken üblich. Aus diesem Grund wurden die Hölzer auf Bearbeitungsspuren hin untersucht. Da die Äste bei der Trocknung stärker schwinden als das Stammholz, haben sie sich etwas unter die

Bild: Österreichisches Freilichtmuseum Stübing/UMJ; Foto: BOKU

Der Getreidekasten aus Oberzeiring (1724 n. Chr. erbaut). Der Blockbau fällt durch die sehr großen Balkenquerschnitte (bis über 50 cm Balkenhöhe) auf.

Bearbeitungsfläche zurückgezogen. An manchen dieser Äste waren eindeutige Sägespuren zu erkennen (ob manuell oder maschinell ist aufgrund der kurzen Spuren nicht eindeutig feststellbar). An der Außenfläche knapp unter dem Dach (daher nicht bewittert) sind jedoch sowohl eindeutige Spuren des Behauens durch ein Breitbeil als auch des Kerbenhackens (zum Vorbrechen) im Schlaglicht zu erkennen (Böhm 1911). D. h., die Balken wurden zu einem rechteckigen Querschnitt behauen, anschließend mittig mittels Säge kerngetrennt. Um eine möglichst glatte Oberfläche für die Nutzung als Getreidespeicher zu erhalten, wurden die gesägten Flächen (das sind die Innenwände) zusätzlich gehobelt. Diese Methode beschreibt auch Böhm (1911): Beim „Bewaldrechten" werden die Stämme grob vierkantig behauen, bevor sie mit der Säge aufgeschnitten

Bild: Österreichisches Freilichtmuseum Stübing/UMJ; Foto: BOKU

Auf den Innenflächen des Blockbaues kann man an den Ästen die Bearbeitungsspuren einer Säge sehen. Die restliche Oberfläche ist überhobelt.

Bild: Österreichisches Freilichtmuseum Stübing/UMJ; Foto: BOKU

Oberfläche eines im historischen Sägewerk eingeschnittenen Balkens

werden. Die Begründung hierfür liegt im leichteren Transport durch Gewichtsreduktion. Allerdings war der Getreidekasten aus Oberzeiring das einzige Objekt im Österreichischen Freilichtmuseum Stübing/UMJ, bei dem diese Technik nachgewiesen werden konnte.

Bei der Analyse anderer Gebäude in Stübing stellt sich heraus, dass größere Querschnitte (z. B. Wandbalken) fast gänzlich behauen wurden, geringere Querschnitte (Bretter) entweder mit der Zweimannsäge oder im wasserbetriebenen Sägegatter hergestellt wurden. Die Unterscheidung zwischen händischer und maschineller Säge gestaltet sich schwierig und lässt sich, je nach Geübtheit der einstigen Bearbeiter, anhand des Winkels und der Regelmäßigkeit der Sägespuren bestimmen.

Krauth (1899) beschreibt, dass beim Sägen von Brettern „ohne Rücksichtnahme auf die Jahresringe" vorgegangen wurde. Gleichzeitig werden für Riemenböden Bretter mit ste-

Bild: Österreichisches Freilichtmuseum Stübing/UMJ; Foto: BOKU

Deutliche Spuren an einem ausgehackten Balken – beim Kerbenhacken hat man über die Schnur geschlagen.

Bild: Österreichisches Freilichtmuseum Stübing/UMJ; Foto: BOKU

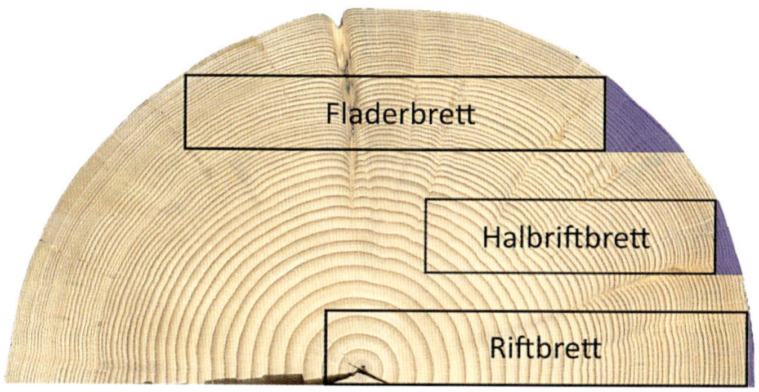

Grafik: BOKU

Die Jahrringe sind bei Riftbrettern stehend; bei Halbriftbrettern bis zu 45 Grad liegend und bei Fladerbrettern liegend. Die blauen Bereiche zeigen den unterschiedlichen Holzanteil der bei einer scharfkantigen Bearbeitung entfernt werden muss.

henden Jahrringen (Riftbretter) aufgrund der besseren Dauerhaftigkeit der Böden bevorzugt (Krauth 1899). In einer Untersuchung von knapp 1.000 Brettern und Dauben zeigte sich, dass bei Kästen 38 % der Bretter Riftbretter, 52 % Halbrift und nur 10 % Fladerbretter waren. Bei den Dauben ist das Verhältnis: 78, 19 zu 3 % (Klein et al. 2014). D. h., bei Bottichen, Fässern, aber auch im Möbelbau wurden vor allem Bretter oder Spaltwaren mit stehenden Jahrringen bevorzugt. Danhelovsky (1873) bezeichnet Dauben, deren Markstrahlen parallel mit der Breitfläche verlaufen, als „Prima Ware".

Wie wurden die gesägten Bretter weiterverarbeitet? An Kästen (vor allem an den Rückwänden) sind die Bretter in konischer Form zu finden, d. h., sie folgen ihrer natürlichen Wuchsform. Das hat zur Konsequenz, dass möglichst viel des außen zugewachsenen Holzes mit der höheren Holzqualität erhalten bleibt. Der Zuwachs von Nadelbäumen (und somit die Jahrringbreite) nimmt mit zunehmendem Alter ab, die Holzdichte jedoch zu (Wimmer 1994). Gleichzeitig nimmt die Astigkeit ab. Betrachtet man die Querschnitte der Rift-, Halbrift- und Fladerbretter, erkennt man, dass vor allem bei den Riftbrettern kaum Verluste des äußersten Holzes des Stammes durch die Bearbeitung (gerade Sägen oder Hobeln) notwendig sind. Die Bedeutung der Rift- und Halbriftbretter ist auch in Skizzen zum Schnittbild für Tischlerware durch Krauth (1899) zu sehen. Er verweist auf „Modelschnitte", d. h. Abtrennen von zwei Schwarten und nach dem Stürzen Auftrennen in Bretter. Dadurch ist ein hoher Anteil an Rift- und Halbriftbrettern möglich.

Nachweis der materialschonenden Bearbeitung

Um eine materialschonende Bearbeitung nachweisen zu können, wurden datierte Möbel, welche mit einer Jahreszahl versehen sind, zur Analyse herangezogen. Die Differenz an Jahren zwischen dendrochronologischem Datum und der Bemalung

Es sind hier die Dauben eines Bottiches aus Eichenholz zur dendrochronologischen Bearbeitung angeschliffen worden. Dadurch kann man sehr gut die weitestgehend radiale Orientierung der Dauben und das Vorhandensein des hellen Splintholzes erkennen. D. h., man hat hier nur sehr wenig vom äußersten Bereich des Stammes abgearbeitet.

Bild: Österreichisches Freilichtmuseum Stübing/UMJ; Foto: BOKU

An der Rückwand eines Kastens aus Oberösterreich kann man gut sehen, dass die Bretter konisch zulaufen, d. h., man hat hier nur sehr wenig Holz vom äußersten Bereich des Stammes (mit der besten Qualität) abgearbeitet.

wurde dazu mit der mittleren Jahrringbreite der sichtbaren Jahrringe des Brettes multipliziert, um den Holzverlust quantitativ abschätzen zu können.

Bei Gefäßen, die aus Dauben aufgebaut waren, wurde jene Daube mit der jüngsten Datierung als Maßstab genommen und die fehlenden Jahrringe der anderen Dauben mit der mittleren Jahrringbreite der einzelnen Daube multipliziert. Die Herstellung durch Spalten bedingt bei der Daubenproduktion bereits einen geringen Materialverlust.

Die berechnete Anzahl an fehlenden Jahren zwischen aufgemaltem Datum und dendrochronologischer Datierung beschreibt jedoch nicht nur den Verlust durch die Bearbeitung, sondern auch die Zeit, die zwischen Fällung des Baumes und Herstellung des Brettes vergangen ist – die Holztrocknung (siehe Kapitel Möbel, unten).

Möbel

Vor allem die Datierung der Rückenbretter lässt eine gute Aussage über das Baujahr zu. Sie wurden meist aus der vollen Breite des Stammes radial herausgearbeitet und zeigen manchmal noch die konische Form des Baumes – als Nachweis dafür, dass über die gesamte Baumlänge nur die äußersten Holzlagen weggearbeitet wurden. Waren die Bretter konisch angeordnet, so wurde das schmale Ende abwechselnd nach oben und unten gelegt. Dies war vermutlich nicht zuletzt deswegen möglich, weil die Rückenteile ohne Weiteres aus verschieden breiten Brettern, ohne Rücksicht auf einen parallelen Brettverlauf zusammengesetzt werden konnten. Bei allen anderen Kastenbrettern war die exakte Abmessung aus ästhetischen Gründen wichtig und es musste daher automatisch mehr

Ein Beispiel eines bemalten, bäuerlichen Kastens aus Oberösterreich. Die Bemalung weist die Jahreszahl 1819 n. Chr. auf. Der äußerste Jahrring an einem Brett des Kastens wurde auf 1814 datiert.

Bild: Österreichisches Freilichtmuseum Stübing/UMJ; Foto: BOKU

Bild: Österreichisches Freilichtmuseum Stübing/UMJ; Foto: BOKU

Ein Beispiel eines bemalten, bäuerlichen Kastens aus Oberösterreich. Die Bemalung weist die Jahreszahl 1819 n. Chr. auf. Der äußerste Jahrring an einem Brett des Kastens wurde auf 1814 datiert.

Holz bei der Herstellung weggearbeitet werden. Die Bretter für die Rahmentüren mussten ebenfalls parallel und auf Maß geschnitten werden. Dadurch ist mit einem größeren Verlust an Holz zu rechnen. Der außenliegende Teil des Holzes weist in der Regel eine höhere Holzqualität auf (geringe Jahrringbreite, höhere Dichte, geringerer Drehwuchs, geringere Astigkeit) (Grabner 2005). Daher wurde versucht, den äußersten Holzbereich möglichst gut auszunutzen.

Vergleicht man die Datierung, die man auf Bemalungen finden kann, mit der dendrochronologischen Datierung, kann man häufig Unterschiede feststellen. In manchen Fällen wurden die Möbelstücke erst später bemalt und datiert – zumeist aufgrund eines Anlasses, wie z. B. einer Hochzeit (Bader 1998, Lipp 1964). Bei einem Kasten, der durch Bemalung der Türen auf 1819 n. Chr. datiert ist, konnte ein Rückwandbrett erfolgreich auf 1814 n. Chr. (ohne Waldkante) datiert werden, d. h., dass hier nur fünf Jahre zwischen den zwei Datierungen liegen. Dieser Unterschied ist einerseits auf den Holzverlust durch die Bearbeitung als auch auf den Zeitverlust durch Trocknung des Holzes zurückzuführen. Aufgrund des mittleren Zuwachses des Baumes, aus dem die Bretter gearbeitet wurden, kann man abschätzen, dass die fünf Jahre Unterschied nur 6,6 mm Holz gleich zu setzen sind. Da die Trocknungszeit noch von den fünf Jahren abzuziehen ist, kann man sehen, dass sehr wenig Holz „abgearbeitet" wurde (Klein et al. 2014).

Bild: Gemeinfrei, https://commons.wikimedia.org/w/index.php?curid=6484134

Fassbinder bei der Arbeit (Weigl, C. 1698. *Abbildung der gemein-nützlichen Haupt-Stände: von denen Regenten u. ihren so in Friedens- als Kriegs-Zeiten zugeordneten Bedienten an biss auf alle Künstler u. Handwercker;* Deutsche Fotothek)

Bottich und Fass

Spalten von Holz, verglichen mit anderen Formen der Holzbearbeitung, hat einen vergleichsweise geringen Holzverlust zur Folge.

Ein Fass aus einem burgenländischen Haus im Freilichtmuseum Stübing/UMJ zeigt Eichendauben, bei denen das Splintholz nicht weggearbeitet wurde. Die einzelnen Dauben dieses Fasses datieren in den engen Zeitraum zwischen 1876 und 1880 n. Chr. – haben also nur vier Jahre Differenz. Eichen in Deutschland weisen im Durchschnitt 20 Splintholzringe auf. Eine Daube weist 21 Splintholzjahre auf. Dadurch kann davon ausgegangen werden, dass an dieser Daube kaum Holz weggearbeitet wurde. Bei den anderen Dauben lässt sich dadurch errechnen, dass es nur 1 bis 3 mm Holzverlust durch die Bearbeitung gewesen sein konnten.

Holztrocknung

Früher erfolgte die Trocknung ausnahmslos durch natürliche Trocknung. Je nach Art der Anwendung und der Holzart mussten dabei einige Regeln befolgt werden.

Werkholz war in den vergangenen Jahrhunderten ein wertvolles Gut und wurde nicht vergeudet (Radkau 2007). Es wird davon ausgegangen, dass bei der historischen Holzverwendung neben der Wahl der geeigneten Holzart eine

Bild: Österreichisches Freilichtmuseum Stübing/UMJ; Foto: BOKU

Ein Schnittholzstapel zum Trocknen von Dachbrettern. Zur besseren Abtrocknung werden Stapelleisten verwendet.

Bild: Gemeinfrei, https://commons.wikimedia.org/w/index.php?curid=207399

Das Bild aus dem Jahr 1568 n. Chr. zeigt den Zimmermann bei der Arbeit. Grobes Zurichten eines Balkens mit der Schrotaxt, Herausarbeiten eines Zapfenloches mit der Kreuzaxt, Bohren mit dem Handbohrer, Ablängen mit der Bundsäge; vorne liegen: Breitbeil, Kreuzaxt, Schlagschnur. (Jost Amman, Hans Sachs. 1568. *Eygentliche Beschreibung aller Stände auff Erden, hoher und nidriger, geistlicher und weltlicher, aller Künsten, Handwercken und Händeln*. Frankfurt am Main. Kolossos)

Der Riss in einem Balken eines Dachstuhls trennt die Marken des Abbundzeichens in zwei Hälften, d. h., das Abbundzeichen wurde im frischen Holz vor dem Entstehen der Trocknungsrisse angebracht.

materialschonende Bearbeitung und ein materialbewusster Einsatz aller Brettlagen angestrebt wurden (siehe Kapitel Ausbeute der trennenden Verfahren, S. 157 ff.). Ein interessanter Aspekt dabei war die Trocknungszeit der Bretter vor deren Bearbeitung. Vor allem in Zeiten der knappen Verfügbarkeit von Holz kann davon ausgegangen werden, dass die Bretter nur so lange wie notwendig getrocknet wurden und die Trockenzeit lediglich wenige Jahre betrug. Großmann (1916) gibt an, dass Nadelholz, unter Dach gelagert, bereits im Verlauf eines Jahres den Lufttrockenheitsgrad von 15 % erreicht, während Eichen und andere harte Laubhölzer drei bis vier Jahre dazu benötigen. Niemz (1993) spricht von 0,6 Jahre pro Zentimeter Brettdicke für wenig dichte Holzarten (Darrdichte von $< 0{,}5\ g/cm^3$) und von einem Jahr pro Zentimeter für dichte Holzarten (Darrdichte $> 0{,}5\ g/cm^3$). Borrmann (1935) erwähnt für Bürsten und Pinselkörper aus dichten Laubhölzern eine Trocknungszeit von drei bis vier Jahren. Krauth (1899) schlägt für Nadelholz eineinhalb bis drei und für Laubholz vier bis sechs Jahre vor. Klein (1999) konnte an Hand von dendrochronologischen Untersuchungen an Guarneri-Geigen eine Trockenzeit von zwei bis sieben Jahren feststellen. Auch Harfenbauer geben eine Trocknungszeit von fünf bis sieben Jahren an (Frenkenberger 2012).

Bauholz

Rundholz wurde immer im feuchten Zustand bearbeitet – egal, ob behauen oder gesägt (Grebe 1861, Böhm 1911, Fischer-Kohnert 1999, King und Lohrum 2000). Doch gilt dies auch für den Abbund und die Errichtung von Dachstühlen?

Auch Schindeln (am Foto Legschindeln) werden vor der Montage ca. ein Jahr getrocknet.

Bild: Österreichisches Freilichtmuseum Stübing/UMJ; Foto: BOKU

In Harale, Rumänien, werden die bogenförmig gespaltenen Dauben für Bottiche zum Trocknen aufgestapelt (siehe Kapitel Spalten, S. 131 ff.).

Bild: Harale, Rumänien; Foto: BOKU

Bei den Analysen Hunderter Dachstühle in Ostösterreich konnten sehr häufig so genannte Abbundzeichen gefunden werden. Dies sind Zeichen – mit Rötel geschrieben, eingestemmt oder eingehackt –, die die Handwerker als Nummerierung der Gespärre und all seiner Einzelteile vergaben (Grabner et al. 2018, Buchinger und Grabner 2017, Fischer-Kohnert 1999, Schaaf 2009). Der Abbund passierte (wie auch heute) am Schnürboden auf der Erde (Cramer 1986, King und Lohrum 2000). Hierbei wurden die Teile abgelängt und die Verbindungen gesägt und gestemmt – und eben auch die Gespärre-Nummern vergeben. Somit konnten alle zugehörigen Teile beim Aufrichten des Dachstuhles wieder zusammengeführt werden (Amman 1568, Fischer-Kohnert 1999). In manchen Abbundzeichen ist deutlich zu sehen, dass der Trocknungsriss durch die Kerbe geht und diese teilt, d. h., die Kerbe muss im feuchten Holzzustand eingestemmt worden sein – bevor durch die Trocknung und das damit verbundene Schwinden des Holzes der Riss entstand. Somit wurde wohl auch der Abbund im frischen Zustand vorgenommen. Der Vergleich von Archivalien und dendrochronologischen Daten von Dachstühlen legt nahe, dass auch die Errichtung sehr rasch erfolgte, da durchschnittlich nur wenige Jahre zwischen der Datierung und der Baufertigstellungsanzeige liegen (Grabner et al. 2018).

Möbel

Auch bei einer qualitativ hochwertigen Verwertung der Bretter zu Möbelstücken betrug die Trocknungszeit nur wenige Jahre.

Am folgenden Beispiel eines Kastens kann dies veranschaulicht werden: Der Kasten wurde mit dem Datum 1819 bemalt. Ein Rückenbrett datiert auf 1814. Das bedeutet, dass lediglich fünf Jahre zwischen Bemalung und Datierung liegen. Nachdem die Bretter scharfkantig bearbeitet wurden, ist mit einem geringen Holzverlust durch die Bearbeitung zu rechnen. Es bleiben dann in etwa zwei bis drei Jahre zur Holztrocknung übrig. Dies bestätigt die oben erwähnten Trocknungsregeln, da die Brettdicken im Bereich von 2,5 bis 4 cm lagen.

Bottich und Fass

Die Trocknung von Holz für Bottiche und Fässer erfolgte meist in speziell geschichteten Holzstapeln (Kindler 1949). Das Daubenholz wurde dabei mehrere Jahre im Freien getrocknet, wenn das Holz haltbare Fässer liefern sollte. Wurde das Daubenholz noch „grün" (in frischem Zustand) unter Wasser gebracht und danach getrocknet, konnte man es bereits nach zwei Jahren bearbeiten (Gayer und Mayer 1903). Wurde das Holz in Viertel gespalten, konnte es auch in Rinde getrocknet werden (Grebe 1861). In der Viechtau bei Gmunden wurde das Fichtenholz für Bottiche nur außerhalb der Saftzeit geschlagen, da es nur so tadellos weiß blieb (Schönwiese 1911).

Literatur

Andes, L.E. 1903. Die Holzbiegerei. Herstellung der Möbel aus gebogenem Holz. Hartleben, Wien, 260 S.

Anonymus 1761. Schauplatz der Natur. Oder: Unterredungen von der Beschaffenheit und den Absichten der Natürlichen Dinge, wodurch die Leser zu weiterm Nachforschen aufgemuntert, und auf richtige Begriffe von der Allmacht und Weißheit des Gottes geführet werden. im Monathischen Buchladen, Frankfurt und Leipzig. Zitiert in: Matejak, M. 2005. Das Holz in deutschen Abhandlungen aus dem 17.–19. Jahrhundert. ETH Zürich. https://www.research-collection.ethz.ch/handle/20.500.11850/149597

Anonymus 1830. Neuer Schauplatz der Künste und Handwerke mit Berücksichtigung der neuesten Erfindungen. Verlag Voigt, Weimar.

Anonymus 1906. Album der Laupheimer Werkzeugfabrik. Laupheim, Württemberg, 66 S.

Anonymus 1917. Merkblatt über die Harznutzung. Selbstverlag der Harzkommission, Wien.

Anonymus 1999a. World Heritage. The Historic Monuments of Ancient Nara. Published by Nara City. 188 S.

Anonymus 1999b. Flößerei auf dem Rhein. Siebengebirgsmuseum e. V. der Stadt Königswinter, 72 S.

Anonymus 2012. Holzeinschlag 2012 – Holzeinschlagsmeldung über das Kalenderjahr 2012. Bundesministerium für Land- und Forstwirtschaft, Umwelt und Wasserwirtschaft, Wien.

Anonymus 2018. Österreichische Waldstrategie. Bericht, herausgegeben vom Bundesministerium für Nachhaltigkeit und Tourismus, BMNT, Sektion III, Wien, März 2018.

Anonymus 2020a. Branchenbericht 2019/2020 – Zahlen, Daten und Fakten zur Holzindustrie Österreichs. Herausgeber: Fachverband der Holzindustrie Österreichs, Wien, 2020.

Anonymus 2020b. Grüner Bericht 2020 – Die Situation der österreichischen Land- und Forstwirtschaft, gemäß § 9 des Landwirtschaftsgesetzes. Herausgeber: Die Republik Österreich, vertreten durch die Bundesministerin für Landwirtschaft, Regionen und Tourismus, Stubenring 1, 1010 Wien, 61. Auflage, Wien 2020.

Amman, J. 1568. Das Ständebuch. Frankfurt am Main. https://daten.digitale-sammlungen.de/~db/0010/bsb00105474/images/

Ast, H., Ast, W., Katzer, E. 1970. Holzkohle und Eisen. Beitrag zur Volkskunde, Wirtschafts- und Sozialgeschichte des Raumes um Gutenstein. Niederösterreichische Volkskunde, Band 6. Rudolf Trauner Verlag, Linz.

Ast, H. 1979. „Schliaßnhackn". Die traditionelle Kantholzerzeugung der Waldbauern im Niederösterreichischen Schneeberggebiet. In: Martischnig, M. 1979. Sammeln und Sichten. Beiträge zur Sachvolkskunde. Festschrift für Franz Maresch zum 75. Geburtstag. Verband der Wissenschaftlichen Gesellschaften Österreichs, Wien, S. 27–44.

Ast, H. 1999. Der Handel mit Kienholz – ein vergessener Wirtschaftszweig am Ostrand der Alpen. In: Unsere Heimat, Heft 2/99: S. 109–112.

Ast, H. 2001. Kienspan und Unschlitt, Beleuchtung im ländlichen Alltag, Kulturbeilage zum Amtsblatt der Bezirkshauptmannschaft Wiener Neustadt 2001, S. 1–4.

Ast, H. 2006. Sägemühlen in der niederösterreichischen Waldmark. Gesellschaft der Freunde Gutensteins. Gutenstein. 304 S.

Ast, H., Winner, G. 2011a. Kienholz. In: Historische Holzverwendung und Waldnutzung in der Schneebergregion – Brennholz. http://holzverwendung.boku.ac.at/refbase/files/ast/2011/203_Ast2011.pdf

Ast, H., Winner, G. 2011b. Rindennutzung. In: Historische Holzverwendung und Waldnutzung in der Schneebergregion – Forstliche Nebennutzung. http://holzverwendung.boku.ac.at/refbase/files/ast/2011/280_Ast2011.pdf

Ast, H., Winner, G. 2011c. Natürliche Wuchsformen. In: Historische Holzverwendung und Waldnutzung in der Schneebergregion – Natürliche Wuchsformen. http://holzverwendung.boku.ac.at/refbase/files/ast/2011/273_Ast2011.pdf

Ast, H., Winner, G. 2011d. Besen. In: Historische Holzverwendung und Waldnutzung in der Schneebergregion – Forstliche Nebennutzung. http://holzverwendung.boku.ac.at/refbase/files/ast/2011/197_Ast2011.pdf

Ast, H., Winner, G. 2011e. Ziata. In: Historische Holzverwendung und Waldnutzung in der Schneebergregion – Transportgeräte aus Holz. http://holzverwendung.boku.ac.at/refbase/files/ast/2011/214_Ast2011.pdf

Ast, H., Winner, G. 2011f. Brennholz. In: Historische Holzverwendung und Waldnutzung in der Schneebergregion – Brennholz. http://holzverwendung.boku.ac.at/refbase/files/ast/2011/248_Ast2011.pdf

Ast, H., Winner, G. 2011g. Bast. In: Historische Holzverwendung und Waldnutzung in der Schneebergregion – Forstliche Nebennutzung. http://holzverwendung.boku.ac.at/refbase/files/ast/2011/194_Ast2011.pdf

Ast, H., Winner, G. 2011h. Grass und Laubnutzung. In: Historische Holzverwendung und Waldnutzung in der Schneebergregion – Forstliche Nebennutzung. http://holzverwendung.boku.ac.at/refbase/files/ast/2011/262_Ast2011.pdf

Ast, H., Winner, G. 2011i. Pecherei-Geräte. In: Historische Holzverwendung und Waldnutzung in der Schneebergregion – Forstliche Nebennutzung. http://holzverwendung.boku.ac.at/refbase/files/ast/2011/275_Ast2011.pdf

Ast, H., Winner, G. 2011j. Pottasche. In: Historische Holzverwendung und Waldnutzung in der Schneebergregion – Forstliche Nebennutzung. http://holzverwendung.boku.ac.at/refbase/files/ast/2011/222_Ast2011.pdf

Ast, H., Winner, G. 2011k. Holzgeflechte. In: Historische Holzverwendung und Waldnutzung in der Schneebergregion – Flechtwerk und Zäune. http://holzverwendung.boku.ac.at/refbase/files/ast/2011/201_Ast2011.pdf

Ast, H., Winner, G. 2011l. Wieden. In: Historische Holzverwendung und Waldnutzung in der Schneebergregion – Flechtwerk und Zäune. http://holzverwendung.boku.ac.at/refbase/files/ast/2011/216_Ast2011.pdf

Ast, H., Winner, G. 2011m. Nutschindeln. In: Historische Holzverwendung und Waldnutzung in der Schneebergregion – Spaltprodukte. http://holzverwendung.boku.ac.at/refbase/files/ast/2011/274_Ast2011.pdf

Aufderheide, U., Schröter, E. 2017. Workshop Korbflechten – Flechtarbeiten für den Garten. Pala Verlag, Darmstadt, 176 S.

Bader, U. 1998. Tiroler Kulturgüter – Von Truhen und Kästen. Tyrolia Verlag, Innsbruck, 80 S.

Baillie, M. G. L. 1995. A slice through time. Dendrochronology and precision dating. B. T. Batsford Ltd, London, 176 S.

Baker, D. A., Rials, T. G. 2013. Recent advances in low-cost carbon fiber manufacture from lignin. Journal of Applied Polymer Science 130 (2), S. 713–728. doi:10.1002/app.39273

Banck-Burgess, J. 2016. Mehr als Leder, Kleidung in den Pfahlbausiedlungen. In: 4000 Jahre Pfahlbauten. Begleitband zur großen Landesausstellung Baden-Württemberg 2016. Ostfildern 2016, S. 152–155.

Barth, F. E. 1967. Prähistorische Knieholzschäftungen aus dem Salzberg zu Hallstatt. Mitteilungen der anthropologischen Gesellschaft in Wien (MAGW) 96/97, S. 254.

Barth, F. E. 1989. Prähistorische Grubenfunde im Stadtmuseum Wels. Jahrbuch des Musealvereines Wels 27, 1987/88, S. 39–44.

Barth, F. E., Grabner, M. 2003. Wirtschaftliche Außenbeziehungen des spätbronzezeitlichen Hallstatt. Mitteilungen der anthropologischen Gesellschaft in Wien (MAGW) 133, S. 85–90.

Barth, F. E., Lobisser, W. 2002. Das EU-Projekt Archaeolive und das archäologische Erbe Hallstatt, Veröffentlichungen aus dem Naturhistorischen Museum in Wien, Neue Folge 29, 83 S.

Barth, F. E., Reschreiter, H. 2019. Prähistorische Bergbauspuren im Kernverwässerungswerk des Salzbergwerkes Hallstatt. ArchOn Hallstatt – Archäologie Online Hallstatt, 1. (https://www.nhm-wien.ac.at/verlag/wissenschaftliche_serien/archon)

Bauer, S. 2002. Römische Floßhölzer und Fässer aus Mainz – auf den Spuren der Flößer und Böttcher in Obergermanien. In: Wamser, L., Steidl, B. 2002. Neue Forschungen zur römischen Besiedlung zwischen Oberrhein und Enns. Schriftenreihe der Archäologischen Staatssammlung 3, S. 207–221.

Baumann, F. 1947. Vom ewigen Bauerntum – eine Natur- und Geistesgeschichte des Bauernlebens. Österreichischer Agrarverlag, Wien, 144 S.

Bechstein, J. M. 1812. Forstbotanik oder vollständige Naturgeschichte der deutschen Holzpflanzen und einiger fremden: Erster Teil. Henning'sche Buchhandlung, Gotha, Erfurt.

Bechstein, J. M. 1821. Die Forst und Jagdwissenschaft nach allen ihren Theilen. Henning'sche Buchhandlung, Gotha, 1.456 S.

Becker, H. 1804. Über Cultur, künstliche Bildung und Fällung des Schiffsbauholzes. J. B. G. Fleischers Buchhandlung, Leipzig, 186 S.

Beckmann, J. 1783. Beyträge zur Geschichte der Erfindungen. Band I. Paul Gotthelf Kummer, Leipzig. Zitiert in: Matejak, M. 2005. Das Holz in deutschen Abhandlungen aus dem 17.–19. Jahrhundert. ETH Zürich. https://www.research-collection.ethz.ch/handle/20.500.11850/149597

Begemann, H. F. 1963. Lexikon der Nutzhölzer. Verlag und Fachbuchdienst Emmi Kittel, Mehring.

Behlen, St. 1831. Über das Holzspalten. Allgemeine Forst- und Jagdzeitung, 7, 83, S. 329–332.

Bersch, J. 1893. Die Verwertung des Holzes auf chemischem Wege. Hartleben, Wien, 336 S.

Billamboz, A., Schlichtherle, H. 1982. Das Holz der Pfahlbausiedlungen. Archaeodendrologie im Projekt Bodensee-Oberschwaben. Denkmalpflege in Baden-Württemberg 11, 2, S. 60–73.

Billamboz, A. 2001. Beitrag der Dendrochronologie zur Frage der Besiedlungsdynamik und Bevölkerungsdichte am Beispiel der Pfahlbausiedlungen Südwestdeutschlands. In: Lippert, A., Schultz, M., Shennan, St., Teschler-Nicola, M. (Hg.): Mensch und Umwelt während des Neolithikums und der Frühbronzezeit in Mitteleuropa. Marie Leidorf, Rahden/Westf, S. 53–60.

Billamboz A., Köninger, J. 2008. Dendroarchäologische Untersuchungen zur Besiedlungs- und Landschaftsentwicklung im Neolithikum des westlichen Bodenseegebietes. In: Dörfler, W., Müller, J. (Hg): Umwelt – Wirtschaft – Siedlungen im dritten vorchristlichen Jahrtausend Mitteleuropas und Südskandinaviens. Offa Bücher Band 84, Wachholtz Verlag Neumünster, S. 317–334.

Billamboz, A., Martinelli, N. 2015. Dendrochronology and Bronze Age pile-dwellings on both sides of the Alps: from chronology to dendrotypology, highlighting settlement developments and structural woodland changes. In: Menotti, F. (Ed.): The End of the Lake-Dwellings in the Circum-Alpine Region. Oxbow Books, Oxford and Philadelphia, S. 68–84

Billamboz, A., Nelle, O. 2016. Kalenderdaten. Siedlungs- und Waldgeschichten. In: 4000 Jahre Pfahlbauten. Jan Thorbecke Verlag, S. 309–314.

Binding, G. 1991. Das Dachwerk auf Kirchen im deutschen Sprachraum vom Mittelalter bis zum 18. Jahrhundert. Deutscher Kunstverlag, München. 235 S.

Berg von, E. C. H. 1860. Anleitung zum Verkohlen des Holzes – Ein Handbuch für Forstmänner, Hüttenbeamte, Technologen und Cameralisten. Eduard Zernin, Darmstadt, 250 S.

Blau, J. 1901. Holzzeit im Böhmerwalde. Zeitschrift für österreichische Volkskunde VII, S. 153–160.

Blau, J. 1917. Böhmerwälder Hausindustrie und Volkskunst. Band 1: Wald- und Holzarbeit. Calve Verlag, Prag, 417 S.

Bockhorn, O. 1969. Transport- und Anbaugeräte. In: Bericht über die Feldforschung 1965/66, Wissenschaftliche Arbeiten aus dem Burgenland, Heft 42, Kulturwissenschaften Heft 15 (ed. K. Gaál). Burgenländisches Landesmuseum, Eisenstadt.

Bockhorn, O. 1973. Wagen und Schlitten im Mühlviertel. 2 Bde.: I. Darstellung, II. Dokumentation, Beiträge zur Landeskunde von Oberösterreich, Historische Reihe I/2 und 3. Oberösterreichischer Musealverein – Gesellschaft für Landeskunde, Linz.

Bockhorn, O. 2013. Projekt „Historische Holzverwendung in Österreich" – Ein Blick in Museumsinventare und volkskundliche Literatur. Österreichische Zeitschrift für Volkskunde. LXVII, Heft 1+2 2013, S. 1–10.

Böhm, T. 1911. Handbuch der Holzkonstruktionen des Zimmermanns mit besonderer Berücksichtigung des Hochbaues. Springer Verlag, Berlin, 702 S.

Böhmer, G. R. 1799. Technische Geschichte der Pflanzen welche den Handwerken, Künsten und Manufakturen bereits in Gebrauch sind oder noch gebraucht werden können. Weidmännische Buchhandlung, Leipzig, 250 S.

Borrmann, C. 1935. Handbuch der Bürsten- und Pinselfabrikation – Teil 1: Die Rohstoffe/Heft 1: Holzkunde. Dunker, Leipzig. 32 S.

Boye, V. 1896. Fund af Egekister fra Bronzealderen i Danmark. A. F. Høst & Søns, Kjøbenhavn.

Brain, C. K., Sillen, A. 1988. Evidence from the Swartkrans Cave for the earliest use of fire. Nature 336, S. 464–466.

Brem, H. J., Leuzinger, U. 2005. Gebohrt, gedrechselt, gehobelt – Holzfunde aus dem römischen Vicus Tasgetium (Eschenz). Archäologie Schweiz 28, S. 32–37.

Brockhaus, F. A. 1898. Brockhaus' Konversations-Lexikon. F. A. Brockhaus in Leipzig, Berlin und Wien. Zitiert in: Matejak, M. 2005. Das Holz in deutschen Abhandlungen aus dem 17.–19. Jahrhundert. ETH Zürich. https://www.research-collection.ethz.ch/handle/20.500.11850/149597

Brodhuber, L., Holdhaus, C., Martin, A. 1861. Industrie und Handel im Kaiserthume Österreich nach ihrem gegenwärtigen Standpunkte. Verl. D. typogr.-literar.-artist. Anstalt, Wien, 743 S.

Brown, P. M. 1996. OLDLIST: A database of maximum tree ages. In: Dean, Meko, , Swetnam, T. W. eds., Tree Rings, Environment, and Humanity: Proceedings of the International Conference, Tucson, Arizona, 17–21 May, 1994. Radiocarbon 1996, S. 727–731.

Buchinger, G., Grabner, M. (Hg.) 2017. Wald-Holz-Viertel. Historische Holzkonstruktionen vom 12. Jahrhundert bis in die Frühmoderne. Schriftenreihe des Waldviertler Heimatbundes Band 57. Horn, Waidhofen an der Thaya, 488 S.

Buksnowitz, C., Hackspiel, C., Hofstetter, K., Müller, U., Gindl, W., Teischinger, A., Konnerth, J. 2010. Knots in trees: strain distribution in a naturally optimised structure. Wood Science and Technology 44 (3), S. 389–398.

Buksnowitz, C., Teischinger, A. 2014. Haselfichte als Resonanzholz – Überlegenheit oder Tradition? Zuschnitt, 56, S. 22.

Burger, H. 1941. Der Drehwuchs bei den Holzarten. I. Mitteilung. Drehwuchs bei Fichte und Tanne. Mitteilungen der Eidgenössischen Forschungsanstalt für Wald, Schnee und Landschaft: Vol. 22/1 Beer & Cie, Zürich, S. 142–163.

Bürgi, M., Stuber, M. 2003. Agrarische Waldnutzungen in der Schweiz 1800–1950. Waldfeldbau, Waldfrüchte und Harz. Schweiz. Z. Forstwesen 154/9, S. 360–375

Capelle, T. 1983. Zur Produktion hölzerner Gefäße im vor- und frühgeschichtlichen Mittel- und Nordeuropa. In: Jankuhn, H., Janssen, W., Schmidt-Wiegand, R., Tiefenbach, H. 1983. Das Handwerk in vor- und frühgeschichtlicher Zeit. Vandenhoeck & Ruprecht, Göttingen, S. 397–414.

Carstensen, J. 1937. Schindeldach und Schindelgiebel. Glückauf-Verlag Schwarzenberg im Erzgebirge. 144 S.

de Capitani, A. 2016. Die Egolzwiler Kultur, Dier ältesten Pfahlbauten der Schweiz. In: 4000 Jahre Pfahlbauten. Begleitband zur großen Landesausstellung Baden-Württemberg 2016. Ostfildern 2016, S. 113–118.

Charruadas, P., Fraiture, P., Gautier, P., Piavaux, M., Sosnowska, P. 2016. Introduction: Wood finishing work. A promising area of research? In: Fraiture, P., Charruadas, P., Gautier, P., Piavaux, M., Sosnowska, P.: Between Carpentry and Joinery. Wood Finishing Work in European Medieval and Modern Architecture. Scienta Artis 12, Royal Institute for Cultural Heritage (KIK-IRPA), Brussels, Belgium, S. 7–20.

Cílová, Z., Woitsch, J. 2012. Potash e a key raw material of glass batch for Bohemian glasses from 14th to the17th centuries? Journal of Archaeological Science 39 (2012), S. 371–380.

Coles, J., Dvorakova, K., Dohnalkova, H., Kelm, R., Paardekooper, R. 2006. Ancient wood, woodworking and wooden houses. Journal for (Re)construction and Experiment in Archaeology 3 (2006), S. 50–57.

Cramer, J. A. 1766. Anleitung zum Forst-Wesen, nebst einer ausführlichen Beschreibung von Verkohlung des Holzes, Nutzung der Torfbrüche. etc. Mit vielen Kupfern. Verlag der Fürstl Waisenhaus-Buchhandlung, Braunschweig, 200 S.

Cramer, J. 1986. Bundzeichen. Bauen mit Holz, 3 (1986): 136–140.

Czeike, F., 2004. Historisches Lexikon Wien: in 6 Bänden. Band 2: De–Gy. Kremayr & Scheriau, Wien. https://www.digital.wienbibliothek.at/wbrobv/content/titleinfo/1112764

Danhelovsky, A. 1873. Abhandlung über die Technik des Holzwaaren-Gewerbes in den Slavonischen Eichenwäldern. Karl Ramazetter, Fünkirchen, 198 S.

Delfs, J. 1985. Die Flößerei in Deutschland und ihre Bedeutung für die Volks- und Forstwirtschaft. In: Keweloh, H. W. (Hg): Flößerei in Deutschland. Theiss, Stuttgart, S. 34–54.

Dempp, K. W. 1842. Lehre von den Baumaterialien mit Rücksicht auf ihr Vorkommen in der Natur. Joseph Lindauer'sche Buchhandlung, München, 516 S.

Dietrich, V. 1847. Das Ganze der Verkohlung in stehenden Meilern oder die sogenannte italienische Köhlerei. J. A. Kienreich, Graz, 140 S.

Doyle, J., Houston, S. 2016. The Woman in Wood: A Reencounter with Tikal's Queen from Temple II. https://mayadecipherment.com/2016/01/06/3757/

Duhamel du Monceau, H. L. 1758. Élémens de l'architecture navale, ou Traité pratique de la construction des vaisseaux. chez Charles Antoine Jombert, imprimeur libraire du roi pour l'artillerie & le genie. 482 S.

Duhamel du Monceau, H. L. 1763. Abhandlung von Bäumen Stauden und Sträuchern. Seligmann, Nürnberg, 250 S.

Duhamel du Monceau, H. L. 1766. Von Fällung der Wälder und gehöriger Anwendung des gefällten Holzes. A. W. Winterschmidt, Nürnberg.

Duhamel du Monceau, H. L. 1767. Die Kunst des Dachdeckers. Kanter, Leipzig.

Duhamel du Monceau, H. L. 1775. Die Kunst des Kohlenbrennens, oder die Art und Weise, aus Holz Kohlen zu machen. Johann Jacob Kanter, Königsberg und Leipzig, 44 S.

Eberli, U., Leuzinger, U., Schlichtherle, H. 2016. Steinzeit? Holzzeit! Ein unverzichtbares Material. In: 4000 Jahre Pfahlbauten. Jan Thorbecke Verlag, S. 352–355.

Eberschweiler, B. 2004. Bronzezeitliches Schwemmgut vom „Chollerpark" in Steinhausen (Kanton Zug). Antiqua 37. Veröffentlichung der Schweizerischen Gesellschaft für Ur- und Frühgeschichte. 254 S.

Eberschweiler, B., Heumüller, M. 2016. Durchs Moor und über Wasser, Wege und Brücken. In: 4000 Jahre Pfahlbauten. Begleitband zur großen Landesausstellung Baden-Württemberg 2016. Ostfildern 2016, S. 394–397.

Ebner, C., 1912. Flöszerei und Schiffahrt auf Binnengewässern. Mit besonderer Berücksichtigung der Holztransporte in Österreich, Deutschland und Westrussland. A. Hölder, Wien, 375 S.

Egg, M., Goedecker-Ciolek, R. 2009. Ausrüstung und Kleidung. In: Egg, M., Spindler, K. (Hg.). Kleidung und Ausrüstung der kupferzeitlichen Gletschermumie aus den Ötztaler Alpen. Monografien des Römisch-Germanischen Zentralmuseums, Bd. 77, zugleich Der Mann im Eis, Bd. 6, S. 57–164.

Ehrenberg, C. F., Knoblauch, Ed., Hoffmann, L. 1840. Baulexikon. Erklärung der im gesammten Bauwesen am häufigsten vorkommenden technischen -und Kunstausdrücke. J. D. Sauerländer, Frankfurt, 1.056 S.

Eigl, J. 1894. Das Salzburger Gebirgshaus. AD. Lehmann, Wien.

Eißing, T. 2009. Kirchendächer in Thüringen und dem südlichen Sachsen-Anhalt. Reinhold E Verlag, Berlin, 392 S.

Eißing, T., Furrer, B., King, S., Knapp, U., Krämer, A., Lohrum, B., Marstaller, T., Mohn C., Pantli, H., Reicke, D. 2012. Vorindustrieller Holzbau in Südwestdeutschland und der deutschsprachigen Schweiz, Terminologie und Systematik – Südwestdeutsche Beiträge zur historischen Bauforschung – Sonderband. Vereinigung für Bauforschung Schweiz, Arbeitskreis für Hausforschung, Regionalgruppe Baden-Württemberg, Regierungspräsidium Stuttgart – Landesamt für Denkmalpflege, Essling, 132 S.

Elburg, R., Herold, P. 2010. Tiefe Einblicke in die Vergangenheit. Der jungsteinzeitliche Brunnen aus Altscherbitz gibt Aufschluss über das Leben vor 7100 Jahren. Archæo – Archäologie in Sachsen, Heft 7, 2010, S. 23–27.

Elburg, R., Hein, W. 2011. Steinbeil im Einsatz. Bäumefällen wie vor 7000 Jahren. Archaeo 8, S. 20–25.

Ellmers, D. 1983. Vor- und frühgeschichtlicher Boots- und Schiffbau in Europa nördlich der Alpen. In: Jankuhn, H., Janssen, W., Schmidt-Wiegand, R., Tiefenbach, H. 1983. Das Handwerk in vor- und frühgeschichtlicher Zeit. Vandenhoeck & Ruprecht, Göttingen, S. 471–534.

Engelbrecht, L. 1933. Holz im landwirtschaftlichen Gerät. Schrift 3 der Arbeitsgemeinschaft Holz, Berlin, 23 S.

Enigl, A. 1987. Das alte Leben und Arbeiten im Waldviertel. Selbstverlag, 128 S.

Exner, W. F. 1893. Das Biegen des Holzes, ein für Möbelfabrikanten, Wagen- und Schiffbauer wichtiges Verfahren mit besonderer Rücksichtnahme auf die Thonet'sche Industrie. Bernhard Friedrich Voigt, Weimar.

FAO – The Food and Agriculture Organization of the United Nations. 2005. The Global Forest Resources Assessment 2005. Rom. ftp://ftp.fao.org/docrep/fao/008/A0400E/A0400E00.pdf

Federspiel, F. 1992. Flussverbauung und Wasserbauten an der Traun. Kat. OÖ Landesmus. 54, S. 185–204.

Feldhaus, F. M. 1922. Die Säge: Ein Rückblick auf vier Jahrtausende. J. D. Dominicus & Soehne, Berlin, 67 S.

Fellner, J., Teischinger, A. 2001. Alte Holzregeln – Von Mythen und Brauchbarem über Fehlinterpretationen zu neuen Erkenntnissen. Österreichischer Kunst und Kulturverlag, Wien, 162 S.

Feldtkeller, A. 2016. Kompresse, Verband oder Monatsschutz? Multitalent Lindenbast. In: 4000 Jahre Pfahlbauten. Jan Thorbecke Verlag, 156 S.

Festi, D., Brandner, D., Grabner, M., Knierzinger, W., Reschreiter, H., Kowarik, K. 2021. 3500 years of environmental sustainability in the large-scale alpine mining district of Hallstatt, Austria. Journal of Archaeological Science: Reports 35 (2021) 102670, doi: https://doi.org/10.1016/j.jasrep.2020.102670

Fiala, K. 1965. Mundartkundliches und Schliches in der Bauernarbeit im Großarltal (Salzburg). Dissertation an der Universität Wien/Philosophische Fakultät.

Fiebig, M., Preusser, F., Steffen, D., Thamó-Bozsó, E., Grabner, M., Lair, G., Gerzabek, M. 2009. Luminescence Dating of Historical Fluvial Deposits from the Danube and Ebro. Geoarchaeology 24, S. 224–241.

Fischer, C. 1690. Fleissiges HerrenAuge oder wohl ab und angeführter HausHalter Das ist: Gründlich und kurtz zusammen gefasster Unterricht, von Bestell- und Führung eines nütz- und einträglichen Land- Lebens und Wirtschafft. Johann Ziegers, Franckfurt und Nürnberg, 296 S.

Fischer-Kohnert, B. 1999. Das mittelalterliche Dach. Michael Imhof Verlag, Petersberg, 136 S.

Fliedner, E., Heep, W., van Herwijnen, H. W. G. 2010. Verwendung nachwachsender Rohstoffe in Bindemitteln für Holzwerkstoffe. Chemie Ingenieur Technik 2010, 82 (8), S. 1161–1168.

Florinus, F. P. 1721. Francisci Philippi Florini Serenissimi ad Rhenum Comitis Palatini Principis Solibacensis P. in Edelsfelden & Kirmreuth, Oecnomus Prudens et Legalis. Oder Allgemeiner Kluger und Rechts = verständiger Haus-Vatter bestehend in Neun Büchern. Christoph Riegels, Nürnberg, Franckfurt und Leipzig. Zitiert in: Matejak, M. 2005. Das Holz in deutschen Abhandlungen aus dem 17.–19. Jahrhundert. ETH Zürich. https://www.research-collection.ethz.ch/handle/20.500.11850/149597

Förster, G. R. 1885. Das forstliche Transportwesen: Mittel und Anstalten mit Rücksicht auf zweckmäßige Auswahl, Einrichtung und Benützung derselben. Moritz Perles, Wien.

Franz, F. C. 1795. Beantwortung der Frage: Wie dem Holzmangel vorzubeugen sei? Göschen, Leipzig, 243 S.

Frenkenberger, C., Seitz-Krautstorfer, W., Thönicke, B. 2012. Fast vergessen. Handwerkliches Erbe. Styria, Graz. 177 S.

Frey, H. P. 2011. Werkstoffmonographie. Holzwolle. Daten, Fakten. Edition Ylichtensteig. 258 S.

Fritsch, E. 1993. Der Schwarzenberg Schwemmkanal im Wandel der Zeit. Mitteilungen des Landesvereins für Höhlenkunde in Oberösterreich, 98, S. 43–74.

Fuchs, H. 2012. Holz als Grundstoff der vorindustriellen Wirtschaft – die enzyklopädische Wissensbasis. Diplomarbeit an der Historisch-Kulturwissenschaftlichen Fakultät der Universität Wien. 127 S. urn:nbn:at:at-ubw:1-29518.01577.192969-3

Fuchs, C. 2016. Gut gekaut – Die Birkenpechstücke aus Hornstaad-Hönle. In: 4000 Jahre Pfahlbauten. Begleitband zur großen Landesausstellung Baden-Württemberg 2016. Ostfildern, S. 160.

Fukuyo, N., Yokoyama, Y., Miyairi, Y., Igarashi, Y. 2019. AMS Dating of Potentially the Oldest Wooden Sculptures in Japan from a Shinto Shrine in Akita. Radiocarbon, 61 (5), S. 1221–1228. doi:10.1017/RDC.2019.31

Fürst, D. 2007. Vergleichende Untersuchung der antimikrobiellen Wirksamkeit von sieben verschiedenen Hölzern. Dissertation an der Albert-Ludwigs-Universität Freiburg i. Br., 83 S.

Gaál, K. 1969. Zum bäuerlichen Gerätebestand im 19. und 20. Jahrhundert. Forschungsergebnisse zur vergleichenden Sachvolkskunde und volkskundlichen Museologie, 1. Abhandlung, Sitzungsbericht, 261 Bd. Österreichische Akademie der Wissenschaften, Wien.

Gaebeler, J. 2006. Die Frühgeschichte der Sägemühlen (1200–1600) als Folge der Mühlendiversifikation. Kessel, Remagen, 346 S.

Gamerith, A. 1979. Ölgeräte und Stampfgebäude im Waldbauernlande. In: Sammeln und Sichten. Beiträge zur Sachvolkskunde. Festschrift für Franz Maresch zum 75. Geburtstag (ed. M. Martischnig), Verband der Wissenschaftlichen Gesellschaften Österreichs, Wien.

Gayer, K., Mayr, H. 1903. Die Forstbenutzung. Verlagsbuchhandlung Paul Parey, Berlin, 680 S.

Gayer, K. 1876: Die Forstbenutzung. Wiegandt & Hempel & Parey, Berlin, 651 S.

Gayer, S. 1928. Die Holzarten und ihre Verwendung in der Technik. Verlag Jänecke, Leipzig, 278 S.

Gehrig, M., Schnell, G., Zürcher, E., Kucera, L. J. 2000. Hygienische Eigenschaften von Holz- und Kunststoffbrettern in der Nahrungsmittelverarbeitung und -präsentation: Ein Vergleich. Holz als Roh- und Werkstoff 58, S. 265–269.

Gentili, G. V. 2003. Verucchio villanoviana. Il sepolcreto in località Le Pegge e la necropoli al piede della Rocca Malatestiana. Monumenti antichi 59, Serie monografica, vol. VI, edito da Giorgio Bretschneider editore. Roma 2003.

Gerner, M. 1992. Handwerkliche Holzverbindungen der Zimmerer. Deutsche Verlagsanstalt, Stuttgart, 191 S.

Gerner, M. 2000. Entwicklung der Holzverbindungen. Forschungs- und Untersuchungsergebnisse. Fraunhofer IRB-Verlag, Stuttgart, 132 S.

Gierlinger, N. 2003. Chemistry, colour and brown-rot decay resistance of larch heartwood and FT-NIR based prediction models. Dissertation an der Universität für Bodenkultur Wien, 129 S.

Gieser, G. 1992. Bauern Leben – vom bäuerlichen Leben und Arbeiten in vergangener Zeit. Verlag im Kommunikations Kontor, Gräfelfing, 145 S.

Grabner, M., Wimmer, R., Weichenberger, J. 2004. Reconstructing the history of log-drifting in the Reichraminger Hintergebirge, Austria. Dendrochronologia 21 (3), S. 131–137.

Grabner, M. 2005. Functional Tree-Ring Analysis: Wood as an information source to understand physiological, environmental and technological questions. Dissertation an der Universität für Bodenkultur Wien, Department für Materialwissenschaften und Prozesstechnik, Institut für Holzforschung, Wien.

Grabner, M., Blesl, C., Geihofer, D. 2006a. Dendrochronologische Auswertung römischer Brunnen im Rahmen der Errichtung der ÖBB-Neubaustrecke Wien–St. Pölten. Internationales ÖGUF Symposium 2006: Kelten – Römer – Germanen im Spannungsfeld von Integration und Konfrontation. Hainburg an der Donau. 25.–28. Oktober 2006. Österreichische Gesellschaft für Ur- und Frühgeschichte, Wien, S. 11.

Grabner, M., Kastner, J., Reschreiter, H., Salaberger, D. 2006b. Dendrochronologische Datierung von Holzfunden aus Hallstatt mit Hilfe der Computertomographie. In Karl, R., Leskovar J. (Eds): Interpretierte Eisenzeiten. Fallstudien, Methoden, Theorien. Studien zur Kulturgeschichte von Oberösterreich 19, S. 99–108.

Grabner, M., Reschreiter, H., Klein, A. 2009. Das Grubenholz der bronzezeitlichen Fundstelle Christian-von-Tusch-Werk – Alter Grubenoffen. Mitteilungen der Anthropologischen Gesellschaft in Wien 139, S. 101–104.

Grabner, M. 2011a. Lebensdauer von Holzbauwerken. Alter und Zustand ausgewählter historischer Objekte. Vortrag am 1. Wiener Holzschutztag. Dez. 1–2, 2011, Holzforschung Austria, Wien, S. 154–161.

Grabner, M. 2011b. Holz als Informationsquelle – Holzartenbestimmung und Dendrochronologie. In: Scherrer, P. (Ed.): Holz in der Antike. Keryx 1. Universität Graz, Zentrum Antike, S. 19–28.

Grabner, M., Klein, A., Nemestothy, S., Winner, G. 2013. Historische Holzverwendung – ewig gestrig, oder Wissen für die Zukunft? In Grabner, M. Kohlross, H. (Hg). Wald, Holz und Menschen. Festschrift anlässlich des 90. Geburtstags von Hiltraud Ast. Gutenstein: Verein der Freunde Gutensteins, 195 S.

Grabner, M., Reschreiter, H., Kowarik, K., Winner, G. 2014. Neue Aussagen über altes Holz aus Oberösterreich – Hallstatt. Fines Transire, 23, 2014. Verlag Marie Leidorf GmbH, Rahden/Westf., S. 145–160.

Grabner, M., Klein, A., Nemestothy, S., Salzger, E. 2016. Ceilings and floorings in Austria. Types, dating and wood species. In: Fraiture, P., Charruadas, P., Gautier, P., Piavaux, M., Sosnowska, P.: Between Carpentry and Joinery. Wood Finishing Work in European Medieval and Modern Architecture. Scienta Artis 12, Royal Institute for Cultural Heritage (KIK-IRPA), Brussels, Belgium, S. 66–77.

Grabner, M. 2017. WerkHolz. Eigenschaften und historische Nutzung 60 mitteleuropäischer Baum- und Straucharten. Verlag Kessel, Remagen – Oberwinter, 160 S.

Grabner, M., Weber, A., Mayer, K., Wächter, E., Nemestothy, S. 2017. Historische Holzartenauswahl in Österreich. Analysen in Museen, historische Literatur und moderne Prüfungen. Medieval and Early Modern Material Culture Online MEMO 1 (2017). DOI: 10.25536/20170104

Grabner, M., Buchinger, G., Jeitler, M. 2018. Stories about building history told by wooden elements – Case studies from Eastern Austria. International Journal of Architectural Heritage 12(2), S. 178–194. doi: 10.1080/15583058.2017.1372824

Grabner, M., Reschreiter, H., Wächter, E., Mayer, K., Winner, G., Kowarik, K. 2019. Die verwendeten Holzarten im prähistorischen Salzbergbau von Hallstatt. In Kowarik, K. (ed.): Hallstätter Beziehungsgeschichten. Wirtschaftsstrukturen und Umfeldbeziehungen der bronze- und ältereisenzeitlichen Salzbergbaue von Hallstatt/OÖ. Studien zu Kulturgeschichte von Oberösterreich 50. Linz, Österreich, S. 83–96.

Grabner, M., Wächter, E., Johann, E. 2020. Wald, Holz und Dendrochronologie. In: Fuchsberger, H. (Hg): Mittelalterliche Dachkonstruktionen in Österreich. Michael Imhof Verlag, Petersberg, 294 S.

Grabner, M., Wächter, E., Nicolussi, K., Bolka, M., Sormaz, T., Steier, P., Wild, E. M., Barth, F. E., Kern, A., Rudorfer, J., Kowarik, K., Stöllner, T., Reschreiter, H. 2021. Prehistoric salt mining in Hallstatt, Austria. New chronologies out of small wooden fragments. Dendrochronologia. in print. doi.org/10.1016/j.dendro.2021.125814

Grabner, M., Wächter, E. 2021. Das Baumaterial Holz. In: Liebich, H. A. (Hsg.) 2021. Dachwerke der Wiener Innenstadt. Konstruktion – Typologie – Bestand. Österreichische Denkmaltopographie. Bundesdenkmalamt Wien

Graef, A., Graef, M. 1900. Der Schreiner. Voigt, Leipzig, 316 S.

Graef, M. 1905. Moderne Bautischlerei Tischler und Zimmerleute enthaltend alle beim inneren Ausbau vorkommenden Arbeiten des Bautischlers. Verlag von Bernh. Friedr. Voigt, Leipzig, 255 S.

Gramsch, B. 2013. Die Artefakte aus Holz und Baumrinde vom mesolithischen Moorfundplatz Friesack 4, Lkr. Havelland. Veröffentlichungen zur brandenburgischen Landesarchäologie, Bd. 47, 2013 (2016), S. 7–54.

Grebe, K. 1851. Die Forstbenutzung. Ein Nachlaß von Dr. G. König. Verlag von J. F. Baerecke, Eisenach, 356 S.

Grebe, K. 1861. Die Forstbenutzung. Ein Nachlaß von Dr. G. König. Verlag von J. F. Baerecke, Eisenach, 431 S.

Grimm, J., Grimm, W., 1854. Deutsches Wörterbuch. Leipzig. http://dwb.uni-trier.de/de/

Grieser, G. 1992. BauernLeben. Vom bäuerlichen Leben und Arbeiten in vergangener Zeit. Kommunikationskontor, Gräfelfing, 145 S.

Grießmair, H. 2012. Das Zimmermannshandwerk in Tirol in alter Zeit. In: Tauber, E., Tauber, G. (Hsg.) 2012. Die Zeit und das Holz. Der Zimmermann Josef Tauber. ARUNDA 82 / Verlag Bibliothek der Provinz, S. 14–33.

Großmann, J. 1916. Das Holz – seine Bearbeitung und seine Verwendung. B.G.Teubner, Leipzig und Berlin, 112 S.

Gruber, A., Pauli, A. 2005. Flechtwerk. Flechtwerk – auf den Spuren eines alten Handwerks mit Bind- und Flechtpflanzen. Amt d. Niederösterreichischen Landesregierung, St. Pölten, 26 S.

Grünn, H. 1960. Die Pecher. Manutiuspresse, Wien, 156 S.

Haarnagel, W. 1983. Das Handwerk im Verband der kaiserzeitlichen Marschensiedlung Feddersen Wierde. In: Jankuhn, H., Janssen, W., Schmidt-Wiegand, R., Tiefenbach, H. 1983. Das Handwerk in vor- und frühgeschichtlicher Zeit. Vandenhoeck & Ruprecht, Göttingen, S. 67–89.

Haegele, P., Richter, H. 1990. Geräteführer. Schwarzwälder Freilichtmuseum Bogtsbauernhof. Selbstverlag, Gutach an der Schwarzwaldbahn, 134 S.

Hafner, A. Pétrequin, P., Schlichtherle, H. 2016. Ufer- und Moorsiedlungen, Chronologie, kulturelle Vielfalt und Siedlungsformen. In: 4000 Jahre Pfahlbauten. Begleitband zur großen Landesausstellung Baden-Württemberg 2016. Ostfildern, S. 59–64.

Hafner, F., Trzesniowski, A. 1994. Holzbringung und Walderschließung. In: Österreichs Wald. Vom Urwald zur Waldwirtschaft. Autorengemeinschaft „Österreichs Wald", Österreichischer Forstverein (Hg), Wien, S. 317–356.

Haid, H. 1986. Vom alten Leben – Vorgehende Existenz- und Arbeitsformen im Alpenbereich. Herold, Wien, ISBN 3475525070, 344 S.

Haid, H. 1991. Vom alten Handwerk. Rosenheimer, Rosenheim, 248 S.

Harms, M., Franke, F., Klein. P. 2012. Der Henndorfer Truhenfund. Dokumentation und Datierung von 127 gefassten siebenbürgischen Truhen des 15.–18. Jahrhunderts. Verlag Anton Siegl, München, 160 S.

Hartig, G. L. 1823. Lehrbuch für Förster und die es werden wollen. Schaumburg, Wien, 222 S.

Hartig, G. L., Hartig, T. 1834. Forstliches und forstnaturwissenschaftliches Conversations-Lexikon: ein Handbuch für Jeden, der sich für das Forstwesen und die dazu gehörigen Naturwissenschaften interessirt. Nauckische Buchhandlung, Berlin, 1.034 S.

Hartmann, C. F. A. 1841. Populäres Handbuch der allgemeinen und speziellen Technologie, oder der rationellen Praxis des chemischen und mechanischen Gewerbwesens, Band 2. Amelang, Berlin, 912 S.

Hasel, K. 1985. Forstgeschichte – ein Grundriß für Studium und Praxis. Verlag Parey, Hamburg, 258 S.

Hasitschka, J. 2010. Vom verschwundenen Alltag. Arbeitswelt im Wandel von zwei Generationen. Schriftenreihe Schloss Trautenfels, Universalmuseum Joanneum, Band 9, 260 S.

Havran, J., Linnemann, U. 2005. Norwegische Stabkirchen. Ein Führer für die 29 erhaltenen norwegischen Stabkirchen. AFRO, Oslo, Norway, 159 S.

Hebert, B., Grabner, M. 2007. Noch ein römisches Fass aus der Lafnitz und die ersten Dendrodaten vom österreichischen Südostalpenrand. Archäologie Österreichs 18 (1), S. 21.

Heinzinger, W. 1988. Die Chance Holz. Der andere Weg. Leuschner & Lubensky, Graz, 387 S.

Hellwag, F., Buchholz, R. 1995. Die Geschichte des deutschen Tischlerhandwerks: Vom 12. bis zum Beginn des 20. Jahrhunderts. Th. Schäfer Verlag, Hannover, 670 S.

Herwig, G. 1794. Entwurf einer Forstkunde. Gebhard und Körber, Frankfurt, 134 S.

Hirschberg, W., Janata, A. 1980. Technologie und Ergologie in der Völkerkunde. Dietrich Reimer Verlag, Berlin, 321 S.

Hochberg, W. H. 1695. Georgica Curiosa oder Adeliches Land=Leben Herren von Hochberg. GEORGICA CURIOSA AUCTA. Martin Endters, Nürnberg. Zitiert in: Matejak, M. 2005. Das Holz in deutschen Abhandlungen aus dem 17.–19. Jahrhundert. ETH Zürich. https://www.research-collection.ethz.ch/handle/20.500.11850/149597

Holaubek-Lawatsch, G. 1971. Holzschuhe als Arbeitsschuhe – Form, Material und Herstellung. Kommentar zu Blatt 41–42. In: Österreichischer Volkskundeatlas, Kommission für den Volkskundeatlas in Österreich, Wien.

Holzmeister, C. 1934. Der Holzhausbau. Österreichischer Holzwirtschaftsrat, Wien.

Hottenroth, H. H. 1979. Das Holzknechtmuseum in Trübenbach. Vollständiges Inventarverzeichnis. In: Martischnig, M. 1979. Sammeln und Sichten. Beiträge zur Sachvolkskunde. Festschrift für Franz Maresch zum 75. Geburtstag. Verband der Wissenschaftlichen Gesellschaften Österreichs, Wien, S. 263–298.

Hubatschek, E. 1961. Bauernwerk in den Bergen. Bilder und Worte von Erika Hubatschek. Universitätsverlag Wagner, Innsbruck, 163 S.

Huber, C. 1793. Kurzgefaßte Naturgeschichte der vorzüglichsten baierischen Holzarten. Josef Lenther, München.

Hufnagl, L. 1920. Handbuch der kaufmännischen Holzverwertung und des Holzhandels für Waldbesitzer, Forstwirte, Holzindustrielle und Holzhändler. Parey, Berlin, 378 S.

Hundeshagen, J. Chr. 1842. Encyclopädie der Forstwissenschaft, systematisch abgefasst. Kaupp'sche Buchhandlung, Tübingen, 608 S.

Jacobi, G. 1974. Werkzeuge und Gerät aus dem Oppidum von Manching. Die Ausgrabungen in Manching 5.

Jäckel, J. M. 1842. Von den Bauwerkzeugen. Von den Baumaterialien. Von der Teichgräberarbeit: 1. Band. Michael Lechner Universitätsbuchhändler, Wien.

Jägerschmid, K. F. 1827. Handbuch für Holztransport und Floßwesen. Verlag der Ch. Fr. Müller'schen Hofbuchhandlung, Karlsruhe, 488 S.

Janka, G. 1915. Die Härte der Hölzer. Mitteilungen aus dem Forstlichen Versuchswesen Österreichs 39. Frick, Wien, 130 S.

Jockenhövel, A. 1996. Bergbau, Verhüttung und Waldnutzung im Mittelalter. Steiner, Stuttgart, 298 S.

Johann, E. 1968. Geschichte der Waldnutzung in Kärnten unter dem Einfluss der Berg-, Hütten- und Hammerwerke. Verlag des Geschichtsvereines für Kärnten, Klagenfurt, 260 S.

Johann, E. 1994. Die Erzeugung von Holz: In Autorengemeinschaft „Österreichs Wald" (Hg): Österreichs Wald. Vom Urwald zur Waldwirtschaft. Österreichischer Forstverein, Wien, 544 S.

Johann, E. 2004. Wald und Mensch – Die Nationalparkregion Hohe Tauern. Kärntner Landesarchiv, Klagenfurt, 812 S.

Johann, E., García Latorre, J., Klemm, S., 2014. Kostbarkeiten im Wald. Kultur und Geschichte. Österreichischer Forstverein, Wien, 85 S.

Jörg, M. 2015. Holz und Klimaschutz. 2. überarbeitete Auflage 2015. proHolz Edition 09. Junkmanns, J., Francuz, J., Mischler, K., Räss, U. 2015. Schnidejoch und Lötschenpass: Bogen, Pfeile und andere Teile von Bogenausrüstungen. In: Hafner, A. (Hg.) Schnidejoch und Lötschenpass, Archäologische Forschungen in den Berner Alpen, Bd. 1, S. 280–319.

Jüttemann, H. 1984. Alte Bauernsägen im Schwarzwald und in den Alpenländern. Verlag G. Braun, Karlsruhe. 248 S.

Kaiser, A., Killian, H. 2000. 600 Jahre Österreichisches Forstwesen im Spiegel alter Gesetze und Verordnungen (14.–19. Jahrhundert) Band 1. Schriftenreihe des Institutes für Sozioökonomie der Forst- und Holzwirtschaft Band 40/1, Universität für Bodenkultur, Wien.

Kaiser, M. J. 2016. Ein vielseitiger Alleskleber – Birkenpech. In: 4000 Jahre Pfahlbauten. Jan Thorbecke Verlag: 351.

Kaye, T. P. 2020. Pine Tar; History and Uses. https://www.nationalhistoricships.org.uk/sites/default/files/data/files/resources/787/Pine_Tar_History_and_its_Uses_-_April_2011.pdf

Karmarsch, K. 1841. Grundriß der mechanischen Technologie. Helwingsche Hof Buchhandlung, Hannover, 268 S.

Karmarsch, K. 1857. Handbuch der mechanischen Technologie. Helwingsche Hof Buchhandlung, Hannover, 812 S.

Keeß, S. 1823. Darstellung des Fabriks und Gewerbewesens im österreichischen Kaiserstaate: vorzüglich in technischer Beziehung. Anton Strauß, Wien, 269 S.

Kehr, K. 1985. Sprache und Arbeit: Waldwirtschaft und bäuerlich handwerkliche Arbeitsformen in der Steiermark. In: Schuler, A. (Hsg.): Geschichte der Waldnutzung und der Forstwirtschaft in gebirgigen Regionen. Schweiz. Z. Forstwes. Beiheft 74, S. 107–126.

Keller, H. 2014. Die Suche nach der Haselfichte. Zuschnitt, 56, S. 22–23.

Kernchen, I., Gramsch, B. 1989. Mesolithische Seil- und Netzreste von Friesack, Bezirk Potsdam, und ihre Konservierung. Ver. ff. Mus. Ur- u. Frühgesch. Potsdam, 23, S. 23–28.

Keweloh, H. W. 1985. Vom Baum zum schwimmenden Dorf. Der Bau von Flößen. In: Keweloh, H. W. (Hg): Flößerei in Deutschland. Theiss, Stuttgart, S. 59–60.

Keweloh, H. W. 2014. Fachwörterbuch der Flößerei. Deutsches Schifffahrtsmuseum, Bremerhaven. 37 S. https://d-nb.info/105824857X/34

Killian, H. 1994. Vom Faustkeil zur Motorsäge. In: Österreichs Wald. Vom Urwald zur Waldwirtschaft. Autorengemeinschaft „Österreichs Wald", Österreichischer Forstverein (Hg.), Wien, S. 291–309.

Killian, H. 2000. Von der Brandrodung zur Forstwissenschaft. Ein kurzer Überblick über die Entwicklung der forstlichen Ausbildung und Forschung in Österreich. Centralblatt für das Gesamte Forstwesen. 117 (2000), 2, S. 101–114.

Killian, H., Schwabegger, M. 2001. 600 Jahre Österreichische Forstwesen im Spiegel alter Gesetze und Verordnungen (14.–19. Jahrhundert) Band 3. Schriftenreihe des Institutes für Sozioökonomie der Forst- und Holzwirtschaft Band 40/3, Universität für Bodenkultur, Wien.

Kimming, W. 1983. Zum Handwerk der späteren Hallstattzeit. In: Jankuhn, H., Janssen, W., Schmidt-Wiegand, R., Tiefenbach, H. 1983. Das Handwerk in vor- und frühgeschichtlicher Zeit. Vandenhoeck & Ruprecht, Göttingen, S. 13–33.

Kindler, H. 1949. Berufskunde des Handwerks, Fachliche Reihe, Folge 32. Der Handwerksberuf des Böttchers und Küfers. Industrie- und Handelsverlag Walter Dorn GmbH, Bremen–Horn.

King, St., Lohrum, B. 2000. Historische Dachwerke. Universität Stuttgart, 87 S.

Kisser, J. 1970. Der Bau des Holzes. In: Das Holz der Schwarzkiefer. Eigenschaften und Verwendungsmöglichkeiten. Untersuchungen des Österreichischen Holzforschungsinstitutes, herausgegeben von der Niederösterreichischen Landes-Landwirtschaftskammer, 92 S.

Klebs, L. 1982. Die Reliefs des alten Reiches: (2980–2475 v. Chr.). [Material zur ägyptischen Kulturgeschichte]. Heidelberger Akademie der Wissenschaften: Abhandlungen der Heidelberger Akademie der Wissenschaften, Stiftung Heinrich Lanz, Philosophisch-Historische Klasse; Abh. 3., Hildesheim, Zürich.

Klein, P. 1999. Dendrochronologie oder Jahresringanalyse – eine Rückschau. In: In: Xylem und Phloem. Natur und Kulturgeschichte des Holzes. Palmengarten der Stadt Frankfurt am Main, Sonderheft 33.

Klein, A. 2006. Bronzezeitliche Holznutzung in Hallstatt. Diplomarbeit an der Universität für Bodenkultur Wien. 122 S.

Klein, A., Nemestothy, S., Kadnar, J., Grabner, M. 2014.: Dating furniture and coopered vessels without waney edge – Reconstructing historical wood-working in Austria with the help of dendrochronology. Dendrochronologia 32 (2014), S. 90–96.

Klein, A. 2015. Historische Holzverwendung in Österreich. Dissertation an der Universität für Bodenkultur Wien, 236 S.

Klein, A., Bockhorn, O., Mayer, K., Grabner, M. 2016. Central European wood species: characterisation using old knowledge. Journal of Wood Science, 62, S. 194–202, doi: 10.1007/s10086-015-1534-3

Klöckner, K. 1982. Der Blockbau- Massivbauweise in Holz. Callwey Verlag, München, 220 S.

Knöppel, K. D. 1994. Die Entwicklung der Sägemühle. In: Beckmann, U., Freese, B. 1994. Hölzerne Zeiten. Die unendliche Karriere eines Naturstoffes. Westfälische Freilichtmuseum Hagen, Deutschland, S. 125–128.

Knuchel, H. 1947. Holzfehler. Werner Classen Verlag, Zürich, 119 S.

Kohlross, H. 2006. Die Schwarzföhre in Österreich. Ihre außergewöhnliche Bedeutung für Natur, Wirtschaft und Kultur. Herbert Kohlross, Gutenstein, Österreich.

Koller, E. 1954. Die Holztrift im Salzkammergut. Schriftenreihe des Instituts für Landeskunde von Oberösterreich 8, Linz, 101 S.

König, E. 1956. Heimische und eingebürgerte Nutzhölzer. Holz – Zentralblatt Verlag, Stuttgart, 235 S.

König, E. 1957. Fehler des Holzes. Holzzentralblattverlag, Stuttgart, 256 S.

Köninger, J. 2016. Verkehrsgünstig und befestigt, Bronzezeitliche Pfahlbauten rund um die Alpen. In: 4000 Jahre Pfahlbauten. Begleitband zur großen Landesausstellung Baden-Württemberg 2016. Ostfildern, S. 216–219.

Koschik, H. (Hrsg.) 1998. Brunnen der Jungsteinzeit. Internationales Symposium Erkelenz 27. bis 29. Oktober 1997, Materialien zur Bodendenkmalpflege im Rheinland 11, Bonn 1998.

Koukouli-Chrysanthaki, C., Weisgerber, G. 1999. Prehistoric ochre mines on Thasos. In: Koukouli-Chrysanthaki, C., Muller, A., Papadopoulos, S. (Eds.): Thasos: Matières premières et technologie de la préhistoire à nos jours. Actes du colloque international, Thasos, Liménaria, 26–29 septembre 1995. Paris, S. 129–144.

Kozlowski, T. T., Pallardy, S. G. 1997. Physiology of woody plants. Academic Press, San Diego, London, Boston, New York. 411 S.

Krais, P. 1910. Die Hölzer. Erster Band. Verlag Felix Krais, Stuttgart, 741 S.

Krauth, T. 1899. Die gesamte Bauschreinerei. Verlag von E. A. Seemann, Leipzig, 237 S.

Krünitz, J. G. 1773–1858. Oekonomische Encyklopädie oder allgemeines System der Staats- Stadt- Haus- und Landwirthschaft. Berlin. http://www.kruenitz1.uni-trier.de/

Krünitz, J. G. 1826. Dr. Johann Georg Krünitz's ökonomisch= technologische Enzyklopädie oder allgemeines System der Staats=, Stadt=, Haus= und Landwirthschaft und der Kunstgeschichte in alphabetischer Ordung. Hundert und zwei und vierzigster Theil welcher die Artikel Scheinwein bis Schiffbauholz enthält. Paulische Buchhandlung, Berlin. Zitiert in: Matejak, M. 2005. Das Holz in deutschen Abhandlungen aus dem 17.–19. Jahrhundert. ETH Zürich. https://www.research-collection.ethz.ch/handle/20.500.11850/149597

Kuniholm, I. P., Newton, M., Sherbiny, H., Bassir, H. 2014. Dendrochronological dating in Egypt: Work accomplished and future prospects. Radiocarbon, 56 (4), S. 93–102.

Kurz, P., Machatschek, M., Iglhauser, B. 2011. Hecken. Geschichte und Ökologie. Anlage, Erhaltung und Nutzung. Leopold Stocker Verlag, Graz, 440 S.

Küster, H. 1998. Geschichte des Waldes – Von der Urzeit bis zur Gegenwart. Verlag C. H. Beck, München, 267 S.

Lackner, H. 1984. Die Brennstoffversorgung des steirischen Eisenwesens. In: Roth, P. W. (Hg). Erz und Eisen in der Grünen Mark, Beitragsband zur steirischen Landesausstellung 1984, Styria, Graz, S. 189–205.

LaPasha, C. A. Wheeler, E. A., 1990. Resin canals in Pinus taeda. Longitudinal canal length and interconnections between longitudinal and radial canals. IAWA Bull. 11, S. 227–238.

Lanting, J. N. 1997. Dates for origin and diffusion of the European logboat. Palaeohistoria 39/40, S. 627–650.

Laris, E. 1910. Nutzholz liefernde Holzarten, ihre Herkunft und Gebrauchsfähigkeit für Gewerbe und Industrie. Wien: A. Hartleben's Verlag, 232 S.

Leder, S. 2005. Bestimmung von Holz- und Rindenpechen in archäologischen Proben mittels der Pyrolyse-Gaschromatographie. Diplomarbeit an der Technischen Universität Wien, 177 S.

Leonhardi, F. G. 1792. Naturgeschichte für alle Stände, vorzüglich für diejenigen, welche mit der Kenntniß der Naturkörper die Anwendung und Nutzen zu verbinden suchen. Band 2. Johann Ambrosius Barth, Leipzig, 1.372 S.

Leuzinger, U. 2002. Holzartefakte. In: De Capitani, A., Deschler-Erb, S., Leuzinger, U., Marti-Grädel, W., Schibler, J. (Eds.). Die jungsteinzeitliche Seeufersiedlung Arbon/Bleiche 3, Funde, Archäologie im Thurgau 11, Frauenfeld, S. 76–114.

Leuzinger, U. 2016. Haute Coiffure à la Pfahlbau, Kämme aller Art. In: 4000 Jahre Pfahlbauten. Begleitband zur großen Landesausstellung Baden-Württemberg 2016. Ostfildern, S. 157–159.

Liesenfeld, G. 1987a.Viechtauer Ware, Studien zum Strukturwandel einer Hausindustrie in Oberösterreich mit bes. Berücksichtigung der letzten 100 Jahre. Mitteilungen des Instituts für Gegenwartsvolkskunde, Nr. 17. Verlag der Österreichischen Akademie der Wissenschaften, Wien, 506 S.

Liesenfeld, G. 1987b. Löffel, Docken, Souvenirs. Auf den Spuren der Viechtauer Hausindustrie. Viechtauer Heimathaus, Neukirchen bei Altmünster, 73 S.

Lipp, F. 1964. Oberösterreichische Bauernmöbel – Entwicklung und landschaftliche Verbreitung der volkstümlichen Möbel in Oberösterreich von den Anfängen bis zur Gegenwart. Ausstellung Schlossmuseum Linz, Juni 1964 – Herbst 1965. Schlossmuseum Linz, 64 S.

Lipp, F. 1966. Oberösterreichische Stuben – Bäuerliche und bürgerliche Innenräume, Möbel und Hausgerät. Oberösterreichischer Landesverlag, Linz, 289 S.

Lobisser, W. 2005. Die eisenzeitlichen Bauhölzer der Gewerbesiedlung im Ramsautal am Dürrnberg bei Hallein. Dürrnberg Forschungen Bd. 4, Leidorf, Rahden/Westf., 302 S.

Ludemann, T., Nelle, O. 2002. Die Wälder am Schauinsland und ihre Nutzung durch Bergbau und Köhlerei. Forstliche Versuchs- und Forschungsanstalt Baden-Württemberg. Schriftenreihe Freiburger Forstliche Forschung, Bd. 15.

Lundholm, K., Agren, K. 1990. En rotkorg bindes. Västerbotten (Schriften des Västerbotten Museums), 4, 83, Umea, S. 232–249.

Machatschek, M. 2002. Laubgeschichten – Gebrauchswissen einer alten Baumwirtschaft, Speise- und Futterlaubkultur. Böhlau Verlag, Wien, Köln, Weimar, 544 S.

Machatschek, M. 2006. Baumblut. Vom Baumblut oder Baumwasser – über die Gewinnung von Süßstoffen. Kleingärtner 3, S. 50–52, und 4, S. 52–54.

Mair-Bauernfeind, C., Zimek, M., Lettner, M., Stern, T. (2020) Comparing the incomparable? A review of methodical aspects in the sustainability assessment of wood in vehicles. Int J Life Cycle Assess 25, S. 2.217–2.240. doi.org/10.1007/s11367-020-01800-1

Maissen, A., Maissen, A. P. 2003. Herstellen eines Holzeimers, Il vischler (1943/44). Begleitband zu: Handwerksfilme aus der Surselva, Ils films de mistergners sursilvans (1942–1944). Schweizerische Gesellschaft für Volkskunde, Abteilung Film, Reihe: Altes Handwerk, Bd. 67, Chur.

Maissen, A., Maissen, A. P. 2004. Der Korbmacher, Il canistrer (1942). Begleitband zu: Handwerksfilme aus der Surselva, Ils films de mistergners sursilvans (1942–1944). Schweizerische Gesellschaft für Volkskunde, Abteilung Film, Reihe: Altes Handwerk, Bd. 65, Chur.

Mandl, F., 2007. Das Königreich auf dem Dachsteingebirge. In: Mandl, F., Hebert, B., Kienast, G. (eds.), Königreich-Alm. Dachsteingebirge. 3500 Jahre Almwirtschaft zwischen Gröbming und Hallstatt. Forschungsberichte der ANISA 1, S. 23–96.

Mania, D., Mania, U., Vlcek, E. 1994. Latest finds of skull remains of Homo erectus from Bilzingsleben (Thuringia). Naturwissenschaften 81, S. 123-127.

Manndorff, H. 1996. Die Pecher und das Pecherland. Eigenverlag, Baden. 40 S.

Mantel, K. 1980. Forstgeschichte des 16. Jahrhunderts. Verlag Paul Parey, Hamburg und Berlin, 425 S.

Mantel, K. 1990. Wald und Forst in der Geschichte. Verlag M. H. Schaper, Alfeld – Hannover, 205 S.

Marquard, A. 1928. Das Hohe Lied vom Holz. Das Holz in der Kultur aller Zeiten und Völker. Heinrich Fink, Stuttgart, 183 S.

Marschall, H. 1954. Die „St. Nicolaj-Zeche und Bruderschaft der bürgerlichen Flößer und Holzhändler" zu Wels. Jahrbuch des Musealvereines Wels 1954, S. 43–80.

Mathieu, J., Meyer, D. 1997. Comparing axe heads of stone, bronze, and steel: studies in experimental archaeology. Journal of Field Archaeology 24 (1997), S. 333–351.

Matuschik, I., Merkl, M., Strahm, C. 2016. Von großer Tragweite, Neuer Werkstoff Kupfer. In: 4000 Jahre Pfahlbauten. Begleitband zur großen Landesausstellung Baden-Württemberg 2016. Ostfildern 2016, S. 157–159.

Mayer, H. F. 1993. Marineförster und Erfinder, Josef Ressel – Ein Österreichisches Schicksal? Österreichische Forstzeitung. Band 104, Wien.

Mayer, N., Klumpp, R. Th. 2013. Elsbeere in Niederösterreich. Verein zur Erhaltung, Pflege und Vermarktung der Elsbeere – Genussregion Wiesenwienerwald Elsbeere, Eigenverlag, 384 S.

Mayr, H. 1894. Das Harz der Nadelhölzer, seine Entstehung, Verteilung, Bedeutung und Gewinnung. Springer, Berlin, 96 S.

Mazek-Fialla, K. 1946. Die Harzgewinnung in Österreich. Österreichische Staatsdruckerei, Wien, 232 S.

Mazek-Fialla, K. 1948. Die wissenschaftlichen Grundlagen der Harzgewinnung. Habilitationsschrift an der Universität für Bodenkultur Wien.

Mazek-Fialla, K. 1950. Die Holzbeschaffenheit Nach Der Harznutzung. Produktivitätssteigerung an Der Föhre Durch Eine Moderne Harznutzung. Eigenverlag, Wien, 24 S.

Mazza, P. P. A., Martini, F., Sala, B. 2006. A new Palaeolithic discovery: tar-hafted stone tools in a European Mid-Pleistocene bone-bearing bed. Journal of Archaeological Science. 33/9, S. 1.310–1.318.

McNeil, I. 1990. An Encyclopaedia of the History of Technology. Routledge, London – New York City, 1.062 S.

Medicus, L. W. 1802. Forsthandbuch, oder Anleitung zur deutschen Forstwissenschaft. Cotta, Tübingen, 659 S.

Meiggs, R. 1982. Trees and Timber in the ancient Mediterranean World. At the Clarendon Press, Oxford, 531 S.

Meyer, J. C. F. 1810. Forstdirektionslehre. Josef Stahel, Würzburg.

Meyer. 1907. Meyers großes Konversationslexikon. Ein Nachschlagewerk des allgemeinen Wissens. Sechste Auflage, Bibliographisches Institut Leipzig und Wien. Sechzehnter Band, S. 238.

Meyer, H. Petkau, A., Hein, S. 2011. Rentabilität der Birke. AFZ-Der Wald, 09/2011 (ed. Deutscher Landwirtschaftsverlag). Deutscher Landwirtschaftsverlag, Hannover.

Milan, W. 2000. Ländliche Holzbaukunst. Leopold Stocker Verlag, Graz, 156 S.

Milan W., Weber, A. 2018. Zäune aus Holz – Alte Vorbilder – Neue Formen. Leopold Stocker Verlag, Graz, 148 S.

Milling, A., Kehr, R., Wulf, A., Smalla, K. 2005. The use of wood in practice – a hygienic risk? Holz als Roh- und Werkstoff 63, S. 463–472.

Moeller, J. 1883. Die Rohstoffe des Tischler- und Drechslergewerbes 1. Theil: Das Holz. Verlag von Theodor Fischer, Kassel, 222 S.

Möhl, H. 1869. Grundriss der mechanischen Technologie. Theodor Fischer Verlag, Kassel, 251 S.

Mombächer, R. 1988. Holz-Lexikon – Nachschlagewerk für die Holz- und Forstwirtschaft, Band 2, N–Z, DRW-Verlag, Leipzig, 604 S.

Morton, F. 1927. Grubenbeleuchtung in der Urzeit. Berg- u. Hüttenmännisches Jahrbuch 75, S. 114–116.

Morton, F. 1984. Salzkammergut. Die Vorgeschichte einer berühmten Landschaft, Verlag der Musealvereines Hallstatt, 166 S.

Morton, F. 1995. Hallstatt in der Hallstattzeit. 4000 Jahre Salzkultur, Verlag der Musealvereines Hallstatt, 121 S.

Moser, O. 1947. Kärntner Bauernmöbel, I Teil: Hauskundliches und Handwerksgeschichte. Carinthia I: Geschichtliche und volkskundliche Beiträge zur Heimatkunde Kärntens, Mitteilung des Geschichtsvereins für Kärnten, 135. und 134. Jahrgang, S. 111–168.

Moser, O. 1949. Kärntner Bauernmöbel – Handwerksgeschichte und Frühformen von Truhe und Schrank. Verlag des Geschichtsvereins für Kärnten, Klagenfurt 1949. Sd. aus: Carinthia I, 134.–140. Jg.

Moser, O. 1980. Der Grasrechen (Heurechen) in Österreich. Kommentar zu Blatt 61–64. In: Österreichischer

Volkskundeatlas (ed. Kommission für den Volkskundeatlas in Österreich), Böhlau, Graz – Wien – Köln.

Moser, O. 1985. Handbuch der Sach- und Fachbegriffe. Selbstverlag des Kärntner Freilichtmuseums Maria Saal, Klagenfurt, 248 S.

Müller, U., Gindl-Altmutter, W., Keckes, J. 2018. How softwood tree branches are attached to stems: hierarchical extension of Shigo's stem-branch model. Trees- Structure and Function 2018, 32 (4), S. 1.113–1.121.

Müller, U., Jost, T., Kurzbock, C., Stadlmann, A., Wagner, W., Kirschbichler, S., Baumann, G., Feist, F., Pramreiter, M. 2020. Crash simulation of wood and composite wood for future automotive engineering. Wood Material Science and Engineering 15(5), S. 312–324. doi.org/10.1080/17480272.2019.1665581

Murray, C., Stanley, M., McDermott, C., Moore, C. 2002. Sticks and stones: Wetlands Unit survey 2002. [Derryarkin Bog, Mountlucas Bog & Cloncreen Bog, Co. Offaly & Westmeath], Archaeology Ireland 16 (4), S. 16–19.

Neumann, B., Binz, A., Hayduck, F. 1917. Ergänzungswerk zu Muspratt's encyklopädischem Handbuch der Technischen Chemie. Vieweg, Braunschweig.

Neweklowsky, E. 1952. Die Schifffahrt und Flößerei im Raume der oberen Donau, 1. Band, Linz, 624 S.

Neweklowsky, E. 1959. Die Flößerei auf den alpinen Nebenflüssen der oberen Donau, Jahrbuch des Österreichischen Alpenvereins, Innsbruck 1959, S. 131–138.

Neweklowsky, E. 1960. Die Trift im alpinen Raum der oberen Donau. Jahrbuch des Österreichischen Alpenvereins, Innsbruck 1960, S. 169.

Neweklowsky, E. 1962. Die Naarn-Schwemme. Öberösterreichische Heimatblätter 16/2, S. 91–106.

Neyses-Eiden, M. 2005. Holz erzählt Geschichte. Schriftenreihe des Rheinischen Landesmuseums Trier Nr. 29. 35 S.

Nicolussi, K. 1998. Die Bauhölzer der Via Claudia Augusta bei Lermoos (Tirol). In: Walde E. (Hg.): Via Claudia – Neue Forschungen. Hörtenbergdruck Telfs, Innsbruck, S. 113–145.

Niemz, P. 1993. Physik des Holzes und der Holzwerkstoffe. DRW-Verlag. Leinfelden-Echterdingen, 243 S.

Nördlinger, H. 1860. Die Technischen Eigenschaften der Hölzer für Forst- und Baubeamte, Technologen und Gewerbetreibende. J. G. Cotta'scher Verlag, Stuttgart, 576 S.

Nördlinger, H. 1874. Deutsche Forstbotanik. Cotta, Stuttgart, 862 S.

Onusseit, H. 2008. Anforderungen an moderne Klebstoffe aus nachwachsenden Rohstoffen. Holztechnologie 49(4), S. 33–36.

Palla, R. 1994. Verschwundene Arbeit. Ein Thesaurus der untergegangenen Berufe. Büchergilde Gutenberg, Frankfurt, 445 S.

Palla, R. 2010. Verschwundene Arbeit. Christian Brandstätter Verlag, Wien, 262 S.

Peesch, R. 1966. Holzgerät in seinen Urformen. Akademie-Verlag, Berlin, 97 S.

Perini, R. 1982. L´aratro dell´antica età del Bronzo del Lavagnone (com. Desenzano del Garda). Studi Trentini di Scienze Storiche LXI, sezione seconda, Trento, S. 151–171.

Perini, R. 1987. Scavi archeologici nella zona palafitticola di Fiavé-Carera. Patrimonio storico artistico del Trentino 9, Trento 1987.

Peschaut, R. 1926. Die Wildwasserflößerei auf der obersteirischen Salza. Universität für Bodenkultur, Wien.

Pfeffer, F. 1951. Oberösterreichs erste Eisenbahnen. Oberösterreichische Heimatblätter 2, S. 97–181.

Pfeil, W. 1831a. Forstbenutzung und Forsttechnologie. J. W. Boite, Berlin, 356 S.

Pfeil, W. 1831b. Die Forstwirtschaft nach rein praktischer Ansicht. Baumgärtners Buchhandlung, Leipzig, 304 S.

Pfeifer, K. 2012. Historische Bauernhöfe und Hofstellen in Gröden, Dendrochronologisch-bauhistorischer Exkurs 2010/11. Bericht für die Abteilung 13 Denkmalpflege, Autonome Provinz Bozen.

Phleps, H. 1942. Holzbaukunst – Der Blockbau. Fachblattverlag Dr. Albert Bruder, Karlsruhe, 324 S.

Piussi, P. 2006. Close to nature forestry criteria and coppice management. In: Diaci, J. (Ed.): Nature-based forestry in Central Europe. Studia Forestalia Slovenica Nr 126. Ljubljana, Slovenia, S. 27–38.

Pöttler, V. H. 1997. Bäuerliche Fahrzeuge und Arbeitsgeräte. Selbstverlag des Österreichischen Freilichtmuseums Stübing, 159 S.

Prasch, H. 1980. Alte Kärntner Holzkultur. Selbstverlag des Bezirksheimatmuseum Spittal/Drau.

Prem, J. 2008. Nachhaltige Waldwirtschaft in Österreich – Österreichischer Waldbericht 2008. Bundesministerium für Land- und Forstwirtschaft, Umwelt und Wasserwirtschaft, Wien. www.bmlrt.gv.at › dam › Waldbericht_2008_1_neu, 59 S.

Printz, E. 1884. Die Bau- und Nutzhölzer, oder das Holz als Rohmaterial für technische und gewerbliche Zwecke, sowie als Handelsware. Bernhard Friedrich Voigt, Weimar, 227 S.

Pucher, E., Barth, F. E., Seemann, R., Brandstätter, F. 2013. Bronzezeitliche Fleischverarbeitung im Salzbergtal bei Hallstatt. Mitteilungen der prähistorischen Kommission 80, Wien.

Radkau, J., Schäfer, I. 1987. Holz – Ein Naturstoff in der Technikgeschichte. Rowohlt Taschenbuch Verlag, Reinbeck bei Hamburg, 312 S.

Radkau, J. 2007. Holz – wie ein Naturstoff Geschichte schreibt. Oekom Verlag, München, 342 S.

Radt, F. 1931. Analyse der Arbeit mit dem Handhobel. Dissertation an der Sächsischen Technischen Hochschule zu Dresden. 31 S.

Ramage, M. H., Burridge, H, Busse-Wicher, M., Fereday, G., Reynolds, T., Shah, D. U., Wu, G., Yu, L., Fleming, P., Densley-Tingley, D., Allwood, J., Dupree, P., Linden, P. F., Scherman, O. 2017. The wood from the trees: The use of timber in construction. Renewable and Sustainable Energy Reviews 68, S. 33-3359.

Rast-Eicher, A., Dietrich, A. 2015. Neolithische und bronzezeitliche Gewebe und Geflechte – Die Funde aus den Seeufersiedlungen im Kanton Zürich. Monographien der Kantonsarchäologie Zürich, 46 S.

Raubal, F. 1955. Von der Bergluckn zur Johannesbruckn. (Die Fürnbersche Holzschwemme im Weitental). Das Waldviertel 7/8, S. 138–142.

Reichert, A. 2007. Bast, Binsen, Brennnessel: textiles Material der Steinzeit. Museum für Archäologie und Ökologie Dithmarschen (Albersorf), Deutschland.

Reschreiter, H. 2005. Neufund einer bronzezeitlichen Holzstiege im Salzbergwerk Hallstatt. Archäologie Österreichs 16 (2005), S. 27–32.

Reschreiter, H. 2009. Fein verziert im Untergrund: Spanschachteln der älteren Eisenzeit. Mitteilungen der Anthropologischen Gesellschaft in Wien, Bd. 139, S. 115–122.

Reschreiter, H., Grömer, K., Totschnig, R. 2009. Reich im Grab – Sparsam in der Grube, Überlegungen zum Ressourcenmanagement im ältereisenzeitlichen Salzbergwerk Hallstatt. Interpretierte Eisenzeiten, Studien zur Kulturgeschichte von Oberösterreich, Linz 2009, S. 307–320.

Reschreiter, H., Totschnigg, R., Grabner, M. 2010. Timber! Überlegungen zum Fällen von Bäumen in der Bronzezeit. Archäologie Österreichs 21 (2010), S. 32–34.

Reschreiter, H., Winner, G., Grabner, M. 2013. Esche einmal anders. In: Bleicher, N., Schlichtherle, H., Gassmann, P., Martinelli, N. (Eds.): Dendrochronologie, Typologie, Ökologie. Janus Verlag, Freiburg im Breisgau, S. 139–144.

Reschreiter, H. 2017. Das Salzbergwerk Hallstatt. In: Grömer, K., Kern, A. (Hrsg.). Fundstücke, Kostbarkeiten der Jahrtausende – Ein Führer durch die prähistorische Schausammlung. Naturhistorischen Museums Wien, S. 156–176.

Reschreiter, H., Kowarik, K. 2019. Bronze Age mining in Hallstatt. A new picture of everyday life in the salt mines and beyond. Archaeologia Austriaca 103, S. 99–136, DOI: https://doi.org/10.1553/archaeologia103s99

Rettenegger, G. 1995. Holzknecht. Das Leben der Hinterwäldler. Edition Geschichte der Heimat. Grünbach, Österreich, 211 S.

Richter, D., Krbetschek, M. 2015. The age of the Lower Paleolithic occupation at Schöningen. Journal of Human Evolution. Band 89, Dezember 2015, S. 46–56, doi:10.1016/j.jhevol.2015.06.003

Rognoni, G. R., Di Stefano, G. P. 2015. Galleria dell'Accademia. Collezione del Conservatorio «L. Cherubini». Strumenti a corde, 239 S.

Roloff, A. 2001. Baumkronen: Verständnis und praktische Bedeutung eines komplexen Naturphänomens. Ulmer, Stuttgart, 164 S.

Rosner, S., Hannrup, B. 2004. Resin canal traits relevant for constitutive resistance of Norway spruce against bark beetles: environmental and genetic variability. Forest Ecology and Management 200, S. 77–87.

Roßmäßler, E. A., Willkomm, M. 1871. Der Wald. Den Freunden und Pflegern des Waldes geschildert. Winter'sche Verlagshandlung, Leipzig und Heidelberg, 671 S.

Rudorfer, H., Reschreiter, H. 2014. Sparkling Science – prickelnde Forschung in Hallstatt. Archäologie Österreichs, 25/2, 2014, S. 49–53.

Rybníček, M., Chlup, T., Kalábek, M., Kalábková, P., Kočár, P., Kyncl, T., Muigg, B., Tegel, W., Vostrovská, I., Kolář, T. 2018. New dendroarchaeological evidence of water well constructions revealsadvanced Early Neolithic craftsman skills. Dendrochronologia 50, S. 98–104.

Sachsse, H. 1984. Einheimische Nutzhölzer und ihre Bestimmung nach makroskopischen Merkmalen. Verlag Parey, Hamburg, 160 S.

Sands, R. 1997. Prehistoric Woodworking. The Analysis and Interpretation of Bronze and Iron Age Toolmarks. UCL Institute of Archaeology, London, 128 S.

Schaaf, U. 2009. Barocke Dachwerke in Schlesien. In: Zalewski, P. (Hg): Dachkonstruktionen der Barockzeit. Michael Imhof Verlag, Petersberg, S. 165–178.

Schadauer, K. 1994. Baumartenatlas für Österreich – Die Verbreitung der Baumarten nach Daten der Österreichischen Waldinventur. Forstliche Bundesversuchsanstalt, Wien. 160 S.

Schadwinkel, H. T. 1994. Teergewinnung aus Holz. In: Beckmann, U., Freese, B. 1994. Hölzerne Zeiten. Die unendliche Karriere eines Naturstoffes. Westfälische Freilichtmuseum Hagen, Deutschland, S. 91–94.

Schafflützel, H. 1974: Nutzhölzer. Herkunft, Merkmale, Eigenschaften, Verwendung. Verlag Verband Schweizerischer Schreinermeister und Möbelfabrikanten, Zürich, 158 S.

Schawacht, J. H. 1994. Kohlen zu brennen. In: Beckmann, U., Freese, B. 1994. Hölzerne Zeiten. Die unendliche Karriere eines Naturstoffes. Westfälische Freilichtmuseum Hagen, Deutschland, S. 87–90.

Schlichtherle, H. 2004. Wagenfunde aus den Seeufersiedlungen im zirkumalpinen Raum. In: Fansa, M., Burmeister, S. (Hg.): Rad und Wagen: Der Ursprung einer Innovation im Vorderen Orient und in Europa. Verlag Philipp von Zabern, Mainz, 532 S.

Schlichtherle, H. 2016. Rucksack à la Pfahlbau, Ergonomisch und leicht. In: 4000 Jahre Pfahlbauten. Begleitband zur großen Landesausstellung Baden-Württemberg 2016. Ostfildern 2016, S. 157–159.

Schmid, C. 1852. Die Lehre vom Holze: mit Rücksicht auf dessen technische Verwendung im Bauwesen etc. Johann Deschler'sche Verlagsbuchhandlung, München.

Schmid, H. 2016. Argumente für Holz. Herausgeber: Lignum, Holzwirtschaft Schweiz, Zürich, 2016.

Schmied, H. 1942. Der Einfluß der Harznutzung auf das Wachstum der Stämme und die Güte des Holzes. Sonderdruck der staatlich forstlichen Versuchsanstalt Mariabrunn, Wien.

Schmied, H. 1947. Die Bedeutung der Lärchenharzung in Österreich. Österreichs Forst- und Holzwirtschaft 14, S. 10–12.

Schmied, H. 1948. Über die Methode der Lärchenharzung. Österreichs Forst- und Holzwirtschaft 20, S. 306–308.

Schmied, H. 1956. Harznutzung und Harzaderngröße bei der Lärche. Mitteilungen der Forstlichen Bundesversuchsanstalt Mariabrunn. Heft 52.

Schnabl, U. 2001. Vom Glück mit dem Pech. Traditionelle Nutzung und Gewinnung pflanzlicher Rohstoffe am Beispiel der österreichischen Harzgewinnung. Diplomarbeit an der Universität für Bodenkultur Wien, 92 S.

Schöbel, G. S. 1984. Ein Flötenfragment aus der spätbronzezeitlichen Siedlung Hagnau-Burg, Bodenseekreis. Arch. Nachr. aus Baden, S. 38–39, 84–87.

Schöbitz, H. 1969. Waldarbeit und Holzgeräte. In: Bericht über die Feldforschung 1965/66. Wissenschaftliche Arbeiten aus dem Burgenland, Heft 42, Kulturwissenschaften Heft 15, Burgenländisches Landesmuseum Eisenstadt (ed. K. Gaál), Burgenländisches Landesmuseum, Eisenstadt.

Schönwälder, A., Kehr, R., Wulf, A., Smalla, K. 2002. Wooden boards affecting the survival of bacteria? Holz als Roh- und Werkstoff 60, S. 249–257.

Schönwiese, H. 1911. Die Holz- und Spielwaren-Hausindustrie in der Viechtau bei Gmunden. Berichte des Forstvereines für Oberösterreich und Salzburg. Heft 1, 50. Band. Gmunden.

Schreck, M., Lackner, C. 2016. Unser Wald im Klimawandel. BFW, Bundesforschungszentrum für Wald. Schrenk, F., Müller, S. 2005. Die Neandertaler, C. H. Beck Wissen, München, 127 S.

Schübler, J. J. 1731. Nützliche Anweisung zur unentbehrlichen Zimmermannskunst. Johann Christoph Weigel Verlag, Nürnberg.

Schultze, J. C. L. 1852. Die Forstbenutzung im Geiste der Zeit. Hotop, Kassel, 412 S.

Schwankl, A. 1939. Untersuchungen beim Spalten des Holzes. Dissertation an der technischen Hochschule Dresden. C. Rich. Gärtnersche Buchdruckerei, Dresden, 40 S.

Schweingruber, F. H. 1973a. Die Basishölzer des mittelalterlichen Heilbades Ryffen bei Nuolen (Kt. Schwyz) am oberen Zürichsee. Schweiz. Z. Forstwes. 124/4, S. 285–287.

Schweingruber, F. H. 1973b. Botanisch-holztechnologische Bemerkungen zu den Untersuchungen mittelalterlicher Skulpturen. Revue Suisse d'Art et d'Archeologie 30, S. 84–88.

Schweingruber, F. H. 1975. Das Holz als Rohstoff in der Urgeschichte. Helvetia Archaeologica. 21, S. 2–15.

Schweingruber, F. H. 1983a. Der Jahrring: Standort, Methodik, Zeit und Klima in der Dendrochronologie. Paul Haupt, Bern, 234 S.

Schweingruber, F. H. 1983b. Ein 6000jähriges Handwerk im Emmental. Schweiz. Z. Forstwes. 134/11, S. 915–920.

Schweingruber, F. H. 1990. Mikroskopische Holzanatomie. Eidgenössische Forschungsanstalt für Wald, Schnee und Landschaft, Birmensdorf, 226 S.

Schweingruber, F. H. 1996. Tree Rings and Environment Dendroecology. Paul Haupt, Bern, 609 S.

Schweingruber, F. H. 2001. Dendroökologische Holzanatomie, Anatomische Grundlage der Dendrochronologie, Herausgeber Eidgenössische Forschungsanstalt WSL, Birmsdorf, Verlag Paul Haupt, 472 S.

Seisenbacher, I. 2018. Wie beständig ist Tannenholz im Erd- und Wasserbau? Ein Lösungsansatz anhand historischer Holzproben. Masterarbeit an der Universität für Bodenkultur Wien, 70 S.

Sentance, B. 2003. Atlas der Holzkunst. Haupt, Bern, 208 S.

Sillett, S. C., Van Pelt, R., Koch, G. W., Ambrose, A. R., Carroll, A. L., Antoine, M. E. 2010. Increasing wood production through old age in tall trees. Forest Ecol. Manag. 259, S. 976–994. doi: 10.1016/j.foreco.2009.12.003

Simon, F. 1981. Bäuerliche Bauten und Geräte – Südburgenland und Grenzgebiete. Selbstverlag, Oberschützen, 539 S.

Simony, F. 1891. Das Schwinden des Karlseisfeldes nach fünfzigjährigen Beobachtungen und Aufnahmen, Mitteilungen des Deutschen und Oesterreichischen Alpenvereins, 4, 45 f., Wien 1891.

Sjøvold, T. 1952. Die Wikingerschiffe: Eine kurze Einführung in die Schiffsfunde von Tune, Gokstad und Oseberg. Verlag Dreyer, Berlin, 64 S.

Speck, J. 1989. Ein seltener Werkzeugtyp der Spätbronzezeit, Zeitschrift für Schweizerische Archäologie und Kunstgeschichte, 46/4, 281-287, Zürich 1989.

Spieker, H. 2006. Minority tree species – a challenge for multi-purpose forestry. In: Diaci, J. (Ed.): Nature-based forestry in Central Europe. Studia Forestalia Slovenica Nr 126. Ljubljana, Slovenia, S. 47–60.

Spindler, K. 2000. Der Mann im Eis. Neue Erkenntnisse über die Mumie aus den Ötztaler Alpen. Goldmann Verlag, München, 405 S.

Sponeck, C. F. 1825. Handbuch des Floßwesens. Meßler'sche Buchhandlung, Stuttgart, 255 S.

Spörk, J., Schwarzbauer, P. 1995. Vermarktungskonzept für Tannenholz. Wien: Schriftreihe des Instituts für forstliche Betriebswirtschaft und Fortwirtschaftspolitik, Band 23, 67 S.

Springenschmid, K. 1936. Bauern in den Bergen. Bruckmann, München, 174 S.

Stahl, S., Gauckler, S. 2009. Die Birke – Kind des Lichts und der Katastrophe. In: AFZ – Der Wald, 64., Jahrgang 13 (ed. Deutscher Landwirtschaftsverlag). Deutscher Landwirtschaftsverlag, Hannover.

Starr, M. 2017. Scientists Bashed a Fake Skull to See if a Rare Neolithic Weapon Could Kill. https://www.sciencealert.com/neolithic-thames-beater-wooden-club-lethal-weapon.

Stead, M. R. 2018. Defining the Construction Characteristics of Indigenous Boats of the Philippines: The Impact of Technical Change Pre and Post Colonisation. Masterthesis at the University of Southampton.

Steiner, H., Marzoli, C., Oeggl, K. 2016. Ein jungsteinzeitlicher Schneereif vom Gurgler Eisjoch (3134 M) im Pfossental/Schnals (Südtirol). Archäologisches Korrespondenzblatt, 46/4, Mainz, S. 445–463.

Stephan, G. 2012. Die Gewinnung des Harzes der Kiefer. Kessel, Remagen, 162 S.

Stingl, R., Hansmann, C. 2006. Holz und Hygiene – Antibakterielle Eigenschaften von Materialien. Zuschnitt, 22 S. https://www.proholz.at/zuschnitt/22/holz-und-hygiene

Stingl, R., Zukal, M. L., Teischinger, A. 2011. Holzbauanteil in Österreich. Statistische Erhebung von Hochbauvorhaben. Zuschnitt Attachment att., September 2011, 23, proHolz Austria, Wien.

Stingl, R., Teischinger, A. 2019. Erhebungsmethode und Daten zur Erhebung des Holzverbrauches im Hochbau in Österreich. Studie, erstellt am Institut für Holztechnologie und Nachwachsende Rohstoffe an der Universität für Bodenkultur Wien, im Auftrag von proHolz Austria – Arbeitsgemeinschaft der Österreichischen Holzwirtschaft, Wien, August 2019.

Stöckel, H. F. A. 1823. Die Tischlerkunst in ihrem ganzen Umfange. Voigt, Ilmenau. 352 S.

Stotzer, M., Schweingruber, F. H., Sebek, M. 1976. Prähistorisches Holzhandwerk. Mitteilungsblatt der Schweizerischen Gesellschaft für Ur- und Frühgeschichte 27, S. 13–23.

Stoetzer, H. 1903. Forstliche Produktionslehre II. Kaupp'sche Buchhandlung Tübingen, 556 S.

Strube, J. M. 1791. Kurze Anleitung zur Forstwissenschaft: zum Gebrauch für angehende Förster. Uhl, Koburg, 196 S.

Stubenrauch, F. X. A. 1771. Anfangsgründe der Forstwissenschaft. Stage, 144 S.

Stübling, K. 1896. Handbuch für Drechsler. Bernhard Friedrich Voigt, Weimar, 316 S.

Stummer, R., Nussbaumer, T. 2007. Salzkammerguts Lexicon. Österreichischer Milizverlag, Salzburg, 171 S.

Suter, O. J., Hafner, A., Glauser, K. 2005. Prähistorische und frühgeschichtliche Funde aus dem Eis – der wiederentdeckte Pass über das Schnidejoch. Archäologie Schweiz 28/4, S. 16–23.

Swoboda, O. 1975. Alte Holzbaukunst in Österreich. Otto Müller Verlag, Salzburg, 211 S.

Swoboda, O. 1978. Alte Holzbaukunst in Österreich. Band 2. Otto Müller Verlag, Salzburg, 219 S.

Tabor, R. 1994. Traditional Woodland Crafts. Pavilion Books, London, 160 S.

Tabor, R. 2000. The encyclopedia of Green Woodworking, Woodwork and Timber Utilisation. eco-logic books, Worldly Goods, 200 S.

Talin-Bergmann, L. 1983. Der Wikingerzeitliche Werkzeugkasten vom Mästermyr auf Gotland. In: Jankuhn, H., Janssen, W., Schmidt-Wiegand, R., Tiefenbach, H. 1983. Das Handwerk in vor- und frühgeschichtlicher Zeit. Vandenhoeck & Ruprecht, Göttingen, S. 193–215.

Tauber, E., Tauber, G. 2012. Die Zeit und das Holz. Der Zimmermann Josef Tauber. ARUNDA 82 / Verlag Bibliothek der Provinz. 183 S.

Terzan, B. 2003. Bronasta aga, Prispevek k prazgodovini rokodelskega orodja (Bronzesäge – Zur Frühgeschichte eines Werkzeuges). Opuscula Archaeologica 27, 2003, S. 187–197.

Thieme, H. 1997. Lower Palaeolithic hunting spears from Germany. Nature 385, 1997, S. 807–810.

Thon, C. F. G 1840. Die Holzbeizkunst oder Holzfärberei in ihrem ganzen Umfange. B. F. Voigt, Weimar, 192 S.

Tiefenbacher, S., Ast, H. 1997. Der Gutensteiner Holzknecht – Redeweise, Arbeit und Leben. Perlach Verlag, Augsburg, 217 S.

Tiemann, W. A. 1801. Systematische Eisenhüttenkunde mit Anwendung der neuern chemischen Theorie. Raspe, Nürnberg, 646 S.

Todtenhaupt, D., Kurzweil, A. 1996. Teergrube oder Teermeiler? In: Experimentelle Archäologie in Deutschland, Bilanz 1996, Archäologische Mitteilungen aus Nordwestdeutschland, Beiheft 18, Oldenburg, S. 141–151.

Uçkull-Gylleubaud, K. 1843. Kurze Beschreibung der österreichischen Schwarzkiefer und ihres großen Nutzens für die Forst und Landwirthschaft. Sauerländer, Frankfurt.

Urdl, E. 2013. Mündliche Überlieferung im Zuge eines Projekttages, Stübing.

Van Bussel, G., Steinmann, A. 2011. Wald. Baum. Mensch. Eine Ausstellung des Museums für Völkerkunde, Wien, 287 S.

Van der Sanden, W., Capelle, T. 2002. Götter, Götzen, Holzmenschen. Isensee Verlag, Oldenburg. 120 S.

Vancsa, M. 1899. Die Baureparaturen der Burg Laa im XVI. Jahrhundert und ihre Kosten. In: Berichte und Mittheilungen des Alterthums-Vereines zu Wien vol. 34 (1899), S. 57–68.

Völker, D. H. L. W. 1803. Forsttechnologie oder Handbuch der technischen Benutzung der Forstprodukte. Gebrüder Gädiche, Weimar, 664 S.

Völker, D. H. L. W. 1836. Handbuch der Forsttechnologie. Baumgärtners Buchhandlung, Leipzig, 562 S.

Wächter, E. 2012. Dendro-Provenienz am Beispiel des Konstruktionsholzes der Wiener Hofburg, Bakkaulareatsarbeit Universität für Bodenkultur Wien, 29 S.

Wagenführ, R., Scheiber, C. 1985. Holzatlas. VEB Fachbuchverlag, Leipzig, 720 S.

Wagenführ, R. 1988. Anatomie des Holzes. VEB Fachbuchverlag, Leipzig, 320 S.

Wagenführ, R. 1996. Holzatlas. Hanser Elektronik/Fachbuch, 88 S.

Waid, I. 1979. Die Holzförderung zu Wasser zwischen Göller und Ötscher vom 18. Jahrhundert bis in die Gegenwart. In: Martischnig, M. 1979. Sammeln und Sichten. Beiträge zur Sachvolkskunde. Festschrift für Franz Maresch zum 75. Geburtstag. Verband der Wissenschaftlichen Gesellschaften Österreichs, Wien, S. 417–424.

Walther, F. L. 1796. Beschreibung und Abbildung der in der Forstwirtschaft vorkommenden nützlichen Geräthe und Werkzeuge. Neue Gelehrtenbuchhandlung, 37 S.

Walther, F. L. 1802. Handbuch der Forsttechnologie. Tasche und Müller, Gießen.

Waurer, A. 2007. Mit ihrer Stimme Zauberklang – Paneveggio ein Wald voller Geigen. LWF aktuell 60/2007. München.

Wegst, U. G. K., Ashby, M. F. 2004. The mechanical efficiency of natural materials, Philosophical Magazine, 84:21, S. 2.167–2.186, DOI: 10.1080/14786430410001680935

Weichenberger, J. 1994. Die Holztrift im Nationalpark Kalkalpen. Bericht im Auftrag des Vereins Nationalpark Kalkalpen. Molln, 309 S.

Weichenberger, J. 1995. Die einstige Holztrift im Nationalpark Kalkalpen. Bericht im Auftrag des Vereins Nationalpark Kalkalpen. Molln.

Werneck, L. 1956. Das Haus des Bauern. Jahrbuch des Musealvereines Wels 1956, S. 117–130.

Wesselkamp, G. 1980. Die organischen Reste der Cortaillod-Schichten. Die neolithischen Ufersiedlungen von Twann. Staatlicher Lehrmittelverlag, Bern, 48 S.

Wessely, J. 1853. Die österreichischen Alpenländer und ihre Forste: Erster Theil. Wilhelm Braumüller, Wien, 613 S.

Wessely, J. 1853. Die österreichischen Alpenländer und ihre Forste: Zweiter Theil. Wilhelm Braumüller, Wien, 613 S.

Wessely, J. 1868. Österreichische Monatsschrift für Forstwesen. VII Schwarzföhre und Harzprodukte. Verlag des Österreichischen Reichsforstvereins, S. 584–591.

Wichmann, H. E., 1925. Wurzelverwachsungen und Stocküberwallungen bei Abietineen, Centralblatt für das gesamte Forstwesen 51, S. 250–258.

Wieczorek, A., Lind, C. (Hg.) 2007. Ursprünge der Seidenstraße – Publikation der Reiss-Engelhorn-Museen, 26, Mannheim.

Wiegand, J. 1767. Kurtze Abhandlung von der Holzsparkunst, nebst einer kleinen Anmerkung von Ziegelmachen. Johann Paul Krauß, Frankfurt und Leipzig. Zitiert in: Matejak, M. 2005. Das Holz in deutschen Abhandlungen aus dem 17.–19. Jahrhundert. ETH Zürich. https://www.research-collection.ethz.ch/handle/20.500.11850/149597.

Wiesauer, K. 1999. Handwerk am Bach. Tyrolia, Innsbruck, 80 S.

Wiesenhofer, H., Wiesenhofer, F. 2015. Trift auf der Großen Erlauf. Erlauftaler Bildungskreis, Purgstall. 64 S.

Wieser, G. 2015. Holzkohle und ihre Verwendung. Eigenverlag, Rohr im Gebirge, Österreich, 39 S.

Wiesner, J. 1927. Die Rohstoffe des Pflanzenreiches. Band 1. Engelmann, Leipzig, 1.122 S.

Wimmer, R. 1994. Structural, chemical and mechanical trends within coniferous trees. In: Spiecker, H. Kahle, H. P. (Hg): Modelling of tree-ring development – cell structure and environment. Workshop proceedings, Freiburg, September 5.–9. 1994, Institut für Waldwachstum, Universität Freiburg, Germany.

Wimmer R., Grabner, M. 1997. Effects of climate on vertical resin duct density and radial growth of Norway spruce (Picea abies (L.) Karst.). Trees (1997) 11, S. 271–276.

Wullschleger, E. 1979. Über frühe Waldnutzungen: Dargestellt am Beispiel des Gemeindewaldes Gränichen. Berichte der Eidgenössischen Anstalt für Wald, Schnee und Landschaft 196, Birmensdorf, Schweiz, 110 S.

Yalcin, Ü., Gönül Yalcin, H., Maas, A., Ipek, Ö. 2015. Prähistorischer Kupferbergbau in Derekutugun. In: Yalcin, Ü., Bienert, H.-D. (Hg.) Anatolien – Brücke der Kulturen. Der Anschnitt, Beih. 27, S. 147–184.

Zaloha, J. 1975. Zur Geschichte der Holzausfuhr aus Böhmen nach Österreich in der zweiten Hälfte des 19. Jahrhunderts. Jahrbuch des Oberösterreichischen Musealvereins 120. Band, S. 257–270.

ZAMG, 2013. Monatsrückblick für Temperatur: http://www.zamg.ac.at/cms/de/klima/klima-aktuell/monatsrueckblick/temperaturmittel?monat=07&jahr=2013.

Zannoni, A. 1888. La Fonderia di Bologna. Bologna 1888.

Zaretskaya, N. E., Hartz, S., Terberger, T., Savchenko, S. N., Zhilin, M. G. 2012. Radiocarbon chronology of the Shigir and Gorbunovo archeological bog sites, middle Urlals, Russia. RADIOCARBON, 54 (3–4), S. 783–794.

Zedler, J. H. 1737. Grosses vollständiges Universal Lexicon Aller Wissenschafften und Künste, Welche bißhero durch menschlichen Verstand und Witz erfunden und verbessert worden … Sechszehenter Band La-le., Johan Heinrich Zedler, Halle und Leipzig. Zitiert in: Matejak, M. 2005. Das Holz in deutschen Abhandlungen aus dem 17.–19. Jahrhundert. ETH Zürich. https://www.research-collection.ethz.ch/handle/20.500.11850/149597

Zeppenfeld, G., Grunwald, D. 2005. Klebstoffe in der Holz- und Möbelindustrie. DRW Verlag Weinbrenner GmbH Co KG, Leinfelden-Echterdingen, 352 S.

Ziethen, G. 1999. „Und ewig rauschen die Wälder" (?) – von den Holzvorkommen der Antike zum Raubbau an der Natur. In: Xylem und Phloem. Natur und Kulturgeschichte des Holzes. Palmengarten der Stadt Frankfurt am Main, Sonderheft 33.

Zwerger, K. 2015. Das Holz und seine Verbindungen. Traditionelle Bautechniken in Europa, Japan und China. Birkhäuser Verlag, Basel, 328 S.

Glossar

Abbundzeichen: Markierungszeichen in Dachstühlen zum Festlegen der Position

Achse: Maschinenelement; zur Lagerung drehender Bauteile wie Räder

Adsorption: ein physikalischer Prozess, bei dem Stoffe auf der Oberfläche eines anderen Stoffes haften bleiben und sich anreichern

Ahorn: *Acer spp.*

Anatomie, Holzanatomie: Aufbau des Holzes; Holzstruktur und Holzaufbau

anatomische Schnittrichtung: holzanatomische Schnittrichtungen: Querschnitt, Radialschnitt, Tangentialschnitt; für die Holzartenbestimmung nötig

Apfel: *Malus domestica*

Armbrust: Kreuzbogen; Abschussvorrichtung für Bolzen, Pfeile oder Kugeln

Aspe, Espe, Zitterpappel: *Populus tremula*

Assimilat: durch Photosynthese gebildete Kohlenhydrate (Zucker)

Axt: In der Ethnologie wird nach beidseitig angeschliffen (Axt) und einseitig angeschliffen (Beil) unterschieden. Ein Beil mit Schneide quer zum Griff, ein Querbeil wird Dechsel genannt.

Bähen: Erhitzen von Ästen oder dünnen Stämmchen zur Herstellung von Wieden

Balkendecke: Holzdecke; Balken spannen über zwei Wände und die Bretter werden im rechten Winkel dazu verlegt.

Balsamtanne: *Abies balsamea*

Barock: Ende 16. Jahrhundert bis ca. 1770 n. Chr.

Bast: lebender Teil der Borke (Rinde); aufgrund der langen Bastfasern wird der Bast einiger Baumarten genutzt (Linde)

Bearbeitungsspuren: Spuren am Holz, die von den Werkzeugen hinterlassen werden

Behauen: Bearbeitung eines Stammes mit dem Breitbeil, um Kantholz herzustellen

Beil (Stein-, Bronze-, Eisen-): In der Ethnologie ist es ein einseitig geschliffenes Hiebwerkzeug; ein Beil mit Schneide quer zum Griff, ein Querbeil, wird Dechsel genannt.

Berberitze: *Berberis vulgaris*

Bergahorn: *Acer pseudopla*tanus

Bio-Refinery: Bioraffinerie; Herstellung von Chemikalien aus Biomasse unter möglichst vollständiger Verwertung aller Rohstoffkomponenten

Birke: *Betula pendula*

Birne: *Pyrus communis*

Bloch: abgelängter Baumstamm

Blockbau: Holzbautechnik; verwendet ganze, behauene oder gespaltene Massivbauteile in liegender Form; die Stabilität wird über die Eckverbindungen erreicht; ist zumindest seit ca. 6000 v. Chr. bekannt

Blütenstaub, Pollen: Pollenkörner = meist mehlartige Masse, die in den Staubblättern der Samenpflanzen gebildet wird. Sie dienen dazu, die männlichen Keimzellen zu den weiblichen Empfangsorganen zu bringen und so die Bestäubung und in weiterer Folge die Befruchtung zu ermöglichen. Sind zumeist 0,001 bis 0,1 mm groß und können unter Wasser oder in Mooren sehr lange Zeit erhalten bleiben.

Bogen: Waffe/Jagdgerät; zum Verschießen von Pfeilen oder Kugeln mittels Sehne

Bottich: Holzgefäß; rundes oder ovales, oben offen; besteht aus einzelnen Dauben, die durch Reifen zusammengehalten werden (wie bei Fässern; Bottiche sind jedoch nicht gebaucht)

Brennknüppel: stärkere Äste zur Nutzung als Brennholz

Brennreisig: Reisig, das als Einstreu genutzt wurde; es wurde grob zerkleinert und auf Haufen geschmissen; die Erhitzung des frischen Materials wurde als „Brennen" bezeichnet.

Brennscheiter: Holz, das gespalten als Brennholz genutzt wird

Bringung: kleinräumiger Transport von Blochen

Bronzezeit: Epoche, in der Metallgegenstände vorherrschend aus Bronze hergestellt wurden; in Mitteleuropa etwa von 2200 bis 800 v. Chr.
Bruchweide: *Salix fragilis*
Brunnenkasten: Befestigung eines gegrabenen Brunnes: der Brunnenstube; aus Holz gezimmert oder aus Steinen gebaut
Buche, Rotbuche: *Fagus sylvatica*
Buchsbaum: *Buxus sempervirens*
Butte: spezielle Form eines Bottichs
CNC-Bearbeitung: Computerized Numerical Control; computerisierte numerische Steuerung von Maschinen
CO_2 = Kohlenstoffdioxid: unbrennbares, farbloses Gas; natürlicher Bestandteil der Luft; wichtiger Bestandteil des globalen Kohlenstoffzyklus und ein wichtiges Treibhausgas in der Erdatmosphäre
Dachstuhl: Tragekonstruktion zum Tragen der Dachhaut
Dämmung = Wärmedämmung: Reduktion des Durchganges von Wärmeenergie durch eine Wand
Darrgewicht: Gewicht in absolut trockenem Zustand (Holzfeuchtigkeit ist 0 %)
Dauben, Fassdauben: die einzelnen Holzbretter eines Fasses
Dauerhaftigkeit: Vermögen des Holzes, sich gegen Schadinsekten und Pilze zu wehren
Dechsel: Anders als bei der Axt ist das Blatt quergestellt; dient zum Glätten oder groben Ausarbeiten z. B. bei Brunnentrögen oder in runder Form auch für Dachrinnen.
Deichlbohrer: Bohrer zum Ausbohrern von Wasserleitungen (Deichln)
Dendrochronologie: jahrgenaue Datierungsmethode mit Hilfe von Jahrringbreitenmustern
Destillation: ein thermisches Trennverfahren, um verdampfbare Flüssigkeiten zu gewinnen
Dippelbaumdecke: Mann-an-Mann-Decke; geringfügig bearbeitete Baumstämme liegen dicht nebeneinander und spannen von Wand zu Wand.
Dirndl, Kornelkirsche: *Cornus mas*
Douglasie, Douglas-Tanne: *Pseudotsuga menziesii*
Drechsler: Handwerker, stellt seine hölzernen Produkte auf der Drechsel- oder Drehbank her; das Holzstück dreht sich; Herstellung von runden Objekten (Schüsseln, Stäben)
Drehwuchs: Die Holzzellen schlingen sich spiralförmig um die Mittelachse.
Duck: einfache Holzknechthütte, die mit Rinde gedeckt wurde (Rindenfleck)
Ebenholz: *Diospyros spp.*; weitestgehend schwarze, hochdichte Holzart; außereuropäisch
Edelkastanie: *Castanea sativa*
Eibe: *Taxus baccata*
Eiche: *Quercus spp.*
Elsbeere: Sorbus torminalis
Einbaum: Boot; aus einem ganzen Stamm gearbeitet
Ältere Eisenzeit: ca. 800 bis 450 v. Chr., auch Hallstattzeit genannt
Elastizität: Eigenschaft eines Körpers, unter Krafteinwirkung seine Form zu verändern und bei Wegfall der einwirkenden Kraft in die Ursprungsform zurückzukehren
Epithelzellen: lebende Zellen im Holz bzw. der Rinde; kleiden die Harzkanäle aus und produzieren das Baumharz
Erdbloch: unterster Stammabschnitt; nahe am Stammfuß
Erle, Schwarzerle: *Alnus glutinosa*
Esche: *Fraxinus excelsior*
ethnologisch, europäische Ethnologie (Volkskunde): hier vor allem Beschreibung von Tätigkeiten in verschiedenen Regionen der Welt
Experimentalarchäologie: Beantwortung archäologischer Fragestellungen mittels durchgeführter Experimente; Lesen von Spuren und Versuch, diese Spuren mit entsprechenden Werkzeugen selbst herzustellen
Fass: Holzgebinde aus einzelnen Brettern (= Dauben); durch Reifen zusammengehalten; zumeist gebaucht
Fassbrunnen: Verwendung eines Holzfasses als Brunnenstube
Fassdauben: die einzelnen Holzbretter eines Fasses
Fassreifen: Ring aus Holz oder Metall, der auf die Fässer bzw. Bottiche aufgezogen wird und die einzelnen Dauben zusammenhält
Faulbaum: *Frangula alnus*
Feldahorn: *Acer campestre*
Fichte: *Picea abies*
Flader: bezeichnet einerseits das Holzmuster (Textur) eines tangentialen Schnittbildes; aber eben auch ein tangential orientiertes Brett; ein Fladerbrett weist Jahrringgrenzen parallel zur Oberfläche auf
Flieder: *Syringa vulgaris*
Flößerei: Transport von zu Flößen gebundenem Holz; Rundholz, behauenes Holz oder auch Bretter
Föhre, Kiefer, Weißkiefer: *Pinus sylvestris*
Frühmittelalter: ca. 500 bis 1050 n. Chr.
Fülltrog, Schwinge: offenes, flaches Gefäß zum Füllen von kleinem Stückgut in größere Transportgebinde unter Tage

Furnier: dünnes Holzstück; wurde früher gesägt; heute erfolgt die Herstellung mit großen Messer-Maschinen

Gatter, Gattersäge: Sägewerksmaschine; ein Sägeblatt in einem Rahmen, der sich auf und ab bewegt; Vollgatter = Gatter mit mehreren Sägeblättern

Gehrung: Verbindung zweier Bauteile im geteilten Winkel (bei einem Rechteck: 45 Grad)

Gespärre: ein Paar sich gegenüberliegender Dachsparren; Hauptgespärre = Gespärre mit Stuhlsäulen (liegend oder stehend)

Getreidekasten: Troadkastn, Getreidespeicher; zum Lagern von Getreide, Saatgut und anderen Lebensmitteln; als Holz-, Stein- oder Ziegelgebäude

Gewährsmann: Person, auf deren Aussagen man sich bezieht

Geweih: als „Kopfschmuck" mancher Tiere bekannt (z. B. Hirsch); der Knochensubstanz ähnlich

Gewerbe: wirtschaftliche, selbständige Tätigkeit; hier vor allem als unterschiedliche Handwerksrichtungen gemeint (z. B. Tischler, Zimmerer)

Gleitreibung: tritt an den Kontaktflächen zwischen Körpern auf, die sich relativ zueinander bewegen

Goldregen: *Laburnum anagyroides*

Götterbaum: *Ailanthus altissima*

Grandel: eingehackte Vertiefung am Stammfuß einer Schwarzföhre zum Aufsammeln des Harzes (Pech); diese Methode wurde später durch Häferl/Becher abgelöst.

Grass: Nadelreisig

Gratleiste: traditionelle Holzverbindung zum Verbinden mehrerer Bretter (z. B. für einen Tisch); die Gratleiste wird in der „Platte" eingeschoben.

Grindel: Hauptwelle einer Mühle, die das Mühlrad und das Kammrad verbindet

Grubenholz: zumeist Rundholz für den Ausbau von Stollen, Schächten und Abbauhallen

Hackscharte: Späne, die bei der Arbeit mit dem Beil/Hacke anfallen

Hainbuche: *Carpinus betulus*

Hallstatt-Zeit: ältere Eisenzeit; ca. 800 bis 450 v. Chr.

Harz: Baumharz; Pflanzenprodukt mit fettigen Bestandteilen und ätherischen Ölen; dient dem Baum zur Schädlingsabwehr; kommt bei uns nur in Nadelbäumen vor

Harzkanal: System an Röhren im Nadelholz, in dem das Harz (Baumharz) von den Epithelzellen gebildet wird

Hasel, Haselnuss: *Corylus avelana*

Haubock, Schragen: Hilfsgestell zum Lagern von Baumstämmen zum Behauen

Hausökonomie: historisches Buch mit Anleitungen, den Haushalt zu organisieren; in vielen Fällen an antike Schriften angeschlossen

Heckenkirsche: *Lonicera spp.*

Herbarium: Sammlung getrockneter Pflanzen oder Pflanzenteile (Blätter)

Hektar: 1 ha = 10.000 m^2

Hoanzlbank, Schnitzbank: Heinzelbank; Arbeitsgerät zum Einspannen von Holzteilen zur Bearbeitung (vor allem mit dem Reifmesser); gespannt wird durch Druck mit den Füßen; somit sind beide Hände zum Arbeiten frei; man sitzt auf der Heinzelbank.

Hochwald: Waldbewirtschaftungsform; mit zu hohen Individuen herangewachsenen Bäumen; keine Stockausschläge

Holunder, Schwarzer: *Sambucus nigra*

Holzknecht: Waldarbeiter; ist zuständig für die Schlägerung, die Aufarbeitung und den Transport des Rundholzes

Holzkohle: Pyrolyse von Holz; d. h. Erhitzen des trockenen Holzes unter Luftabschluss

Holzrechen: Bauwerk in den Flüssen um das getriftete/geschwemmte Holz wieder aus den Flüssen zu holen

Holzstrahl: Holzanatomie; radial verlaufende (von Rinde zum Mark) Holzzellen (Parenchymzellen und/oder Tracheiden)

Holzteer: Wird Holz unter Luftabschluss über etwa 250 Grad Celsius erhitzt, beginnt es, sich in Holzkohle, Holzteer, Holzessig und Holzgas zu zersetzen; die Rückstände werden als Holzpech bezeichnet.

Holzwerkstoff: zumeist plattenförmige Werkstoffe, die durch Zerkleinern von Holz und anschließendes Verleimen hergestellt werden

Holzwolle: mechanisch hergestellter Holzwerkstoff in Form von feinen und bis zu 0,5 m langen Holzfäden

Horn: Auswuchs am Kopf der Hornträger; aus Hornsubstanz

Hundsrose, Rose: *Rosa canina*

immaterielles Kulturerbe: kulturelle Ausdrucksformen, die unmittelbar von menschlichem Wissen und Können getragen, von Generation zu Generation weitervermittelt und stetig neu geschaffen und verändert werden

Jahrring: Holz, das in gemäßigten Klimazonen (mit Winterruhe) innerhalb eines Jahres zuwächst

Jahrringchronologie: Abfolge der Jahrringbreitenmuster als Mittelkurve; zum Datieren von Holz

Jungsteinzeit: Neolithikum; ca. 5700 bis 2300 v. Chr.

Käferkalamität: massenhaftes Auftreten von Schadinsekten mit entsprechenden Anteilen an geschädigten oder gestorbenen Bäumen

Kahlschlag: planmäßiges Fällen aller ausgewachsener (hiebsreifer) Bäume

Kallus: Wundgewebe

Kaltdach: zweischaliges, belüftetes Dach (Dachhaut und Gebäudehaut)

Kambium: Wachstumsschicht zwischen Holz und Rinde von Bäumen und Sträuchern; verantwortlich für das sekundäre Dickenwachstum: der Durchmesserzuwachs von Bäumen und Sträuchern

Kammrad, Kamprad: eine Art Winkelgetriebe; ist eine der ältesten Formen der Maschinen; vor allem in Mühlen mit horizontalen Achsen (Grindl) zu finden

Kanadabalsam: Harz der Tanne; eigentliche der Nordamerikanischen Balsamtanne (*Abies balsamea*)

Keanbreckerl: verkientes, bereits abgebautes Föhrenholz (zumeist von Wurzelstrunken); d. h. sehr harzreich; auch die Zellhohlräume sind mit Harz gefüllt.

Kernholz (Kiefer-, Eiche-): Holz, das aus dem inneren Teil des Baumstammes stammt und farblich als auch chemisch anders ist als das außenliegende Splintholz; die Dauerhaftigkeit ist erhöht.

Kiefer, Föhre, Weißkiefer: *Pinus sylvestris*

Kienholz, Kean: verkientes Holz; mit Baumharz gefüllte Zellhohlräume

Kienspan: Span aus harzreichem Holz, z. B. Kiefer, der brennend als Lichtquelle genutzt wird

Kipfen: Krummhölzer bzw. Wurzelanläufe im Boots- und Schiffsbau; diese wurden speziell und dem Winkel entsprechend ausgewählt; stellen die Tragekonstruktion des Bootes/Schiffes dar

Kirsche: *Prunus avium*

Klafter: Längen-, Flächen- und Raummaß; ca. 1,8 m; in Österreich 1 Klafter = 1,8965 m

Klause: Stauwerk aus Baumstämmen und Steinen; zum Aufstauen von Schmelzwasser und Starkniederschlägen für die Trift und Schwemme durch schlagartiges („Schlagen") Öffnen der Klausentore und somit Erzeugen einer Flutwelle

Klieben, gekloben: Spalten

Klotz: Bloch; abgelängter Baumstamm

Knieholzschäftung: Stiel eines Pickels oder eines Beiles; es wird die Ast-Stamm-Anbindung genutzt; Stamm ist Griff und Ast ist Werkzeugträger.

Kohlenstoffdioxid = CO_2: unbrennbares, farbloses Gas; natürlicher Bestandteil der Luft; wichtiger Bestandteil des globalen Kohlenstoffzyklus und ein wichtiges Treibhausgas in der Erdatmosphäre

Köhlerei: Herstellung von Holzkohle

Kohlhaufen: Meiler, zur Herstellung der Holzkohle

Kolophonium: fester Rückstand bei der Destillation von Baumharz; wichtiger Grundstoff zur Herstellung von Bogenharz für Streichinstrumente

Kopfweide: eine Weide, deren Stamm als Jungbaum auf einer Höhe von etwa 1 bis 3 m eingekürzt worden ist und deren Zweige in der Folge regelmäßig beschnitten werden (Schneitelung)

Korbweide, Hanfweide: *Salix viminalis*

Kornelkirsche, Dirndl: *Cornus mas*

Kreuzdorn: *Rhamnus spp.*

Krummholz: krumm gewachsene Baumstämme

Kummet: Geschirr für Zugtiere; aus Krummholz

Lärche: *Larix decidua*

Latènezeit: vorrömische Eisenzeit; ca. 450 v. Chr. bis zur Zeit um Christi Geburt

Legschindel: Holzschindel; Dachdeckung; ursprünglich nur gelegt und nicht genagelt

Leim: Klebstoff; zum Verkleben, Verleimen von Holz

Leiterwagen: zweiachsiger Wagen mit Deichsel; Seitenwände haben die Form einer Leiter.

Leuchtspan: dünner Holzspan als Beleuchtungsquelle; da aber harzfreie oder -arme Nadelholzarten verwendet wurden, unterscheiden sie sich von den Kienspänen.

Lignin: Holzstoff; phenolisches Makromolekül; Biopolymere, die in die pflanzliche Zellwand eingelagert werden und dadurch die Verholzung der Zelle bewirken (Lignifizierung)

Liguster: *Ligustrum vulgare*

Linde: *Tilia spp.*

linksdrehend: Drehwuchs; die Fasern schlingen sich sprialförmig gegen den Uhrzeigersinn.

Lochblech: Holzbau; Verbindungsmittel aus Metall; wird vernagelt oder verschraubt

Lohe: abgeschälte Rinde zur weiteren Verwendung (z. B. Gerberei)

Lösch: Gemisch aus Sand, Erde, Asche, Kohlenstaub und kleineren Kohlenteilen; wird zum Abdecken von Kohlemeilern verwendet

maischälig: Zustand des Baumes bzw. der Bloche, bei dem die Rinde leicht zu entfernen ist; üblicherweise rund um den Monat Mai, da hier das Kambium frisch aktiv geworden ist und somit kein fester Halt zwischen Rinde und Holz gegeben ist

Mandelweide: *Salix triandra*

Mark: weiche Substanz im Zentrum des Baumstammes

Maser: Maserknolle; ungerichtetes Holzwachstum; oft dreidimensional verschlungen; zum Teil in Verbindung mit vielen Knospen oder kleinen Ästen; beliebte Holzstücke zur Furnierherstellung

Maulbeerbaum: *Morus spp.*

Mehlbeere, Gewöhnliche: *Sorbus aria*

Meiler: Stätte der Holzkohlherstellung; Meilergrube, Rundmeiler, Langmeiler

Mesolithikum: Mittelsteinzeit; ca. 9600 bis 5700 v. Chr.

mikroskopischer Schnitt: dünner Holzschnitt zum Mikroskopieren von Holz; rund 25 µm dick

Montanindustrie: Gewinnung und Weiterverarbeitung von Bodenschätzen (z. B. Kupfer oder Eisen)

Mulde: Holzgefäß; offenes, aus einem Stück gefertigtes Holzgefäß zum Reifenlassen und Bereitstellen z. B. von Brotteig

Müller: Handwerker; Betreiber einer Mühle zum Mahlen von Getreide

Nachhaltigkeit: Handlungsprinzip zur Ressourcen-Schonung, bei dem eine dauerhafte Bedürfnisbefriedigung durch die Bewahrung der natürlichen Regenerationsfähigkeit gewährleistet wird (es darf nicht mehr Holz geschlägert werden als zuwächst)

Neolithikum: Jungsteinzeit, Neusteinzeit; ca. 5700 bis 2300 v. Chr.

Niederwald: Stockausschlagswald; d. h., die jungen Bäume treiben aus den vorhanden Strunken oder aufgrund von Wurzelbrut aus.

Nuss, Walnuss: *Juglans regia*

Nutschindel: Holzschindel; Dachdeckung; Schindel mit seitlicher Nut; aus Fichte oder Tanne

Pappel: *Populus spp.*

Pech: Baumharz

Permafrostboden: Dauerfrostboden; Boden, der ganzjährig gefroren bleibt

Perückenstrauch: *Cotinus coggygria*

Pfahl: senkrecht in die Erde fixiertes Bauteil, d. h. Baumstamm

Pfahlbauten: Seeufersiedlung; Holzbauten auf Pfählen; in Europa vom 5. bis zum 1. Jahrtausend v. Chr. bekannt; insbesondere im rand-alpinen Bereich

Pfostenbauten: Bauwerke mit in der Erde eingegrabenen senkrechten Pfählen als Tragelemente; kommen seit der Jungsteinzeit vor

Photosynthese: physiologischer Prozess zur Erzeugung von energiereichen Biomolekülen (Zuckern) mithilfe von Lichtenergie in Blättern/Nadeln; hierzu werden CO_2 und Wasser gebraucht und Sauerstoff abgegeben

Pickelstiel: hölzerner Stiel, der den Pickel (zum Abbau von Salz oder Erz) trägt

Plantschinen, Plankatsch, Schwellerhacke: spezielles Breitbeil mit langem Stiel; es wird nach unten gearbeitet

Plätte: traditionelles Schiff; kielloses, kastenförmiges hölzernes Arbeitsschiff; im Alpen-Donau-Raum für die verschiedensten Anwendungen

Plenterbetrieb: Plenterwald; ein ständig verjüngender Dauerwald; es werden nur Einzelbäume entnommen

Pökeln: Schritt der Fleischkonservierung; mit Salz einlegen, um danach in der Luft oder im Rauch getrocknet oder geräuchert zu werden

Pollen, Blütenstaub: Pollenkörner = meist mehlartige Masse, die in den Staubblättern der Samenpflanzen gebildet wird. Sie dienen dazu, die männlichen Keimzellen zu den weiblichen Empfangsorganen zu bringen und so die Bestäubung und in weiterer Folge die Befruchtung zu ermöglichen. Sind zumeist 0,001 bis 0,1 mm groß und können unter Wasser oder in Mooren sehr lange Zeit erhalten bleiben.

Pottasche: Kaliumkarbonat; Grundstoff für verschiedene Produkte (wie Waldglas)

Purpurweide: *Salix pupurea*

Pyrolyse: thermo-chemischer Umwandlungsprozess unter Abwesenheit von Sauerstoff

Quirl: Küchengerät zum Aufschlagen oder Vermengen von Flüssigkeiten

rechtsdrehend: Drehwuchs; die Fasern schlingen sich sprialförmig im Uhrzeigersinn.

Reifmesser, Ziehmesser: Werkzeug; Messer mit zwei Griffen; zum Glätten und Bearbeiten von Holz, vor allem auf der Hoanzlbank

Reisholz: Reisig, kleine Äste

Reißer, Spaltholz: Werkzeug aus Holz zum Aufspalten von Weidenruten in drei oder vier Teile

Reißlänge: Das ist die Länge eines Stabes, bei der der Stab aufgrund des Eigengewichtes, d. h. ohne Belastung, reißt.

Resonanzholz: Holz für Musikinstrumente; vor allem der Deckel von Streichinstrumenten

Riemenbalkendecke: Ein Brett (Pfosten) wird zwischen zwei speziell ausgeformte Balken gelegt (parallel).

Riese: Baumrutsche; unterschiedlich ausgefertigte Rutschbahn zum Abtransport von Baumstämmen mithilfe der Schwerkraft; Erd-, Bloch-, Wasserriese

Rift: Holzstück in radialer Richtung; ein Riftbrett ist radial orientiert und weist somit Jahrringgrenzen im rechten Winkel auf die Oberfläche auf; auch Spiegelschnitt genannt

Rindengefäß: Aufbewahrungsgefäß, aus Rinde hergestellt; zumeist Birkenrinde
Robinie, falsche Akazie: *Robinia pseudoacacia*
römisch-germanische Zeit: nördlich der Alpen der Zeitraum von 0 bis 480 AD
Rose, Hundsrose: *Rosa canina*
Roßkastanie: *Aesculus hippocastanum*
Rotbuche, Buche: *Fagus sylvatica*
Roter Hartriegel : *Cornus sanguinea L.*
Rotten: Behandlung von Bast vor dem Zerfasern; zumeist Lagerung unter Wasser
Rücken: kleinräumiger Transport von Baumstämmen; manuell oder mit Tieren
Rückung: erste Phase der Holzbringung; Bringung vom Stock bis zu den Hauptbringungseinrichtungen (z. B. Riese)
Ruß: schwarzer, pulverförmiger Feststoff; 80 bis 99,5 % aus Kohlenstoff; umgangssprachlich unerwünschte, schädliche Nebenprodukte von Verbrennungsprozessen.
Salweide: *Salix caprea*
saftfrisch: frisch, feucht; nach dem Fällen des Baumes
Saftruhe: Winterruhe; kein Wassertransport in den Bäumen zu den Blättern
Saftzeit: Vegetationsperiode; Zeit, in der der Baum aktiv ist und Wasser leitet (Frühjahr, Sommer, beginnender Herbst)
Sagbloch: Baumabschnitt, der im Sägewerk weiterverarbeitet wird
Sägmühle: Sägewerk
Saline: Gewinnung von Kochsalz (NaCl) aus der Sole (in Wasser gelöstes Kochsalz)
Sanddorn: *Hippophae rhamnoides*
Sapine: Pickel zum Heben und Wegziehen von gefällten Baumstämmen
Schacht: Bergbau; Grubenbau, mit dem die Lagerstätte vertikal erschlossen wird
Schaftholz: nutzbarer, unterer Teil des Baumstammes mit wenigen Ästen
Schallschutz: Verringerung der Schallübertragung, vor allem des Trittschalls bei Decken
Scharschindel: Holzschindeldach; zumeist aus Lärchenholz; die Schindeln werden dreifach überdeckt; dabei liegen sie parallel dicht aufeinander
Scharte, Hackscharte: Späne, die bei der Arbeit mit dem Beil/Hacke anfallen
Scherfestigkeit: Widerstand gegen tangentiale Kräfte, Abscheren
Scherrpech, Scharrpech: Baumharz, das an den verwundeten Harzungsstellen eintrocknet und fest wird; wird am Ende der Saison abgescherrt.
Schieferschindel: Holzschindel, Dachdeckung; spezielle Form in der Steiermark
Schindel: Dachdeckung aus Holz; zumeist gespalten
Schindeleisen: Werkzeug zum Spalten von Schindeln
schlafende Knospen: Knospen am Stamm, die lange Zeit nicht austreiben; zeichnen sich im Holz ab
Schlagen, geschlagen: Fällen von Bäumen
Schlägerung: Nutzung (Fällung) von Bäumen
Schlagschnur: Hilfsmittel zum Markieren gerader Linien; Schnur mit Kreidestaub (früher Rötel = Ziegelstaub) beaufschlagt
Schlagzähigkeit: Fähigkeit eines Werkstoffes, Stoß- oder Schlagenergie zu absorbieren
Schlehdorn: *Prunus spinosa*
Schneeball, Gemeiner: *Viburnum opulus*
Schneeball, Wolliger: *Viburnum lantana*
Schneeschuh: Hilfsmittel zum Gehen auf Schnee; vergrößerte Auftrittsfläche verhindert das Versinken im Schnee
Schneitelung: Rückschnitt von Bäumen zur Gewinnung von Trieben und Blättern als Tierfutter oder Einstreu
Schnitzbank, Hoanzlbank: Heinzelbank; Arbeitsgerät zum Einspannen von Holzteilen zur Bearbeitung (vor allem mit dem Reifmesser); gespannt wird durch Druck mit den Füßen; somit sind beide Hände zum Arbeiten frei; man sitzt auf der Heinzelbank.
Schnüren: Verwenden der Schlagschnur, d. h. Anzeichnen einer geraden Linie mit der Schlagschnur
Schöpsen: Entrinden von Baumstämmen mit dem Schöpser
Schössling, Wasserreiser: länglicher, junger, rasch wachsender Auswuchs am Stamm von Bäumen oder Sträuchern
Schragen, Haubock: Hilfsgestell zum Lagern von Baumstämmen zum Behauen
Schränken: Damit eine Säge nicht im Schnitt festklemmt, muss der Sägeschnitt breiter sein als das Blatt. Die Schränkung ermöglicht dies dadurch, dass die Zähne abwechselnd nach links oder rechts gebogen oder gestaucht werden.
Schrot: Eckverbindung beim Blockbau
Schwarzerle: *Alnus glutinosa*
Schwarzföhre, Schwarzkiefer: *Pinus nigra*
Schwarzpappel: *Populus nigra*
Schwellerhacke, Plantschinen, Plankatsch: spezielles Breitbeil mit langem Stiel; es wird nach unten gearbeitet.

Schwemme, Trift: Transport von losen Baumstämmen in kleinere Bäche mithilfe einer künstlich erzeugten Flutwelle
Schwemmkanal: Wasserriese mit geringer Neigung
Schwinge, Fülltrog: offenes flaches Gefäß zum Füllen von kleinem Stückgut in größere Transportgebinde unter Tage
Seekreide: abgelagerte kalkhaltige Sedimente in einem See, die den Seeboden bilden
sekundäres Dickenwachstum: Durchmesserzuwachs von Bäumen und Sträuchern durch das Kambium
Siebränder: Steg/Zarge aus Holz zum Tragen der Siebe
Silberweide, Weiße Weide: *Salix alba*
***Sorbus*, Gattung *Sorbus*:** *Sorbus spp.*
Spaltholz: gespaltene Holzsortimente
Spaltholz, Reißer: Werkzeug aus Holz zum Aufspalten von Weidenruten in drei oder vier Teile
Spaltscheite: Baumstammabschnitte, die speziell für Produkte, die gespalten werden müssen, ausgesucht wurden (zumeist im unteren Stammbereich; aber nicht der Stammfuß), z. B. für Schindel oder Bottiche
Spanschachtel: Holzgefäß; Boden aus einem massiven Holzbrett; Seitenwand (Steg, Zarge) aus dünnen Holzspänen
Spätholz: Teil des Jahrringes, der im Sommer und beginnenden Herbst gebildet wird; bei Nadelholz der dunkle Teil des Jahrringes
Speierling: *Sorbus domestica*
Spiegelschnitt: radiale Schnittrichtung, entlang der Holzstrahlen
Spindel: die Gewindespindel; ein Maschinenelement; wandelt eine drehende Bewegung in eine Längsbewegung um (heben/senken)
Spindelstrauch, Spindelbaum: *Euonymus verrucosa*
Spitzahorn: *Acer platanoides*
Splintholz: der äußere, hellere Bereich des Holzes (unter der Rinde liegend); dieser ist physiologisch aktiv, d. h., hier kann Wasser geleitet werden und manche Zellen sind noch lebend; die Dauerhaftigkeit ist geringer.
Spranzen: Anfasen der Stammenden
Stabkirche: hölzerne Kirchen; Stabbau ist ein Tragwerk aus senkrecht stehenden Masten, den so genannten Stäben, auf denen die gesamte Dachkonstruktion ruht; hauptsächlich in Skandinavien
Stammausschlag, Stockausschlag: Neubildung von Ästen oder Haupttrieben von Bäumen oder Sträuchern aus einem Strunk
Standzeit: Zeitraum, in dem ein Werkzeug scharf bleibt
Stangenholz: Holzsortiment; Baumstammabschnitte geringen Durchmessers
Steinweichsel: *Prunus mahaleb*
Steinzeit: seit ca. 2,6 Mio Jahren bis ca. 2200 v. Chr.
Stieleiche: *Quercus petraea*
Stocküberwallung: Überwallung eines Strunkens; hierfür ist eine Verbindung über die Wurzeln zu anderen Bäumen nötig.
Stör: Ausdruck für die Arbeit eines Handwerkers im Haus des Kunden; Wanderschaft
Strecke: Bergbau; Stollen; ca. horizontal verlaufender Grubenbau
Strunken: Stammfuß, der nach der Fällung in der Erde bleibt
Tanne, Weißtanne: *Abies alba Mill.*
Terpentin = Balsam: frisches Baumharz; Gemisch aus Harz und ätherischen Ölen; durch Destillation wird Terpentinöl gewonnen.
Tischler: Schreiner; Handwerker; bearbeitet Holz zu Möbeln, Fenster und Türen; die Unterscheidung zum Zimmerer ist zumeist, dass der Tischler Holz in Längsrichtung verleimt.
Torsion: die Auswirkungen einer parallel zur Grundfläche und tangential zur Seitenfläche eines Körpers wirkenden Kraft, Verdrehung
Traubeneiche: *Quercus robur*
Trift, Schwemme: Transport von losen Baumstämmen in kleinere Bäche mithilfe einer künstlich erzeugten Flutwelle
Triften: Transport von losen Baumstämmen in kleinere Bäche mithilfe einer künstlich erzeugten Flutwelle
Tüllenbeil: Beil, welches für die Aufnahme des Griffes kein Haus, sondern eine Tülle aufweist
Überwallung: Bäume reagieren auf Verwundungen durch Überwallungen; d. h., es beginnt seitlich der Verwundung Holz über die Wunde zu wachsen; in vielen Fällen wird die Wunde komplett überwallt.
Ulme: *Ulmus spp.*
Umtriebszeit: durchschnittliche Dauer von der Begründung eines Waldes bis hin zu seiner Ernte
UNESCO: United Nations Educational, Scientific and Cultural Organization; Organisation der Vereinten Nationen für Erziehung, Wissenschaft und Kultur
Vegetationsruhe: Winterruhe; Winterzeit; Zeit, wo die Bäume und Pflanzen nicht aktiv sind
Verblattung: traditionelle Holzverbindung; vor allem im Bereich der Dachstuhlkonstruktionen
Verkämmung: Schrot; Holzverbindung von zwei Konstruktionsteilen, die quer miteinander verbunden werden und

nicht in einer Ebene liegen (Eckverbindung der Blockbauten)

verkient, verkienen: Das Baumharz tritt aus dem Harzkanalsystem aus und füllt nebenliegende Zellholräume (der Tracheiden) auf; die Holzdichte steigt stark an (über 1.000 kg/m³); es entsteht Kienholz oder Kean (umgangssprachlich).

Verklausung, Wolf: Steckenbleiben von Baumstämmen in den Bachbetten während der Trift/Schwemme; Blockade der Bäche

Verkohlen: Herstellung von Holzkohle

Vogelbeere: *Sorbus aucuparia*

Vollholz: Verwendung von nicht verleimten Holzteilen (Bretter, Kantholz)

Wacholder: *Juniperus communis*

Waldkante: äußerster Jahrring; unter der Rinde; gibt bei der dendrochronologischen Datierung das Jahr der Fällung an

Waldrebe: *Clematis spp.*

Walnuss, Nuss: *Juglans regia*

Wasserreiser, Schössling: länglicher, junger, rasch wachsender Auswuchs am Stamm von Bäumen oder Sträuchern

Wasserscheide: Grenze zwischen den Einzugsgebieten des abfließenden Niederschlagswassers von zwei Flüssen oder Bächen

Welle: Maschinenelement; zylindrisch; zur Übertragung von Drehbewegungen und Drehmomenten

Weide: *Salix spp.*

Weißdorn: *Crataegus spp.*

Werkholz: Holz, welches nicht zum Brennen, sondern zu allerlei anderen Dingen verbraucht wird.

Werkzeugstiel, Werkzeuggriff: Stiel oder Griff eines Werkzeuges (zum Tragen eines Werkzeuges)

Wieden: Äste oder dünne Stämmchen, die erwärmt wurden (bähen) und danach in sich verdreht/verwunden wurden; dienten als Bindematerial in vielen Bereichen (z. B. bei Holzflößen)

Windwurf: durch Stürme hervorgerufene Waldzerstörung

Winkingerzeit: 800 bis 1100 n. Chr.

Wipfelholz: Stammteil innerhalb des Wipfels; d. h. astig

Wuchsanomalie: gewachsenes Gewebe, das von normaler Anatomie des Holzes abweicht (z. B. Maser, Überwallung)

Xylothek: Holzbibliothek; Holzkörper in Buchform aus der beschriebenen Holzart; im Innenteil mit Zweigen, Blättern und Früchten der Baumart

Zahnrad: Maschinenteil; ein Rad mit über den Umfang gleichmäßig verteilten Zähnen, wobei zwei Zahnräder ineinandergreifen

Zerklotzen: Ablängen der Baumstämme

Ziehen: Auftrennen von Holz ohne Werkzeuge; nach kurzem Einschneiden Auseinanderziehen der zwei Holzhälften in Längsrichtung

Ziehmesser, Reifmesser: Werkzeug; Messer mit zwei Griffen; zum Glätten und Bearbeiten von Holz vor allem auf der Hoanzlbank

Zierschrot: spezielle, verzierte Form des Schrots; Eckverbindung beim Blockbau

Zimmermann: Handwerker; Errichtung von Holzbauten (Blockbau, Dachstuhl, Decken)

Zinken: traditionelle Holzverbindung in der Tischlerei und Zimmerei; eine häufige Form ist die Schwalbenschwanzverbindung

Zirbe: *Pinus cembra*

Zitterpappel, Aspe, Espe: *Populus tremula*

Zugsäge, Zweimannsäge: Säge für zwei Personen; mit beidseitigen Griffen; oft gebaucht; in erster Linie zum Fällen und Ablängen von Bäumen

Zunft: ständische Körperschaften von Handwerkern; seit dem Mittelalter entstanden

Zuwachs: forstwirtschaftlich; Vermehrung der Dicke des Stammes oder des Baumvolumens pro Hektar pro Jahr

Zwetschke: *Prunus domestica*

Zwirnen: Zusammendrehen von Fasern oder Garnen zu einem Faden

Aus unserem Programm

Robinson, Michaelsen
Färben von Holz
mit Baumpilzen
ISBN 978-3-7020-1951-8

Nelson,
Das große Buch der
Dekupiersäge
ISBN 978-3-7020-1466-7

Ellenwood,
Schnitzen –
Das umfassende
Praxisbuch
ISBN 978-3-7020-1587-9

Tschiderer,
Schnitzen mit der
Motorsäge
ISBN 978-3-7020-1818-4

Leopold Stocker Verlag
www.stocker-verlag.com